高等院校"卓越工程师"教育培养计划配套教材

机械电子工程导论

(第2版)

李景湧 编著

北京邮电大学出版社
www.buptpress.com

内 容 简 介

"机械电子工程导论"是机械电子工程专业新生一入学就开设的一门专业导论性课程，旨在向新生介绍机械电子工程专业的性质和特点及其在国民经济中的地位和发展概况；介绍本专业的学生在校期间学什么，毕业以后干什么以及在校期间应当怎么样学习。本教材的特点是，结合机电系统（产品）的设计思路确定了机电工程师应具有的能力，进而建立了机械电子工程专业的知识体系并依据该体系建立的课程体系；同时介绍了本专业的核心课程、核心知识及这些知识在机电系统中的应用。

本教材适用于机械电子工程专业的学生，也可供机电工程技术人员参考。

图书在版编目（CIP）数据

机械电子工程导论 / 李景湧编著．--2 版．--北京 ：北京邮电大学出版社，2017.11（2024.1 重印）

ISBN 978-7-5635-5317-4

Ⅰ．①机…　Ⅱ．①李…　Ⅲ．①机电一体化　Ⅳ．①TH-39

中国版本图书馆 CIP 数据核字(2017)第 265310 号

书　　　名：机械电子工程导论(第 2 版)

著作责任者：李景湧　编著

责 任 编 辑：刘　颖

出 版 发 行：北京邮电大学出版社

社　　　址：北京市海淀区西土城路 10 号(邮编：100876)

发　行　部：电话：010-62282185　传真：010-62283578

E-mail：publish@bupt.edu.cn

经　　　销：各地新华书店

印　　　刷：保定市中画美凯印刷有限公司

开　　　本：787 mm×1 092 mm　1/16

印　　　张：14.5

字　　　数：356 千字

版　　　次：2015 年 1 月第 1 版　2017 年 11 月第 2 版　2024 年 1 月第 9 次印刷

ISBN 978-7-5635-5317-4　　定　价：32.00 元

第2版前言

《机械电子工程导论》自2015年年初发行以后，受到许多院校的关注，并被这些院校用作教材，到2016年夏已第2次印刷。经过两年的教学实践，我们对该课程有了进一步的认识，同时也收到热心读者的一些反馈意见，因此，我们对原书进行了修改、重版。

2015年我国政府公布了《中国制造2025》和《互联网+》发展纲要；之前，德国也公布了《工业4.0》。这吹响了第4次工业革命的进军号。今后，产品(系统)从研发设计、生产制造、运行维护到报废回收都将高度自动化、智能化；基于互联网的“信息物理融合系统”将对任何产品(系统)都进行“系统生命周期管理”(Sys-LM)；虚拟仿真技术将伴随着产品(系统)的整个生命周期。因此，作为制造业基础与支柱的机械电子工程在第4次工业革命中将扮演重要角色；同时机电一体化的内涵也将进一步丰富与发展。

为了适应“系统生命周期管理”理论的实施，推动“信息物理融合系统”(《中国制造2025》和《互联网+》的核心内容)的普遍应用，尽快完成《中国制造2025》和《互联网+》等纲要所制订的目标，对机械电子工程专业的教学内容有必要做深入的改革。因为在不远的将来，产品的设计、制造、检测、运维都将是先虚拟后现实，具体设计工作已不再是难事，机电工程师的能力集中体现在产品策划与概念设计的创新上(这是计算机替代不了的)。据此，改革内容应当集中在两个方面：其一是加深基本理论，重点是普遍增加非线性理论(模型)的内容。因为虚拟仿真的结果是否符合实际，关键在于对实际问题所抽象的物理模型(从而数学模型)是否符合实际；而绝大多数的实际问题都是非线性的物理模型，所以，无论是机械执行系统还是检测控制系统都应当增加非线性的内容，只有模型正确，仿真结果才能更接近实际，从而由“虚”到“实”的“系统生命周期管理”才能真正得以实现。其二是加深计算机科学的内容。按《中国制造2025》和《互联网+》的精神，我国将全面推进企业与工厂的信息化与智能化。要实现这一目标，首先要将企业和工厂(包括其产品)数字化(即全都建立数字化模型)，然后通过互联网建成数字化企业或数字化工厂。最后通过智能技术去控制上述数据，进而实现企业或工厂的智能化。机电专业的学生是非计算机专业生，要想适应国家的需求，必须掌握计算机软硬件的相关概念和理论，不应当只停留在掌握很少的应用技术上。

另外,第4章对各门课所讲的知识在机械电子工程专业或机电一体化系统中的应用都作了一些介绍,供学生参考。

此次改版全书的架构不变,只依上述思想做些改动,以适应形势的要求。

在本书编写的过程中,参考了中国机械工程学会技术认证中心所编《中国机械工程学会机械工程师资格考试指导书》和北京邮电大学自动化学院与学校教务处编印的《北京邮电大学自动化学院2009年版教学大纲》,在此对上述资料的作者表示衷心感谢!

作　者

2017.8.16

第1版前言

满怀雄心壮志的莘莘学子踏进大学校园以后，都信心十足地憧憬着美好的未来，希望通过专业学习和校园文化的熏陶与熔炼，把自己造就成一个品学兼优又有一技之长的国家栋梁之材。他们渴望尽快地了解大学里的一切，尤其渴望了解所学的专业，一系列问题始终萦绕在他们的头脑之中：

- 机械电子工程是什么样的专业？
- 机械电子工程在国民经济中其重要性是什么？
- 学生在校期间学什么？
- 学生毕业以后干什么？
- 学生在校期间怎么样学习？

这些问题必须尽快地回答，以便学子们迅速地进入角色。

另外，在过去的教学中，发现某些同学不会选课，一些比较难学但对本专业又很重要的课程却没有选，书到用时方恨少。

因此，在新生入学之初就开设一门“导论”课，及时、系统、科学地解答他们各种各样的问题，则显得特别必要。通过“导论”课的介绍，使学生对本专业的工程系统、知识体系和核心知识有一个概貌性的了解：一方面明确了自己所学专业的内容与方向；另一方面在后续的学习中，精选所学课程。通过课堂教学和一系列实践活动，学生可以系统、科学地掌握本专业的基本理论、基本技术、基本技能和工程知识，逐步培养自己分析解决实际工程问题的能力和自学能力，从而避免因为没有得到及时的引导，无依据、无系统、盲目地选课而浪费了宝贵时间，到毕业时，发现所学知识有所缺失，为时已晚。

《机械电子工程导论》就是在这样的背景下，针对新生的需求和作者对这些需求的理解与体会而编写的，但愿本书对机械电子工程专业的新生有所帮助。

由于新生对机械电子工程专业具体内容无知或知之甚少，又加上本专业涉及机械、电子、测控、计算机等许多学科的知识，内容既多又杂，而学时又有限，因此在选择本书的内容时做了如下处理：

(1) 在介绍机电一体化产品和系统的设计制造时，只做概念性的、定性的介绍，不牵扯理论公式与计算；

(2) 知识体系侧重于机电一体化产品和系统的设计，有关制造方面的内容是为所讲设计内容服务的；

(3) 重点介绍机械、电路和控制等系统设计方面的基本理论和基本知识，其他方面(机械制造、电路制作、检测技术、计算机应用等)的内容均作为基本技术和工程知识介绍。

本书是在系统工程思想指导下编写的,原因有二:其一,任何实际工程问题都是一个工程系统,机电一体化产品和系统也不例外,因此,在介绍该系统时,一定要按系统工程的思想去介绍;其二,专业知识体系和课程体系本身也是一个教学培训系统,其涉及内容庞杂,也必须按系统工程的思想将其理顺,给学生一个层次分明、条理顺畅的体系架构,便于学生了解本专业所涉及的学科、学科内容及各学科内容之间的相互关系,进一步确定本专业的核心知识,为今后的学习打下基础。基于上述思想,本教材的编排思路是:按照教育部对本专业的要求,首先,对机械电子工程专业以及该专业所学习的对象——机电一体化产品和系统作一简单介绍;然后,以机电一体化产品和系统创新设计为导引,指出学生应当具有什么样的能力,继而从培养学生能力出发,构建教学知识体系(包括基本理论、基本技术、基本技能和工程知识);最后将教学知识体系按学科、按知识的先后衔接顺序分成不同课程,构成课程体系,并简单介绍一下每门课的核心知识内容,这样就使学生对本专业的教学体系有一个明确的认识,知道怎样选择课程可以得到比较完整的知识,同时这也是学院安排教学计划的依据。

本书共分7章,另外还有一个附录。第1章绪论,依据教育部的规定对机械电子工程专业作了简单介绍,同时还介绍了机械电子工程专业在国民经济中的地位、发展历史与现状,以及学生毕业后的就职方向。第2章机电一体化系统简介,介绍了机电一体化系统的构成,概念及其深层含义。第3章机械电子工程师应具备的知识体系,先依机电一体化系统(产品)创新设计的思路引出机械电子工程师应具有的能力,再由应具有的能力确定他们应具备的知识体系。第4章机械电子工程专业的课程体系与核心课程,按上述知识体系建立了机械电子工程专业的课程体系,并介绍了每一门核心课程的核心知识。第5章方案设计实例,这里选择了收集机器人和光电产品自动装配生产线作为实例,介绍实际的机电一体化系统(产品)是如何设计的。一方面是对前面所讲内容的应用与总结,另一方面也为培养学生掌握机器人概念设计的初步能力。第6章机械电子工程专业发展方向展望,简单描述了机械电子工程专业的几个发展方向,启发学生对将来事业发展的思考。第7章关于如何学习的几点思考,本章介绍了作者关于在大学期间怎么样学习的几点看法,告诉学生,在大学的学习中,不在于记住某个原理、某项技术、某个公式,而在于这些原理、技术、公式在机电一体化系统中怎么用,通过自己独立思考和反复实践悟出其中的道理,不断提高自己分析解决实际问题的能力和自学能力。通过大学校园文化的熏陶,将自己锤炼成一个素质高、修养好、知识广、能力强的好学生。附录,是为执行教育部提出的卓越工程师计划对教学安排提出的几点建议。在前7章讲完以后,给学生布置开发项目,考虑到可实践性,要求每个学生自己选一个机器人类型的项目(如跳舞机器人、清障机器人、爬楼机器人、管道机器人、清洁机器人、搏击机器人、足球赛机器人、机器鱼等,也可以自己创意),毕业前完成。在近三年的时间内学生可以利用实验、实习、课程设计和毕业设计(或课余时间)的时间去完成这一项目。这样安排还有另一个目的:希望各门课程的教学活动,都以这些项目的开发设计为导引来进行,使学生知道所学内容(原理、技术、工程知识)有何用,如何用。要做好这项工作,就必须有一份针对机电一体化系统开发的“项目开发指导书”,使学生有章可循,也可以保证学生按进度表完成项目。具体做法作者在附录中提了初步的建议。另外,书中＊＊标注的部分,是作者对教学的建议,供教师与学生参考。

本课程只有1学分,学时少,内容多,具体安排教学时可以重点解决三个问题:第一,综述——阐明开设本课程的目的和本门课在本专业的作用;第二,解惑——回答新同学所关心的五个问题(即前言第一段所提的五个问题);第三,培养能力——培养学生掌握机器人概念设计的初步能力。具体建议如下(也可参看网上发的“教学安排建议”稿):

第一,综述,主要是前言的内容。

第二,解惑,主要是第1～第4章和第7章的内容。第1章§1.1和第2章主要回答第一个问题——即机械电子工程是什么样的专业。第1章§1.2回答第2个问题——即机械电子工程在国民经济中的重要性。第2～第4章主要回答第三个问题——即学生在校期间学什么。第1章§1.3回答第四个问题——即学生毕业以后干什么。第3章3.3.1小节和第7章主要回答第五个问题——即学生在校期间怎么样学习。

第三,培养能力,主要是第3章§3.1、§3.2和第5章的内容,通过课堂讨论与实践让学生掌握机器人概念设计的初步能力,为按“卓越工程师计划”进行教学做准备。

另外,第4章§4.2的内容留给学生自学,作为今后选课的依据;同时供教师选择教学内容时参考。第6章也留给学生自学,以扩大知识面,增加对本专业的兴趣。附录可作为教师安排教学计划时参考。

本书在策划阶段就得到自动化学院和机械工程教研中心的鼓励与支持,可以说是集体智慧的结晶。李金泉副教授和作者一起策划了本书的编写大纲,并对“机电一体化系统(产品)创新设计思路图”进行了具体修改,又提供了“光电产品自动化装配生产线”的全部设计资料。杨政博士和付欣硕士提供了“收集机器人”的全部设计资料。桂照斌硕士搜集了第2章末的机电一体化产品的资料。魏世民教授和李端玲教授为附录提供了许多实训项目。余瑾高级工程师和庄育锋教授也做了许多具体工作。在上述老师和同学的帮助下,本书得以顺利完成,在此,对他们表示衷心的感谢。同时还要感谢廖启征教授、邓中亮教授和李金泉副教授,他们在百忙之中抽出时间对本书作了全面审阅,并提出许多宝贵意见。

由于作者水平所限,时间又仓促,本书难免有不当之处,欢迎读者指正。

李景湧

2014.8

目　　录

第1章　绪　　论

欢迎同学们学习机械电子工程专业!

莘莘学子通过自己的刻苦学习,跨进了大学的校门,憧憬着自己美好的未来。你们渴望尽快地了解大学的一切,尤其渴望了解所学的专业,一系列问题萦绕在你们的头脑中。从本章开始,就你们所关心的问题,即本专业的性质、特点与地位,在校期间学什么,毕业以后干什么,怎么样学好应掌握的知识,怎么样培养自己的能力等,及时地做出回答,以便同学们尽快地进入角色。

§1.1　机械电子工程是什么样的专业

新生一入学就急于知道自己所学的是一个什么样的专业,本节就来回答这一问题。首先概要介绍教育部关于本专业的一些规定,然后再逐节做详细介绍。

1.1.1　教育部对机械电子工程专业的规定

关于机械电子工程专业,在教育部颁发的《普通高等学校本科专业目录和专业介绍》中已作了详细、准确的描述,现转录如下。

080204　机械电子工程

培养目标:本专业培养具备机械、电子、控制等学科的基本理论和基础知识,能在机电行业及相关领域从事机电一体化产品和系统的设计制造、研究开发、工程应用、运行管理等方面工作的高素质复合型工程技术人才。

培养要求:本专业学生主要学习机械工程、电子技术、控制理论与技术等方面的基本理论和基础知识,接受机械电子工程师的基本训练,培养机电一体化产品和系统的设计、制造、服务,以及性能测试与仿真、运行控制与管理等方面的基本能力。

毕业生应获得以下几个方面的知识和能力:

(1) 掌握本专业所需的相关数学和机械电子学等基本理论和基础知识,了解本专业领域的发展现状和趋势;

(2) 掌握文献检索、资料查询及运用现代信息技术的基本方法,具有综合运用所学理论、知识和技术设计机电一体化系统、部件和过程的能力;

(3) 掌握科学的思维方法,具有制订实验方案、完成实验、处理和分析数据的能力;

(4) 具有对机电工程问题进行系统表达、建立模型、分析求解、论证优化和过程管理的初步能力；

(5) 具有较强的创新意识和进行机电一体化产品与系统开发和设计、技术改造与创新的初步能力；

(6) 具有较好的人文科学素养、较强的社会责任感和良好的工程职业道德，熟悉与本专业相关的法律法规，能正确认识本专业对客观世界和社会的影响；

(7) 具有一定的组织管理能力、较强的表达能力和人际交往能力以及在团队中发挥作用的能力；

(8) 具有一定的国际视野和跨文化交流、竞争与合作的初步能力，具有终身教育的意识和继续学习的能力。

主干学科：机械工程、控制科学与工程。

核心知识领域：工程图学、工程力学、电路原理、工程电子技术、控制工程基础、传感与检测技术、机械设计基础、机械制造技术基础、微型计算机原理与应用、机电系统设计、机电传动与控制等。

主要实践性教学环节：认识实习、金工实习、生产实习、机电系统综合实践、课程设计、科研创新与社会实践、毕业设计(论文)等。

主要专业实验：工程力学实验、电路与电子技术系列实验、机电系统测控实验、机械基础实验、微型计算机原理与应用系列实验、机电控制基础实验、传动与控制技术系列实验、电子机械综合实践等。

修业年限：四年。

1.1.2 对机械电子工程专业介绍的分析与理解

根据上面的介绍，对机械电子工程专业可以明确以下几点。

1. 本专业学习的工程对象

本专业学习的工程对象是机电一体化产品和系统，如航天工程中的火箭、人造卫星、空间站、飞船、雷达；交通运输业中的飞机、汽车、高速列车、地铁列车；制造业中的数控机床、加工中心、自动生产线(喷漆、焊接、组装生产线)；轻工业中的自动纺纱机、自动织布机、自动缝纫机、自动绣花机、饮料自动灌装生产线、印刷自动生产线、包装自动生产线；物流业中的物品自动分拣机、自动导引车、立体仓库；钢铁工业中的连轧、连铸自动生产线；各种类型的机器人。

2. 本专业所涉及的主要学科

本专业所涉及的主要学科是机械工程、电子技术、控制理论与技术、计算机技术。

3. 本专业学生应掌握的基本知识领域

本专业要求学生重点掌握本专业所需要的相关数学和机械、电子、控制、计算机等学科的基本理论和基础知识，了解本专业的发展现状和趋势，具体归纳如下。

(1) 数学：高等数学和相关的工程数学。

(2) 机械：工程图学、工程力学、机械设计、机械制造技术。

(3) 电子：电路原理、工程电子技术。

(4) 控制：控制工程、传感与检测技术。

(5) 计算机：微型计算机原理与应用、微处理器应用技术、计算机网络。

(6) 机电系统：机电一体化系统设计、机电传动与控制。

4. 学生应具有的基本能力

本专业学生通过机械电子工程师的基本训练，应具有机电一体化产品和系统的设计、制造、服务，以及性能测试与仿真、运行控制与管理等方面的基本能力。具体归纳如下。

(1) 获取知识的能力

学生应掌握课堂学习、工程实践、文献检索、资料查询以及运用现代信息技术获取信息(知识)的基本方法，具有终身教育的意识和继续学习的能力。

(2) 应用知识的能力

学生应具有应用所学的基本理论和基础知识解决实际的机电工程问题的基本能力。具体内容如下。

① 系统分析能力

掌握系统工程的分析方法，具有对机电工程问题进行系统表达、建立物理数学模型、分析求解、论证优化和全过程管理的初步能力。

② 设计制造能力

具有较强的创新意识，掌握创新设计的方法和步骤，具有对机电一体化产品和系统进行方案论证与优化、对其零部件进行技术设计计算的基本能力，并能对已有产品或系统进行技术改造。

③ 科学实验能力

掌握科学的思维方法，具有制订实验方案、完成实验、处理和分析数据的能力。

④ 性能测试能力

能利用所学的实验和检测技术，对机电一体化产品或系统进行性能检测，并进行质量评估。

⑤ 运行管理能力

了解相关的工程知识，具有对机电一体化产品和系统进行正常保养、维护和检修的初步能力。

⑥ 组织管理能力

通过大学阶段的学习与实践，具有项目管理和行政管理的初步能力。

5. 学生应具有的人文素质

通过大学阶段的学习，学生应具有较好的人文科学素养。具体体现在以下几个方面。

(1) 有正确的价值观

学生应具有正确的价值观和较强的社会责任感，终身为人民服务，献身于中华民族伟大复兴的事业。

(2) 有良好的职业道德

学生应具有良好的职业道德，熟悉与本专业有关的法律、法规，使自己的工作造福于人类，而不要妨碍或破坏人类的美好生活。

(3) 有和谐的团队精神

学生应具有较强的表达能力和人际交往能力，具有团结协作精神，在任何团队中都能发挥很好的作用。

(4) 有锐意的开拓精神

学生应具有一定的国际视野,通过国际交流了解学科前沿,具有参加国际竞争与合作的初步能力,具有勇攀科技高峰的精神。

6. 学生将来就职方向

学生毕业后将在机电行业和相关领域从事机电一体化产品和系统的设计、制造、研发、工程应用、运行管理等方面的工作。具体内容将在1.3节中叙述。

本节介绍了教育部颁发的《普通高等学校本科专业目录和专业介绍》中关于机械电子工程专业的内容,这是本专业构建教学体系、安排教学计划的依据,也是对学生的考核标准,学生应当按上述要求随时来衡量自己,通过四年的大学生活,将自己培养锻炼成符合国家要求的高素质复合型工程技术人才。祝同学们成功!

§1.2 机械电子工程在国民经济中的地位

机械电子工程是研究、开发、设计、制造机电一体化产品和系统的专业,而机电一体化产品和系统是机械与电子、测控、计算机等技术相融合的产物。通俗地讲,机电一体化产品和系统就是由计算机控制的自动化、智能化的机器或生产线,其实质仍是机械。下面,我们从机械(机械电子工程)在人类社会发展进程中的推动作用和各国政府对该产业的重视程度,来体会一下机械电子工程在国民经济中的地位。

1.2.1 机械始终是推动人类社会进步与发展的动力

人类与动物的区别主要是人会使用工具,后来又发展为制造并使用简单机械(如杠杆、滑轮、斜面等),当时使用的动力是自然力(如人力、畜力、风力、水力等)。随着科学技术的发展,人们冶炼出铜、铁、钢等材料,又陆续发明了蒸汽机、内燃机和电动机,掀起了一次又一次的工业革命,在人类生产生活的方方面面,都设计、制造了各式各样的机器,它们减轻或代替了人的体力和脑力劳动,在解放人类的同时也提高了劳动生产率,提高了产品质量。可以说,是"工具"(机械)推动了人类社会的发展,是人们使用机械生产了物质、创造了财富,使人类得以世世代代繁衍生息。可见,机械在人类历史发展的进程中,一直起着推动作用。

现如今,机械已不再是单纯的钢铁器物,而是由机构和电子器件构成的,由计算机控制的自动化、智能化的机器,它们仍然是人们生产物质、创造财富、赖以生存的"工具"。因此,机械电子工程仍然是现代国民经济的支柱,机电一体化技术和产品的发展仍然是国民经济发展的推动力。可见,机械电子工程在国民经济中的地位是举足轻重的。

1.2.2 机电行业始终是国民经济的主要支柱

机电行业(制造业)在国民经济中始终是主要支柱,从制造业生产总值占国内生产总值的比重和先进制造业工业增加值占全部工业增加值的比重来看,很容易得出上述结论。比如,据国家统计年鉴公布,近几年制造业生产总值一直几乎占到国内生产总值的1/3(2010年占32%,2011年占32%,2012年占31%,2013年占30%),可见制造业在国民经济中的重要地位。又如，在2014年，全年全部工业增加值比上年增长7%，其中高技术制造业增加值增长12.3%，占规模以上工业增加值的比重为10.6%；装备制造业增加值增长10.5%，占规模以上工业增加值的比重为30.4%；可见先进制造业对国民经济增长的拉动作用。其他工业化国家也有相似的结果。因此，在当前激烈的国际政治、军事、经济竞争中，机电行业始终具有举足轻重的作用，而机电一体化技术和产品总是受到各工业国家的极大重视，并都给予了资金支持和政策优惠。

日本政府于1971年颁布了《特定电子工业和特定机械工业振兴临时措施法》，要求日本的企业界要特别注意促进为机械配备电子计算机和其他电子设备，从而实现控制的自动化和机械产品的良好功能，进而使日本的机械产品快速地向机电有机结合的方向发展。此后，日本又将智能传感器，计算机芯片制造技术，具有视觉、触觉和人机对话功能的人工智能机器人（工业机器人、服务机器人），柔性制造系统等列为高技术领域的重大研究课题，使日本在机电一体化领域走在了世界前列。尤其是机器人技术一直处在世界领先地位。

20世纪80年代末，美国发现"机电一体化"是日本对美国的威胁，基于这种认识，当时的美国总统里根亲自主持制订了美国的新技术发展策略，对推动美国机电一体化技术的发展起到了重要作用，使美国在大型电站设备、航空、航天和制造设备方面在世界上独占鳌头，尤其是航天和计算机集成制造系统一直处于世界领先地位。

我国政府对机电一体化也特别重视。20世纪80年代初，国家科委就组织了"机电一体化预测与综合分析""我国机电一体化发展途径与对策"等软课题研究。从1990年开始至今，国家在五个阶段的《科学技术发展规划》中一直把发展机电一体化技术、开发机电一体化产品和系统列为重大项目。

在"八五""九五"规划中，国家把"以电子技术改造传统产业"列为20世纪后十年发展国民经济的重要战略技术措施。

在"十五"规划中，国家将"先进制造技术与自动化技术"确定为重大专项，并将其在"863计划"中具体为：制造业信息化工程、深海载人潜水器、微机电系统（MEMS）、数据库管理系统及其应用四个子项。其中，关于制造业信息化工程子项的战略目标是："……在网络环境下，将数字化设计、数字化制造、数字化管理、数字化装备和数字化企业技术相结合……攻克制造业信息化关键技术，实现若干应用软件产品及工艺装备的产业化，培育社会化咨询服务体系，组织实施制造业信息化应用示范工程，实现设计、制造和管理的信息化，生产工艺过程控制的智能化及基础装备的数字化目标，全面提升我国制造业的竞争力。"

到2006年，国家对科学技术的发展更为重视，制定了《国家中长期科学和技术发展规划纲要》（2006—2020年）。该纲要对制造业和机电一体化技术和产品，从"发展目标""重点领域及其优先主题""前沿技术"等几个方面都提出了明确任务。在"发展目标"栏目中指出："经过15年的努力，在我国科学技术若干重要方面实现以下目标：一是掌握一批事关国家竞争力的装备制造业和信息产业核心技术，使制造业和信息产业技术水平进入世界先进行列……"。在"重点领域及其优先主题"栏目中指出："制造业是国民经济的主要支柱。"并将"数字化和智能化设计制造"列为优先主题。在该主题中明确规定"重点研究数字化设计制造集成技术，建立若干行业的产品数字化和智能化设计制造平台。开发面向产品全生命周期的、网络环境下的数字化、智能化创新设计方法及技术，计算机辅助工程分析与工艺设计技术，设计、制造和管理的集成技术。”在“前沿技术”栏目中，将“先进制造技术”列为前沿技术，指出“先进制造技术将向信息化、极限化和绿色化方向发展，成为未来制造业赖以生存的基础和可持续发展的关键。重点突破极端制造、系统集成和协同技术、智能制造与应用技术、成套装备与系统的设计验证技术、基于高可靠性的大型复杂系统和装备的系统设计技术。”并将“极端制造”“智能服务机器人”和“重大产品和重大设施寿命预测技术”确定为制造业中先进制造技术的具体立项。

对上述中长期发展纲要，在“十一五”和“十二五”规划中逐步落实。

在“十一五”规划总体目标中，对“数控机床与基础制造装备”提出了如下要求：“重点研究2～3种大型、高精度数控母机，开发航空、航天、船舶、汽车、能源设备等行业需要的关键高精密数控机床与基础装备；突破一批数控机床基础技术和关键共性技术，建立数控装备研发平台和人才培养基地，促进中、高档数控机床发展”。在“十一五”规划“超前部署前沿技术研究”栏目中，对“先进制造技术”提出了如下要求：“瞄准先进制造技术前沿，从提高设计、制造和集成能力入手，研究先进制造的关键技术、单元产品与集成系统，发展节能、降耗、环保、高效制造业，提升我国先进制造技术水平。重点研究极端制造技术、智能机器人技术、重大产品和重大设施寿命预测技术、现代制造集成技术。组织实施射频标签(RFID)技术与应用重大项目”。

在“十二五”规划“加快实施国家重大专项”(科研主项)栏目中，对“高档数控机床与基础制造装备”提出了如下要求：“重点攻克数控系统、功能部件的核心关键技术，增强我国高档数控机床和基础制造装备的自主创新能力，实现主机与数控系统、功能部件协同发展，重型、超重型装备与精细装备统筹部署，打造完整的产业链。国产高档数控系统国内市场占有率达8%～10%。研制40种重大、精密、成套装备，数控机床主机可靠性提高60%以上，基本满足航天航空、船舶、汽车、发电设备制造四个领域的重大需求”。

在“十二五”规划“大力培育和发展战略性新兴产业”(产业规划)栏目中对“高端装备制造”提出了如下要求：“重点发展大型先进运输装备及系统、海洋工程装备、高端智能制造与基础制造装备等。实施高速列车、绿色制造、智能制造、服务机器人、高端海洋工程装备、科学仪器设备等科技产业化工程。研发高速列车谱系化和智能化、绿色产品设计、机器人模块化单元产品等重大关键技术，提升我国制造业的国际竞争力”，该栏目对“高速列车”“智能制造”“服务机器人”提出了具体的指标性要求。

在2015年我国政府又提出了《中国制造2025》和《互联网＋》发展纲要，明确指出了制造业向信息物理融合系统发展的方向；并制定了产品创名牌，参与国际竞争，使中国制造走向世界的政策。

正因为国家及时地制定了发展制造业的大政方针，经过20多年的不懈努力，已使我国逐步由制造大国向制造强国迈进。我国自主生产的数控机床、加工中心、工业机器人、自动化仪表，以及由各类机电一体化产品集成的自动化生产线，已应用到国民经济的各个行业；高铁(高速列车)、核电、航天器等一批产品已成为世界名牌。这些不仅提高了我国的技术水平和产品质量，而且大大提高了我国在世界上的竞争力。如今，我国生产的通信设备与系统、高速列车、核电、汽车和一些机电产品已出口到许多国家，也促进了当地的经济建设。

由上述可知，机械电子工程是国家的重要支柱，受到国家的极大重视。国家制定的一系列科学技术发展规划为我们指出了前进的方向，展示了美好前程，对从事机械电子工程专业的人来说,真可谓广阔天地大有作为;应当抓住机会,学好并掌握机械电子工程专业各学科的知识,为我国机电一体化事业贡献一份力量,使我国的机电一体化产品和系统在国际市场占有一席之地。

§1.3　机械电子工程专业毕业生的职业方向

在《普通高等学校本科专业目录和专业介绍》机械电子工程专业的"培养目标"栏目中指出:"本专业培养……在机电行业及相关领域从事机电一体化产品和系统的设计制造、研究开发、工程应用、运行管理等方面工作的高素质复合型工程技术人才"。由此可见,毕业生结合所学专业就业方向有两个:一个是专业技术方向;另一个是技术管理方向。现分述如下。

1.3.1　专业技术方向

专业技术方向就业有以下几个方面的工作:设计制造、研究开发、工程应用、系统维护。简要介绍如下。

1. 设计制造

设计制造在这里针对机电一体化产品和系统而言,是机械电子工程专业从业人员的主要工作。

设计分为三类,即变异性设计、适应性设计和创新性设计。

变异性设计:在设计方案和功能结构不变的条件下,仅改变现有产品的规格尺寸,使之适用于输入量有所变更的要求。

适应性设计:在总的方案原理基本保持不变的条件下,对现有产品进行局部更改,或用微电子技术代替原有的机械结构,或为了用微处理器进行控制对机械结构进行局部适应性变动,以提高产品的性能和质量。

创新性设计:是没有参照样板的设计,即具有自主知识产权的原创设计。它分为产品策划、概念设计、详细设计、样机试制和改进设计五个阶段(在第3章详细讲)。其中概念设计阶段主要是选择不同的功能原理,构成不同的设计方案,然后优选其一,是最具创新性的阶段,可以充分展示设计者的聪明才智和独创性;详细设计阶段是将所选定的方案变为可施工的图纸,进行评价、修正,然后画出全部施工图;样机试制阶段是将设计图纸变为样机,小批量生产,在市场上进行试销;改进设计阶段是将用户对产品(小批量生产的)的反馈意见进行分析综合以后对产品和系统进行的完善设计。从事设计的人员可以参加设计过程的某个阶段或全过程。

刚毕业的学生视产品和系统的复杂程度可以参加三类设计的部分或全部工作。

至于制造,实践性太强,是将设计图纸变为实物的过程。前言中已述及,教学内容偏重设计安排,因此,本专业在教学中只介绍了在设计中必须用的制造知识,如果学生毕业后专门从事制造方面的工作,切记要到工厂去向工程技术人员和工人师傅学习,多实践,相信会很快胜任制造的技术工作。

2. 研究开发

研究开发一般是针对机电一体化产品和系统的功能原理研究和高新技术的探索。研究开发的对象可能是机电一体化产品和系统中的一个部件或一个零件,也可能是整个产品或系统。该项工作对机械电子工程专业的从业人员来说是一项具有创新性、挑战性的工作。刚毕业的学生在该项工作中,可以参与某些具体工作。

3. 工程应用

工程应用是指将机电一体化产品和系统用于工程实际,解决生产物质财富的问题。其具体工作是构建一个工厂或车间的生产工艺流程、选择有关设备、对建筑设计提出专业要求等。该项工作对机械电子工程专业从业人员来说是要求很高的工作。这类人员必须有丰富的生产知识和经验,有实实在在的组织生产的能力。刚毕业的学生多为协助性的工作。

4. 系统维护

系统维护是指对机电一体化产品和系统的正常保养(定期、定时擦拭、注油)和检修(小修、中修、大修)工作,以保证设备安全、长期、正常地运行。在工厂里从事这类工作的从业人员相当多。刚毕业的学生有许多人从事此类工作,这是他们结合实际再学习的好机会,为今后从事设计工作、制造工作、管理工作都会打下良好的基础。

1.3.2　技术管理方向

技术管理方向就业有以下几个方面的工作:企业(工厂)管理、车间管理、项目管理、产品营销与技术支持。简要介绍如下。

1. 企业(工厂)管理

企业(工厂)的技术管理是指对整个企业(工厂)的生产、技术的管理。其职责有:接受生产任务、组织调度生产、监管设备维护、按期更新设备、主管技术革新(生产工艺革新和设备技术改造)、制订技术人员培训计划等。这类人员必须有丰富的生产知识和经验,有很强的组织能力和很高的科技水平,一般为企业(工厂)的总工程师、技术总监或总调度长。刚毕业的学生可以在总工办做辅助工作。

2. 车间管理

车间管理是指对一个车间的生产、技术进行管理。岗位多为车间的主管工程师(或调度人员),其职责与“企业(工厂)管理”相似,只不过只管一个车间。这类人员的水平与“企业(工厂)管理”所需人员水平相似,刚毕业的学生可以做更多的辅助工作。

3. 项目管理

项目管理不像企业管理和车间管理那么规范,要视项目大小而定。大项目如“探月工程”,小项目如“迷宫机器人”,都有项目管理,但它们的难易程度大不相同。项目管理的共同点是:首先要立项,经批准后进入正常工作阶段,项目完成后要鉴定验收,通过验收后项目结束。这个过程的全部管理工作都要由项目负责人负责。对于大项目,项目的实际负责人可能不止一个,要组成一个专家组,推举一个组长,在组长的领导下负责项目的管理工作。对于小项目,可能只有一个人,项目管理工作就由自己做。通常大项目有许多单位参加(企业、科研单位、高校、工厂),这就要求项目负责人具有更高的水平。他们不仅要具有很广的知识面、很高的科技水平,还要具有很强的组织协调能力;项目负责人一般都是由资深专家担任。刚毕业的学生可以参与大项目管理的某些具体工作,也可以做某些小项目的负责人。

4. 产品营销与技术支持

机电一体化产品都是自动化、智能化程度很高的产品,比一般的机电产品复杂得多,因此，在营销过程中需要既懂技术又有沟通能力的人员去销售。在销售过程中，营销人员必须能精心地策划演示项目，娴熟地操作使用，并能及时地处理演示过程中出现的技术问题。这样才能尽快地把产品推销出去。

另外，产品销售出去以后，售后服务必须跟上。一方面解决用户使用过程中出现的问题；另一方面也要主动征求用户对产品的意见，以便改进设计。

刚毕业的学生，经过一定培训完全可以从事这项工作。

1.3.3　对毕业生就业的一些建议

现在已把大学生就业推向了人才市场，刚毕业的大学生都挤进了就业大军的竞争行列。因此，大学生们在四年的学习中，不单单是学知识，更重要的是学本领，是培养自己分析解决实际工程问题的能力。更确切地说，首先是培养自己毕业后就业的竞争能力。

纵观当今的人才市场，形势是严峻的，要就业的人员越来越多，学历越来越高，究竟谁能闯关就业就看他的实力和机会。实力就是求职者的能力，机会就是看他如何去求职。

首先对毕业生的实力进行分析。刚毕业大学生的优势在于知识新，劣势在于缺乏实践经验。为了增强就业的竞争力，必须保持自己的优势、弥补自己的劣势。其方法就是抓紧一切时间刻苦学习。“学习”不单指课堂学习，更重要的是实践，是能够把所学的理论与技术应用于实际工程。“刻苦”是指少玩多学，时间是个常数，玩的时间多了，学的时间自然就少了，没有学习时间的积累，就没有知识的积累。怎样保持自己的优势？保持优势就是让自己永远掌握最先进的理论与技术。其方法是，除课堂学习外，自己经常利用课余时间主动到图书馆、阅览室去看最新的学术杂志或上网查阅最新的科技资料；涉猎面要广一些，不限于本专业，博学多才有利于不同学科知识的融合与借鉴，产生新的知识。怎样弥补自己的劣势？弥补劣势就是增强自己的实践能力。其方法是，除了在校内的实践教学（实验、实习、课程设计、毕业设计等）中培养自己的基本实践能力外，更重要的是去企业（工厂）实习，尤其是利用假期自己找单位实习，通过实干增强自己的实践能力。

下面再分析一下就业机会。机会是自己寻找的，抱有终身学习多次就业思想的人就业机会就多；走自主创业之路的人就业机会也多。首先说终身学习多次就业的想法。刚毕业就得到自己满意的工作当然好，但往往比较难，如果先找一个专业相近的工作，边学边干，在工作中特别注意培养自己解决实际问题的能力（即解决工程问题的一般思路和方法），然后再找机会去寻找理想的工作岗位岂不是更好。同学们应当知道如下现实：大多数人都不是在做本专业的工作，只要自己喜欢就是好工作；人的一生也不可能只做一种工作，只要自己有继续学习的能力，就能胜任各种工作；有时为了生存人们不得不先做自己不喜欢的工作，然后再等机会去做自己喜欢的工作。因此，只要把就业这件事想通了，做什么工作都一样，就业机会是很多的。再说一下自主创业。自主创业一般能实现自己的理想，但需要有实力和魄力。实力是创业的基础。实力体现在技术上，有先进技术（最好是好项目或好产品）才可能有人投资，有资金支持才可能创业；实力还体现在人格魅力上，有号召力、组织协调能力和管理能力的人才可能组成团队而成就事业。魄力是创业的动力。自主创业肯定是困难重重，没有魄力就不敢做这件事，没有魄力就不能克服一个又一个的困难。

通过上面的分析可以看到，四年大学的生活，不仅要培养学生们的竞争实力和魄力，而且还要锤炼学生们的品德和人格。祝愿同学们经过大学的熔炼，都成为翱翔长空的雄鹰、搏击波涛的海燕，去迎接步入社会的挑战。

第 2 章　机电一体化系统简介

通过第 1 章的介绍,同学们已经知道本专业的学生在校期间学习的对象是机电一体化系统,而毕业以后作为机电工程师其工作对象仍然是机电一体化系统,那么,什么是机电一体化系统呢？本章就回答这一问题,简要介绍一下关于机电一体化系统的知识。在此,顺便说一下,本书中凡提到“机电一体化系统”时均涵盖“机电一体化产品”,以后不再二者并提。

由于新生对本专业还不熟悉,本章首先向同学们介绍几个机电一体化系统的实例;接着由实例引出机电一体化系统的构成;然后再将“机电一体化系统”的“系统”和“机电一体化”两个概念进行深入的阐述,以使学生对机电一体化系统有一个深刻的认识;最后介绍机电一体化系统的发展简史。

§2.1　机电一体化系统实例

由本书 1.1.2 小节可知,机电一体化系统(产品)种类繁多,广泛应用于航天工程、交通运输、采矿冶金、纺织印染、造纸印刷、食品加工、物流储配、家用电器、医疗器械等各个行业,可以说不胜枚举。为了使刚入学的新生对机电一体化系统有些感性认识并对本专业产生兴趣,在这里特选了常用或在实验室能够看到的机器人、数控机床、物流自动分拣存储系统、复印机作为实例,向同学们作些概要介绍。

2.1.1　实例 1——机器人

图 2-1 所示为参加全国大学生机器人大赛的一个“物品收集机器人”,图(a)是实物照片,图(b)是该机器人的结构示意图。下面对该机器人作概要介绍。

1. 制作背景

大赛规定:每组用三个机器人,将货架上的物品以最短的时间放到储物筐内,用时最短者为冠军。对三个机器人的要求是:第一个机器人,由坐在其上的人员操作沿指定路线行走,完成规定的任务(注册、搬运或托起第三个机器人、搬运储物筐);第二个机器人要自动行走,是自动寻迹搬运机器人,其行走途中有上下坡道,其任务是搬运储物筐或搬运第三个机器人;第三个机器人的主要任务是从货架上取下物品放到储物筐内,故称为收集机器人。(可看录像,网址:www.buptpress.com)

收集机器人的设计制作将在第 5 章中作为机电一体化系统(产品)的实例给予详细的介绍,这里不再赘述。本节作为机器人的实例,只对收集机器人的构造作一重点介绍。

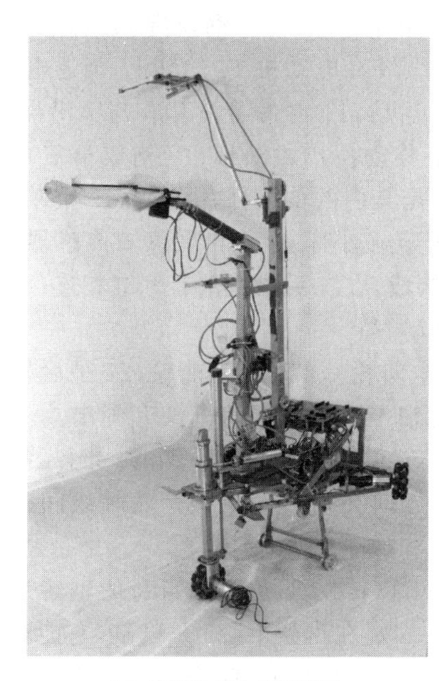

(a) 收集机器人实物照片

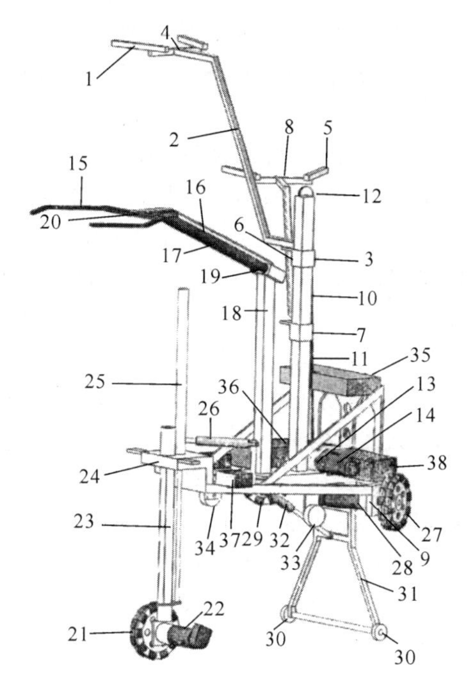

(b) 收集机器人结构示意图

1,5,15—手爪;2,6,16,17,18—手臂;3,7—滑动套;4,8,20—感知传感器;
9—寻位传感器;10—导柱;11—钢丝绳;12,13—绳轮;14,22,28—电动机;19,25,26,32—气缸;
21,27,29 驱动轮;23—滑动杆;24—导套;30,33,34—滚动轮;
31—折叠腿;35—控制器;36—驱动控制器;37—定位传感器;38—边沿检测传感器

图 2-1　收集机器人

2. 对收集机器人的功能要求

收集机器人要完成以下功能:首先要上一个台阶(20 厘米高)到货架平台上,然后取下货架上的物品放到储物筐内。货架分三层,放置了规格不同的两种物品(松糕)。机器人取物动作如下:首先移动定位,走到取物地点,然后由机械手从货架上抓取物品后再走到储物筐旁,将物品放入筐内;重复以上动作,将所有物品取完为止。(动作可看录像,机器人尺寸及具体设计见 5.1 节)

3. 收集机器人的结构及其运动原理

下面依照图 2-1 介绍收集机器人的结构及其运动原理,以便同学们对机电一体化系统(产品)有些感性认识。

由图 2-1 可见,收集机器人由三个机械手和一个小车组成。小车下面有三个驱动轮和四个滚动轮,驱动轮可使机器人移动或旋转,滚动轮是辅助机器人上台阶用的;小车上面安装了三个机械手,另外还装有控制器、驱动控制器和压缩空气瓶;小车下面还装有传感器,用于机器人定位与寻迹;机械手上也装了传感器用于寻物与取物。

该机器人的结构及其运动原理具体说明如下〔见图 2-1(b)〕。

(1) 机械手运动机构:1、2、3 构成第一个机械手,1 是手爪,2 是手臂,3 是滑套,三者联为一体,该机械手的滑套 3 被钢丝绳 11(3 与 11 固联)带动,可沿导柱 10 上下移动。4 是寻物传感器,用于感知被抓物品,指令手爪抓取。5、6、7 构成第二个机械手,5 是手爪,6 是手臂,7 是滑套,三者联为一体,该机械手的滑套 7 也可被钢丝绳 11(7 与 11 是固联的)带动沿导柱10上下移动。8是感知传感器,作用与4相同。9是寻位传感器,用于寻找被抓取物品的位置或寻找储物筐的位置。10是导柱,被固定在小车上。11是钢丝绳,12、13是绳轮(11、12、13构成绳轮传动机构)。14是电动机,绳轮13装在电动机14的轴上,当通电时,电动机14带动绳轮13转动,绳轮13再带动钢丝绳11运动,11再带着滑套3与7沿导柱10上下滑动,从而使第一、第二个机械手沿导柱10上下移动。15、16、17、18构成第三个机械手,15是手爪,16、17构成可伸缩手臂,16是外套,17是其内的伸缩杆,由气缸19推动17在16内作伸缩运动,手爪15固定在伸缩杆17上,18固定在小车上。20是感知传感器,作用与4相同。手爪1、5、15构造一样,都是由两个手指构成,在二手指根部有气缸相连(图中未画),当气缸动作时,驱动两个手指开或合,释放或抓取物品。

(2) 小车运动机构:21、27、29是驱动车轮(都是全向轮),27、29是前轮,21是后轮;22、28是电动机;21被装在22的轴上;27被装在28的轴上,29的电动机没有画出。驱动轮21、27、29都安装在小车上,安装时使21、27、29三个轮的触地点在同一个圆周上(各相隔120°角),其中,两个前轮27、29的轴的方向均与前进方向夹角为60°(两个轮轴线间夹角为120°),这样机器人在地面上旋转起来就很灵活。

(3) 小车后轮(21)运动机构:23是一个滑动杆(可上下滑动,也可绕自身的轴转),驱动轮21和电动机22被固定在23的下端;24是导套,被固定在车架上;25是气缸,它能驱动滑动杆23在导套24内上下移动;26也是气缸,它一端固定在小车上(杆18),另一端连在滑动杆23上,当26动作时,能驱动滑动杆23绕自身轴线转动。可见驱动轮21有三种运动形式:即绕自身轮轴的转动(由电动机22驱动);由滑动杆23带动,沿导套24的上升与下降移动(由气缸25驱动);绕滑动杆23的轴线的转动(由气缸26驱动)。

(4) 折叠腿的运动机构:30是滚动轮(两个);31是折叠腿,下端安装两个滚动轮30,上端用铰链固定在车架上;32是气缸,左端连在车架上,右端连在折叠腿31上,它驱动折叠腿31收起(收到小车底下,成水平状态),或放下(图示状态)。

(5) 其他构件:33、34也是滚动轮,它们直接安装在车架底下。四个滚动轮的轮面都平行于前进方向。35是控制器,它是一块电路板,上面安装了微处理器和所需的元器件;微处理器有两个用途,一个是对传感器采集的信号进行处理,另一个是预置控制机器人运动的某些程序。36是驱动控制器,里边装有继电器和气压阀,以便控制电机或气缸运动。37是定位传感器(由激光测距传感器构成),它和传感器9一起指挥机器人走到指定位置。38是边沿检测传感器,用于探测前进方向的台阶。

4. 收集机器人动作的实现

(1) 平面(地面)上的运动

收集机器人前进、后退和在水平面上转动由三个驱动轮21、27、29完成。其运动状态完全由后驱动轮21的状态来控制,当21的轮面平行于前进方向时(记为0°),若通电则机器人前后移动;当21的轮面垂直于前进方向时(记为90°),若通电则机器人原地旋转;机器人沿任一曲线运动是由程序调整三个轮的不同转速完成的。

(2) 爬台阶

收集机器人的初始位置就是图2-1(b)所示状态,当后驱动轮21驱动机器人前进时,若传感器38检测到前面有台阶,则马上将信号传给控制器35,经微处理器处理后,传给驱动控制器36,指令气缸32动作,收起折叠腿31;继而气缸25动作,驱动滑动杆23上升,收起后驱动轮21。这样就爬过一个台阶继续前进。

(3) 抓取搬运物品

抓取搬运物品分两次完成,第一次抓取搬运货架上一、二层的松糕,第二次抓取搬运货架上第三层的松糕。

机器人爬上台阶以后,进行第一次抓取搬运,分四步完成。第一步,由寻位传感器 9 和定位传感器 37(通过驱动控制器 36 控制)指挥机器人走到货架旁的指定位置(即被抓取松糕的旁边);第二步,在感知传感器 4 与 8 的指挥下,第一与第二个机械手上的手爪气缸同时驱动二手爪的手指动作,将货架上一、二层的松糕同时抓起;第三步,电动机 14 驱动钢丝绳 11 将滑套 3 与 7 上提,使两个机械手上移,将所取第一、二层的松糕举高,超过定位销的高度;第四步,机器人在程序的控制下,依传感器 9 与 37 的引导走到储物筐边,由边沿检测传感器 38 控制定位并将第一、二个机械手的手爪松开,使二松糕落到储物筐内。完成第一次抓取搬运。

然后,进行第二次抓取搬运,分五步完成。第一步,在程序的控制下,依寻位传感器 9 和定位传感器 37 的引导,机器人回到货架旁;第二步,由人操作的第一个机器人把收集机器人托起(为了抓取第三层货架上的松糕);第三步,第三个机械手由气缸 19 驱动将伸缩杆 17 和手爪 15 伸出;第四步,人操作第一个机器人移动,使收集机器人的第三个手臂的手爪 15 接近第三层货架上的松糕,由感知传感器 20 指挥手爪 15 抓走。第五步,与第一次抓取搬运的第五步相同,将松糕送到储物筐中,这里不再赘述。至此,抓取搬运物品结束。

2.1.2 实例 2——五轴龙门数控机床

图 2-2 所示为一五轴龙门数控机床,图(a)是实物照片,图(b)是结构示意图。下面对该数控机床作简要介绍。

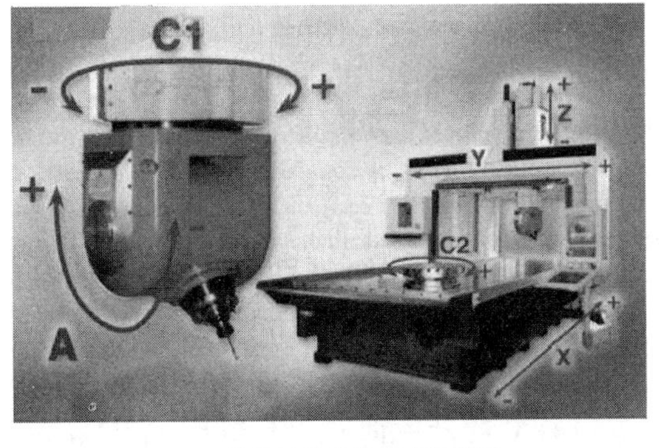

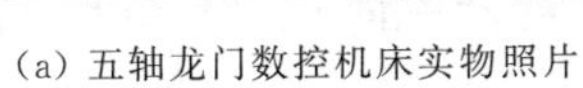
(a) 五轴龙门数控机床实物照片

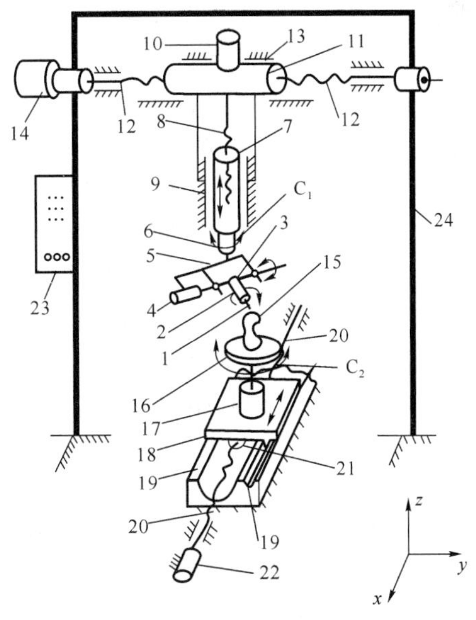

(b) 五轴龙门数控机床结构示意图

1—刀具;2—电动机及刀具卡头;3—水平转动架;4,6,10,14,17,22—电动机;
5—U 形转动架;7—垂直滑块;8,12,20—滚珠丝杠;9—垂直导轨;11—水平滑块;13,19—导轨;
15—工件;16—转动工作台;18—水平滑动台;21—螺母;23—控制柜;24—机架

图 2-2 五轴龙门数控机床

1. 对五轴龙门数控机床的功能要求

要求该机床能加工金属材料的任意曲面的零件。

2. 五轴龙门数控机床的结构及其运动原理

这里按图 2-2(b)所示对该数控机床的结构及其运动原理作概要介绍。该机床由四大部分组成:第一部分是与刀具运动相关的机构;第二部分是与工件运动相关的机构;第三部分是机架,它是承载上述两部分的母体;第四部分是控制箱。

下面重点说明该数控机床第一、二部分的机构及其运动原理。在图 2-2(b)中,1~14 构成刀具运动的机构,16~22 构成工件运动的机构。

(1) 驱动刀具运动的机构。①刀具自身的高速旋转运动:1 是刀具,2 是电动机及刀具卡头,卡头用于装卡刀具,由电动机驱动卡头(刀具)飞速旋转用于加工工件。②刀具方位调整运动:电动机 2 固定在水平转动架 3 上;4 是电动机,4 与 3 二者的轴相连;5 是 U 形转动架(开口向下),水平转动架 3 的轴装在 U 形转动架 5 的轴孔内,电动机 4 也固定在 U 形架 5 上,4 能驱动 3 绕其水平轴转动。6 是电动机,U 形架 5 固连在 6 的轴端,6 能驱动 U 形转动架 5 绕其铅垂轴(Z)转动。③刀具沿 Z 轴上下移动:7 是垂直滑块(不一定是圆柱形),电动机 6 与 7 的下端固连,该滑块可带着 U 形架与电动机 6 沿垂直导轨 9 上下移动;8 是滚珠丝杠,该丝杠与固连于滑块 7 内的螺母(图未画)构成运动副(螺母丝杠传动机构),当丝杠 8 转动时,可通过螺母带动垂直滑块 7 上下移动;10 是电动机,其轴与丝杠 8 的上端相连,能驱动丝杠 8 转动。④刀具沿 Y 轴水平移动:11 是 Y 方向的水平滑块(不一定是圆柱形),电动机 10 和垂直导轨 9 都安装在水平滑块的侧面,当水平滑块 11 沿水平导轨 13(沿 Y 方向)移动时,可带着电动机 10,垂直导轨 9 和垂直滑块 7 同时作 Y 方向移动。12 是滚珠丝杠,12 与固连于水平滑块 11 内的螺母(图中未画)构成运动副(螺母丝杠传动机构),当丝杠 12 转动时,驱动螺母带着水平滑块 11 沿水平导轨 13 作水平(Y 方向)移动;14 是电动机,其轴与丝杠 12 的一端相连,其外壳与机架 24 固连,当通电时,14 能带着丝杠 12 转动。

(2) 驱使工件运动的机构。①工件绕 Z 轴调整方位的运动:15 是工件,被装卡在转动工作台 16 上,16 的底面中心处与电动机 17 的轴端相连,当电动机 17 转动时,工作台 16 随着转动。②工件沿 X 轴水平移动:16、17 又被安装在 18 上,18 是水平滑动台,被安装在导轨(两条)19 上,20 是滚丝杠,20 与螺母 21 构成运动副(螺母丝杠传动机构),螺母 21 被固连在水平滑动台 18 的底面上,当丝杠 20 转动时,将通过螺母 21 带着水平滑动台 18(亦即带着工件 15)在导轨 19 上移动(沿 X 方向)。丝杠 20 的一端与电动机 22 的轴相连,电动机 22 被安装在机床底座上(底座被固定在地基上),当电动机 22 转动时,丝杠 20 将跟着一起转动。

再有,23 是控制柜,柜内装有电路板、工控机和操作按钮。电路板上装有可编程控制器(PLC)和控制电路,工控机内安装数控加工程序,以控制刀具和工件的运动。数控加工程序由工程技术人员编写,针对不同的零件编写不同的程序,加工哪个零件就把哪个零件的加工程序安装到工控机中去。24 是机架,它被固定在地基上;导轨 13、丝杠 12 的轴承,电动机 14 和导轨 19 都固定在机架 24 上。另外,在该数控机床上还安装了许多传感器(图中未画),以控制加工精度。在水平滑动台 18 与导轨 19(X 移动方向)、水平滑块 11 与导轨 13 之间(Y 移动方向)和垂直滑块 7 与垂直导轨 9 之间(Z 移动方向)都安装了光栅传感器,用以监测控制该三个方向移动长度值的精度。在电动机 4、6 和 17 上都安装了码盘(控制转动角度的传感器)用以监测、控制绕 Z 轴和水平轴转动角度值的精度。在刀具卡头处还装有力传感器,用以监测、控制加工用量和走刀速度。

3. 五轴龙门数控机床加工动作的实现

零件的加工是由刀具 1 与工件 15 的相对运动实现的。请看图 2-2(b)，在加工时，工件 15 有两个自由度的运动，即沿 X 方向的移动和绕 Z 轴的转动；而刀具 1 有四个自由度的运动，即沿 Y 和 Z 方向的移动，与绕 Z 轴和水平转动架 3 的轴的转动。刀具由电动机 2 驱动的高速转动用于切削加工。结合起来，该机床有 X、Y、Z 三个方向的移动与绕 Z 轴和水平轴的两个转动，所以叫五轴机床。下面对该机床加工动作的实现作具体说明。

(1) 工件动作的实现

① 工件 15 绕 Z 轴转动(调整加工方位)的实现：工件 15 绕 Z 轴的转动由转动工作台 16 绕 Z 轴的转动来实现。工件 15 装卡在转动工作台 16 上，16 底面中心处与电动机 17 的轴端固连，17 又固定在水平滑动台 18 上，18 不能转动，当电动机 17 转动时，就会驱动转动工作台 16 与工件 15 一起绕 Z 轴转动。

② 工件沿 X 方向移动的实现：工件 15 沿 X 方向的移动由水平滑动台 18 沿导轨 19 的移动来实现。由(1)所述可知，工件 15 与转动工作台 16 一起绕 Z 轴转动，然而转动工作台 16 与电动机 17 都安装在水平滑动台 18 上，当电动机 22 驱动丝杠 20 转动时，则螺母 21 就带着水平滑动台 18 与工件 15 一起沿导轨 19(即 X 方向)移动。

(2) 刀具动作的实现

① 刀具方位的调整

a. 刀具 1 绕水平轴转动的实现：刀具 1 绕水平轴的转动由水平转动架 3 的转动来实现。刀具 1 由卡头固定在电动机 2 的轴上，电动机 2 又固连于水平转动架 3 上，当电动机 4 转动时，则刀具 1 就会随水平转动架 3 一起绕水平轴转动。

b. 刀具 1 绕 Z 轴转动的实现：刀具 1 绕 Z 轴的转动由 U 形转动架绕 Z 轴的转动来实现。如 a 所述，刀具 1 可随水平转动架 3 一起绕水平轴转动，但水平转动架 3 的轴被安装在 U 形转动架 5 的轴孔里，U 形转动架 5 的上端与电动机 6 的轴连在一起，当电动机 6 转动时，则可驱动 U 形转动架带着水平转动架 3 绕 Z 轴转动，从而带着刀具 1 绕 Z 轴转动。

② 刀具 1 沿 Z 方向移动的实现：刀具 1 沿 Z 方向的移动由垂直滑块 7 沿垂直导轨 9 的移动来实现。由图 2-2(b)可见，电动机 6 固连于垂直滑块 7 的下端，当电动机 10 转动时，丝杠 8 将驱动垂直滑块 7 内的螺母带着垂直滑块 7，及其下端的 U 形转动架 8、水平转动架 3、电动机 2、刀具 1 一起沿 Z 方向的垂直导轨 9 移动。

③ 刀具 1 沿 Y 方向移动的实现：刀具 1 沿 Y 方向的移动由水平滑块 11 沿 Y 方向的水平导轨 13 的移动来实现。前已述及，垂直导轨 9 和电动机 10 都被安装在水平滑块 11 的侧面，当电动机 14 转动时，丝杠 12 将驱动水平滑块 11 内的螺母带着水平滑块 11 及与其相连的电动机 10、垂直导轨 9、垂直滑块 7、电动机 6、U 形转动架 5、水平转动架 3、电动机 2、刀具 1 一起沿 Y 方向的导轨 13 移动。

(3) 工件加工：工件加工按以下步骤。第一步，选一个坐标系，在该坐标系内给出欲加工零件表面控制点的坐标值，再给出形成零件表面每一个点坐标值的插值函数及其参数。第二步，确定加工路线，即确定刀尖(刀具与零件表面接触的点)行走的轨迹。第三步，将刀尖沿行走轨迹前进每一点的运动，按五轴(五个自由度)分解为工件和刀具的六个运动分量，并给出每个分量的具体值。在分解时应注意不断地调整刀具的方位，尽量使刀具的轴线方向与零件表面接触点处的法线方向相重合。第四步，按第三步给出的工件和刀具在每一点运动的六个分量值编写控制工件和刀具运动的控制程序。第五步，利用该程序进行计算机仿真。第六步,仿真成功,将第四步所编数控程序输入到控制箱23中的工控机内,并设置刀具切削用量和走刀速度,进行蜡模试加工。第七步,蜡模加工成功后,进行真实零件加工。

另外,在这里还要强调两点:第一,在加工过程中,控制工件与刀具运动的五个自由度一般会同时运动(即五轴联动),因此,该机床可以加工出任意曲面。第二,由于同学们刚入学,对数控机床不熟悉,这里只能介绍一些基本概念,以使同学们对机电一体化系统有个概貌认识。关于数控加工的内容,将在CAM课中详细讲解。

2.1.3 实例3——物流自动分拣存储系统

图2-3所示为一物流自动分拣存储演示系统,图(a)是实物照片,图(b)是系统示意图。

(a) 物流自动分拣存储演示系统实物照片

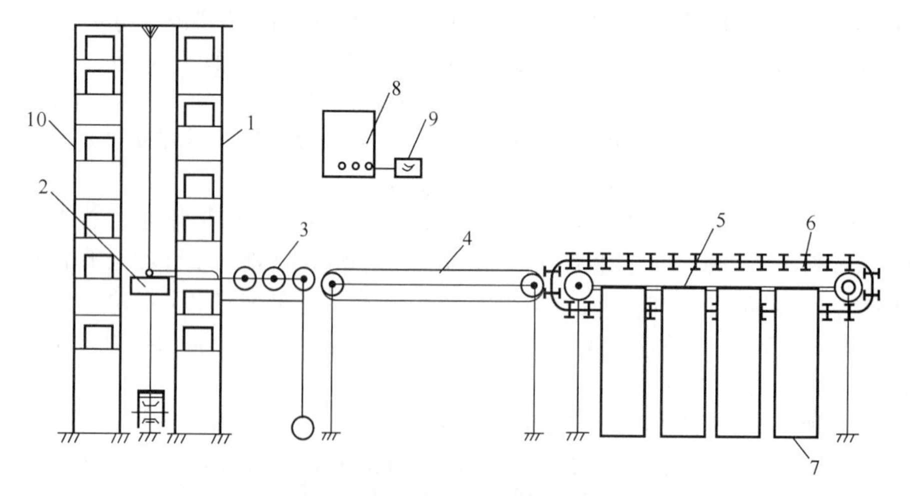

(b) 物流自动分拣存储演示系统示意图

1—立体库(货架);2—存取机械手;3—滚柱输送机;4—皮带运输机;5—刮板式分拣机;

6—刮板;7—储物箱;8—控制柜;9—条码扫描器

图2-3 物流自动分拣存储演示系统

下面对图2-3所示物流自动分拣存储演示系统作一简要介绍。

1. 对物流自动分拣存储系统的功能要求

物流自动分拣存储系统通常建在物流配送中心。对其功能要求有二：其一是对大宗物品能分门别类地自动快速地存放到立体库中去；其二是根据客户要求，按提货单将不同种类的物品，自动快速地从立体库中取出，并通过自动分拣机将发往同一地区客户的物品放在同一个储物箱内，以便快速配送。

2. 物流自动分拣存储系统的构成

物流自动分拣存储系统构成如图 2-3 所示，一般由立体库 1、存取机械手 2、滚柱输送机 3、皮带运输机 4、分拣机 5、控制柜 8 和条码扫描器 9 组成。立体库 1 用于存储物品，它由一排排货架组成，货架高度视库房高度而定，其排数及每排长度视库房面积和存货量需要而定。存取机械手 2 安装到两排货架之间，它能自动地沿货架长与高的方向任意移动到存放物品的格口处，快速地存取物品。滚柱输送机 3 是很小的、方便移动的辅助设备。皮带运输机 4 用于传输物品，它被安放在货架与分拣机之间，它的长度视货架至分拣机的距离而定；而其台数则由货架排数和分拣机台数而定。分拣机 5 有各种类型(邮政用的信函分拣机、包裹分拣机、平刷分拣机、机场用的包箱分拣机、商品用的刮板分拣机等)，按所分物品类型选用；分拣机的功能是将皮带运输机 4 送过来的物品，按同一种或按同一地点分拣到同一储物箱内。控制柜 8 里面装有电路板、控制电路和继电器，电路板上有微处理器，内存中预置了控制机械手和分拣机刮板动作的程序。条码扫描器 9 是大家熟悉的，与超市中的条码扫描器一样，用于识别物品的条码。

3. 物品存取与分拣流程

先说物品存储。将欲存物品放在滚柱输送机 3 上，用手持条码扫描器 9 扫描物品的条码，则机械手 2 就按预置程序将物品取走放到货架的相应格口，同时记下格口号(条码与格口号对应)。

再说物品取出与分拣。用条码扫描器 9 扫描出库单上欲出库物品的条码，机械手 2 则按预置程序将欲出库物品从货架 1 的相应格口取出，放到滚柱输送机 3 上，3 将该物品传送给皮带运输机 4，4 再传给分拣机 5，5 中的气缸再按预置程序驱动刮板 6，将该物品推到相应的储物箱 7 中。此后，即可将储物箱装车运到客户手中(看录像)。

2.1.4 实例 4——复印机

图 2-4 所示是复印机照片，因为大家都熟悉，在这里就不多讲了。它属于信息类机电一体化产品。

图 2-4 复印机照片

§2.2 机电一体化系统的构成

本节首先对2.1节所介绍的实例进行分析,找出它们的共性与特性,然后总结抽象出机电一体化系统的体系架构、功能模块以及这些模块之间的逻辑关系,以使同学们从概念上对机电一体化系统的构成有一个具体、明确的认识。

2.2.1 对实例的分析与总结

1. 对收集机器人的分析

(1) 工作对象

松糕。

(2) 工作任务

移动松糕,改变位置。即将松糕由货架上取下来,搬运到储物筐内。

(3) 动作分解

将松糕移动分解为"抓取"与"搬运"。

(4) 动作执行者

松糕"抓取"的执行者是机械手〔见图2-1(b)〕,第一个机械手是1、2、3,第二个机械手是5、6、7,第三个机械手是15、16、17、18和驱动它们的电动机或气缸(驱动手爪1、5、15的气缸图中未标,驱动第三个机械手伸缩臂17的是气缸19,带动第二个机械手上下移动的是电动机14)。

松糕"搬运"的执行者是驱动轮〔图2-1(b)中21、27、29〕、辅助轮〔图2-1(b)中30、33、34〕和驱动它们的电动机或气缸〔图2-1(b)中驱动轮的电动机22、28,滑动杆23的升降气缸25,23的转动气缸26,摆动架31的气缸32〕。

在机电一体化系统中,将机械手、驱动轮等叫"执行机构",将电动机、气缸等叫"驱动装置"。另外将图2-1(b)中"绳轮传动"(11、12、13将电动机14的驱动力传给第二个机械手5、6、7)叫"传动机构"。

(5) 动作操控者

操控信息获取者是传感器〔见图2-1(b)。确定机器人(小车)位置信息的传感器9和37,确定台阶信息的传感器38;使手爪1、5、15能感知松糕并进行抓取的传感器4、8、20〕。

信息综合与处理并能发布指令者是以微处理器为核心的控制器(包含控制程序)〔见图2-1(b)中的35〕。

指令的执行者(即驱动装置的直接控制者)是驱动控制器(图2-1(b)中的36)。在机电一体化系统中,将传感器及其检测电路称为"传感检测模块";将以微处理器为核心的控制器称为"信息处理与控制模块";因驱动控制器大多由继电器及其电路组成,通常将驱动控制器称为"电气模块"。

2. 对五轴龙门数控机床的分析

(1) 工作对象

工件(物品)。

(2) 工作任务

加工工件，改变形状。即经过刀具对工件的加工，将毛坯或半成品变成符合图纸要求的合格零件。

(3) 动作分解

将被加工点的空间运动分解为沿 X、Y、Z 三个坐标轴方向的移动与绕 Z 轴和 X 或 Y 轴的两个转动。

(4) 动作执行者

X 方向移动的执行者是水平滑动台 18、导轨 19、丝杠 20、螺母 21、电动机 22。

Y 方向移动的执行者是水平滑块 11，导轨 13，丝杠 12、11 内的螺母，电动机 14。

Z 方向移动的执行者是垂直滑块 7，垂直导轨 9，丝杠 8、7 内的螺母，电动机 10。

绕 Z 轴转动的执行者有二：其一，刀具绕 Z 轴转动的执行者是 U 形架 5、电动机 6；其二，工件绕 Z 轴转动的执行者是工作台 16、电动机 17。

绕水平轴转动的执行者是水平转动架 3、电动机 4。

在机电系统中，将水平滑动台 18、水平滑块 11、垂直滑块 7、U 形架 5、工作台 16、水平转动架 3 都称为"执行机构"；将三个丝杠、螺母运动副称为"传动机构"；将 6 个电动机都称为"驱动装置"。

(5) 动作操控者

操控信息获取者是刀具行走轨迹程序和六个传感器。

信息综合与处理并能发布指令者是工控机(控制程序)。在加工过程中，工控机随时将实测到的刀尖轨迹与程序规划的轨迹比较，控制刀具与工件精确移动。

指令执行者是可编程控制器(PLC)。

在机电一体化系统中，将上述六个传感器及相关电路称为"传感检测模块"。将工控机(含程序)等信息综合与处理系统称为"信息处理与控制模块"。将 PLC 等指令指执行者称为"电气模块"。

3. 不同实例的共性与特性

收集机器人和五轴龙门数控机床是比较典型的机电一体化系统。本节拟根据对上述两个实例的分析结果，找出机电一体化系统的共性与特性。

(1) 共性

由上述分析可见，它们都具有五个基本要素(共性)。

① 工作对象："物"。

② 工作任务：改变"物"的位置(实例 1)或形状(实例 2)。

③ 动作分解：将改变物的位置或形状的动作分解为几个简单的动作。如实例 1 中将动作分解为"抓取"与"搬运"；实例 2 中将动作分解为"三个移动"和"两个转动"。

④ 动作执行者：实现动作分解中各简单动作的"执行机构"及它们的"驱动机构"(有时还有"传动机构")。如实例 1 中的机械手、驱动轮，是执行机构，电动机和气缸是驱动装置，绳轮传动是传动机构；实例 2 中三工作台滑块，转动架是执行机构，电动机是驱动机构，螺母、丝杠传动副是传动机构。

⑤ 动作操控者：根据预置程序或"物"与"执行者"反馈回来的信息控制执行者下一步动作的检测控制器。如实例 1 中的传感器、控制器、驱动控制器；实例 2 中的控制柜(工控机及

预置数控加工程序、PLC等)。

(2) 特性

由上述分析同样也可以看到它们都具有特性。正由于它们的特性不同才使二者是两个完全不同的系统。正由于每个机电一体化系统各有特性,才有千差万别、数不胜数的机电一体化系统应用于各行各业。在这里要着重指出的是,形成机电一体化系统不同特性的根本原因,还是上述五个基本要素,是每个要素中不同的具体内容决定了每一个机电一体化系统的特性。比如,2.1节中实例1与实例2,是由于它们的“工作对象”“工作任务”和“动作分解”不同而决定的;对“物”位置的移动(抓取与搬运)最好用机器人,而对“物”形状的改变(工件加工成零件)最好用机床。又如,收集机器人中第二个机械手(5、6、7)的上下“移动”,选择的是电动机14驱动的绳轮传动(11、12、13);而第三个机械手(15、16、17、18)手臂17的伸缩“移动”选择的是气缸直接驱动。这是由于前一个“移动”选用了电动原理;而后一个“移动”选用了气动原理。至于“动作操控者”选择什么样的传感器和控制器,也会因为实现动作的原理不同和技术的不同而各异。这些内容将会在后续开设的课程中详细讲述,不再多叙。

总之,在设计制造机电一体化系统时,必须要考虑上述五个基本要素,这五个基本要素具体内容的不同,将决定该系统的不同方案,制造出不同系统。本书先引述至此,具体设计步骤将在第3章中详细介绍。

2.2.2 机电一体化系统的体系架构、功能模块及其逻辑关系

由上小节的分析可知,每个机电一体化系统都具有五个基本要素,而我们直接能看到的是“工作对象”“动作执行者”和“动作操控者”;而“工作任务”体现在系统的用途上,是设计的依据,“动作分解”是设计时的一种逻辑思维方法,体现在“动作执行者”的结构形式上。在此我们只将直接看到的三个要素表示出来,以表达机电一体化系统的体系架构、功能模块以及它们之间的逻辑关系。其表达形式如图2-5所示。

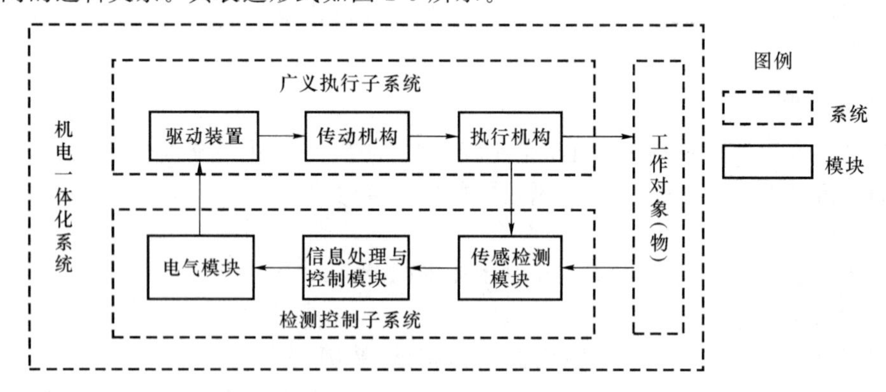

图2-5 机电一体化系统构成图(体系架构、功能模块、逻辑关系)

下面对图2-5作简要说明。

1. 体系架构

从人们可以看到的结构形式上看,机电一体化系统由“工作对象”“广义执行子系统”和“检测控制子系统”组成。“工作对象”就是2.2.1小节中所说的“物”,“广义执行子系统”就是2.2.1小节中所说的“动作执行者”,“检测控制子系统”就是2.2.1小节中所说的“动作操控者”。

2. 功能模块

“广义执行子系统”一般由“执行机构”“传动机构”和“驱动装置”三个模块组成。具体到收集机器人,“执行机构”是机械手和驱动轮;“传动机构”是绳轮传动机构;“驱动装置”是电动机和气缸。具体到五轴龙门数控机床,“执行机构”是转动工作台,水平滑动台,水平转动架,U形转动架,水平、竖直滑块;“传动机构”是三个螺母丝杠传动机构;“驱动装置”是六个电动机。

“检测控制子系统”由“传感检测模块”“信息处理与控制模块”和“电气模块”三个模块组成。具体到收集机器人,“传感检测模块”是感知、寻位、边沿检测、定位几类传感器及其相关电路;“信息处理与控制模块”是控制器;“电气模块”是驱动操制器。具体到五轴龙门数控机床,“传感检测模块”是三个光栅传感器和三个码盘及其相关电路。“信息处理与控制模块”是控制柜中的工控机和微处理器;“电气模块”是可编程控制器(PLC)。

3. 功能模块间的逻辑关系

功能模块间的逻辑关系指的是各个模块的“功能”之间的关系。

由2.2.1小节对实例1和实例2的分析可知,“执行机构”的功能是执行动作,去改变“物”的位置或形状。在改变物的位置或形状的过程中“执行机构”必然要运动,完成指定的动作(2.2.1小节里“动作分解”中指定的动作)。这就要解决两个问题:一个是要给“执行机构”驱动力(或说能量);另一个是要有“操控者”。

“驱动装置”的功能就是给“执行机构”驱动力(能量),“检测控制子系统”就是“操控者”。至于“传动机构”的功能,顾名思义,起传递运动、传递动力(能量)的作用;当“执行机构”与“驱动装置”运动速度或运动方式(移动、转动)不匹配时,要加上“传动机构”,当二者距离较远时,也要加“传动机构”,当然能不加“传动机构”时一定不要加,避免消耗能量。

“检测控制子系统”的功能是代替人对“动作执行者”进行操作控制。试想人操作普通的机器时,首先必须了解被操作的机器、工作对象(物)和周围环境的状况,然后经过“大脑”的分析判断,才去施加操作指令。人们了解上述三种状况是通过“感觉器官”(视觉、听觉、嗅觉、味觉和触觉)完成的,这是对机器工作的相关信息的获取过程。获取上述三种信息以后,必须经过大脑的分析与判断,才能根据需要对机器发出下一步动作的指令;用大脑去分析判别是对机器工作的相关信息的综合分析与处理过程。大脑发出操作指令以后,通知手或脚去搬动电门或阀门,使机器进行下一步工作。在机电一体化系统中,“传感检测模块”代替了人的“感觉器官”,其功能是获取信息;“信息处理与控制模块”代替了人的“大脑”,其功能是对获取的信息进行分析与处理,并发出操作控制指令。“电气模块”代替人的手和脚,其功能是去自动地搬动电门或阀门使机构动作。

综上所述,可以看到各功能模块之间的逻辑关系如图2-5中箭头方向所示。“广义执行子系统”的功能是由“驱动装置”从外界获取能量并将其转换为机械能,然后经“传动机构”传递给“执行机构”,最后“执行机构”输出能量(力)对“工作对象”去做功,完成“移动”或“变形”工作对象的目的。在上述过程中,“检测控制子系统”必须是由“传感检测模块”从“执行机构”和“工作对象”处获取二者状态的信息,然后传给“信息处理与控制模块”,经过综合处理后变为控制信息,再传给“电气模块”,最后由“电气模块”发出指令去控制“驱动装置”动、停或调速。

§2.3 系统简介

通过2.1节和2.2节的介绍,同学们对机电一体化系统已有一些感性认识,2.3节和2.4节拟对机电一体化系统进行深入的分析,以使同学们对机电一体化系统有一些理性的认识。2.3节简单介绍"系统"的概念,2.4节将介绍"机电一体化"的概念,这样就使同学们对"机电一体化""系统"有一个理性的、完整的认识。

"系统"的概念非常重要。其一是因为任何一个工程问题(项目)都是一个"工程系统",我们必须用"系统工程"的思想去分析解决,希望同学们在入学之初,通过本门课的学习,就能建立起"系统工程"的思想,以使今后能用"系统工程"的思想去解决任何实际的工程问题;其二是因为"机电一体化"是将机电一体化系统作为一个"工程系统"去分析的,设计制造一个机电一体化系统,必须用"系统工程"思想去指导;就是今后学习本专业的各类知识,也必须用"系统工程"的思想去统领、去优化。

介绍本节内容的思路是:首先介绍"系统"的实例,由实例找出"系统"的构成和基本特性,然后给出"系统"的定义,最后概略说一下"系统"的分析。

2.3.1 系统的实例

在2.2节我们已从结构形式上对机电一体化系统的构成进行了分析,在本节我们再从"系统"的角度对机电一体化系统的实例作进一步的分析,以引出"系统"的一般概念。

在此,仍以收集机器人和五轴龙门数控机床为例。

1. 收集机器人

(1) 工作对象

松糕。

(2) 工作任务(功能要求)

行走到货架处,用手臂和手爪将松糕从货架上取下来,然后放到一个储物筐内("物"移位)。

(3) 优化目标

搬运的全过程所用时间最短。

(4) 执行者

驱动轮及驱动它的电动机;手臂、手爪及驱动它们的气缸、电动机,即广义执行子系统。

(5) 操控者

传感器、控制器、驱动控制器及相关电子元件和传输线,即检测控制子系统。

(6) 任务实现(动作实现)

在寻位和定位传感器的引导下,电动机通电带动驱动轮使机器人走到货架旁,找到货架旁取松糕的位置;在感知传感器的指令下手爪闭合,抓取松糕;在程序的指挥下,由寻位和定位传感器引导走到储物筐旁;由边沿检测传感器指令将手爪(松糕)与储物筐位置对准;由程序指令手爪松开将松糕放入筐内。

下面对系统进行运动分析,只有系统运动起来才能完成它的"工作任务"。在上述运动过程中，对整个系统来说主要有三个要素在起作用。其一是“能量”的输入、传递与输出。比如，给驱动轮的电动机通电（能量输入），带着驱动轮转动（能量传递），使机器人行走（能量输出）；气缸充气（能量输入）手爪抓住松糕（能量传递），松开手爪释放松糕进入筐内（能量输出）。其二是“信息”的输入、传输、处理、输出。比如，传感器采集信息（信息输入），传给控制器（信息传输、处理）再传给驱动控制器（信息传输、输出），指令驱动装置动作。其三是“物”的输入、处理（变换）、输出。比如，手爪抓取松糕（“物”输入），搬运至储物筐（“物”处理：移位），手爪松开，松糕进入筐内（“物”输出）。

（7）系统环境

对收集机器人来说，其工作环境一个是“路况”，另一个是周围的温度与湿度。在路况方面有平道和台阶，这就要求机器人有边沿检测传感器采集台阶信息，指挥机器人上台阶。在温度、湿度方面，由于是在常湿常温的室内比赛，对机器人无特殊要求。

2. 五轴龙门数控机床

（1）工作对象

被加工的零件毛坯或半成品。

（2）工作任务（功能要求）

按照图纸的要求，将零件的毛坯或半成品加工成符合质量要求的零件成品（“物”改变形状）。

（3）优化目标

加工成本最低，生产效率最高。

（4）执行者

刀具运动的驱动装置（电动机）、传动机构（螺母、丝杠）和执行机构（水平和U形转动架，水平、竖直滑块与导轨）；工件运动的驱动装置（电动机）、传动机构（螺母、丝杠）和执行机构（转动工作台、水平滑动台与导轨），即广义执行子系统。

（5）操控者

安装在机床上的光栅传感器、码盘、力传感器和安装在控制柜中的工控机、PLC，即检测控制子系统。

（6）任务实现（动作实现）

电动机通电，在预置于工控机内的数控加工程序的指令下，刀具与工件同时按预定路线（规划轨迹）移动或转动；在运动过程中，传感器不断地反馈回刀具与工件的实际运动状态，工控机中的控制程序再控制刀具与工件不断地修正实际运动轨迹，使其按规划轨迹准确地完成零件加工。

对五轴龙门数控机床进行运动分析的结论与收集机器人一样，在其进行加工的过程中，对整个系统起主要作用的仍然是上述三个要素。其一，“能量”的输入、传递、输出。比如，给电动机（4个使刀具运动的）通电（“能量”输入），驱动水平转动架、U形转动架转动，驱动垂直滑块、水平滑块移动（“能量”传递）使刀具可做沿水平轴转动、沿Z轴转动、沿Z轴移动、沿Y轴移动的复合运动，克服工件对刀具的切削阻力对工件进行加工（“能量”输出）。其二，“信息”的输入、传输、处理、输出。比如，往工控机内安装零件的数控加工程序和将传感器采集到刀具和工件运动状态的信息传给工控机（“信息”输入），经工控机处理（“信息”处理）后，传给可编程控制器PLC，PLC指令每个电动机按控制指令动作（“信息”输出）。其三，“物”的输入，处理（变换）、输出。比如，工件被装卡在转动工作台上（“物”输入），刀具对工件进行加工(“物”变换,改变形状),卸下加工完的零件(“物”输出)。

(7) 系统环境

五轴龙门数控机床对环境的温度、湿度和洁净度有很高的要求,工作室要保持常湿常温,基本无尘。(例如,湿度太大易引起锈蚀,温度过高、过低都会引起温度应变,影响加工精度。)

2.3.2 系统的构成与基本性能

本节先对2.3.1小节的两个实例进行分析,找出其共性,然后得出“系统”的构成和基本特性。

1. 系统的共性

(1) 工作对象

一般是“物”。工作对象是建立系统的根本依据;建立系统是为了解决实际问题,没有对象就没有问题,也就不用建立系统。这是建立系统的第一要素,必须牢牢记住这一点。

(2) 工作任务

有时也称对系统的功能要求。工作任务是由需要该系统工作的人提出的系统的用途(客户需求),设计者对客户需求进行分析,将其变为系统的功能需求,即功能要求。可见工作任务也是建立系统的根本依据;不知道系统干什么用又如何去建立系统呢?即无从确定系统中的“执行者”和“操控者”。它与工作任务一样,也是建立系统的第一要素。

(3) 执行者

执行者是执行“工作任务”的“承载者”。对机电一体化系统而言,就是广义执行子系统。没有执行者谁去完成“工作任务”?所以,执行者是系统构成的结构要素之一。

(4) 操控者

操控者是对“承载者”进行操作控制的人或装置。在机电一体化系统中,就是检测控制子系统。没有操控者,执行者就不知道如何进行工作,所以操控者也是系统构成的结构要素之一。

(5) 系统环境

任何系统都是为完成一定的“工作任务”而建立的,它们总要占据着一定的空间,处于某一个时间段(或说时期)。空间和时间都在影响着它们。例如,系统周围的温度、湿度、环境污染(风、电、磁、噪声、振动、灰尘、腐蚀气体等)对系统的影响;随着时间的延续,系统寿命的缩短等。反过来,系统也影响着周围的环境,这些例子太多了,现在地球上的污染这么严重,不就是各种各类的生产系统、生活系统造成的吗?

此外,系统与其环境之间还可能有能量交换、信息交换和物质交换。

因此,我们在建立系统时一定要考虑“系统环境”与“系统”的相互影响。故而“系统环境”是系统构成的环境要素。

(6) 能量流

系统要工作,对“工作对象”进行“处理”或“变换”,必须给系统能量,这些能量在系统内的“执行者”中传递或转换,最后输出给“工作对象”,对“工作对象”做功,改变工作对象的原有状态。如收集机器人,输入电能或气压能(能量输入)都转变成机械能,传递到驱动轮或手臂、手爪(能量转换、传递)对松糕做功(能量输出),将松糕由货架上取下,搬运到储物筐内。在这个过程中,能量在“执行者”中不断地转换与传递,形成了一个“能量流”,这个能量流在流动过程中,始终遵循着能量守恒定律。可见能量流是系统构成的动态要素之一。

在此须强调的是“能量流”的承载者是“执行者”(广义执行子系统),是它从外界获取“能量”，经“执行者”转换与传递，最后输出给“工作对象”而做功。

(7) 信息流

当系统对“工作对象”进行“处理”或“变换”时，必须有操控者随时了解“执行者”和“工作对象”的运动状态以不断地协调二者之间的关系，调整“执行者”的动作，使之按“工作任务”的要求去工作。比如，收集机器人在抓取、搬运松糕的过程中，不断地将定位传感器和寻位传感器采集到的位置信息(信息输入)传给控制器，经处理后(信息传输、处理)将控制指令传给驱动控制器(信息输出)，控制驱动轮的动作，使机器人迅速找到松糕和储物筐的位置。在这一过程中，于“执行者”“工作对象”和“操控者”之间就形成了一个“信息流”。可见信息流也是系统构成的动态要素之一。

在此需强调的是“信息流”的承载者就是“操控者”(检测控制子系统)，是它将传感器检测到的信息在“操控者”中不断地传输与处理，最后输出给“执行者”。

(8) 物质流

建立系统的目的就是按“工作任务”的要求对“工作对象”(物品)进行“处理”或“变换”(一般是物品“移动”或“变形”)，因此，必须先把“工作对象”(物品)输入给系统，经系统“处理”“变换”以后，再交还给需要者。比如，收集机器人的“工作任务”是将松糕从货架上取下来(“物”输入)，搬运到储物筐内去(物移位、输出)。在这一过程中，松糕从货架到储物筐就形成了一个“物质流”，这个物质流在流动过程中始终遵循质量守恒定律。如前所述，建立系统就为了“物质流动”(即移位、变形)。因此，“物质流”更是系统构成的动态要素之一。

在此须强调的是“物质流”的承载者是“工作对象”，正是由于“工作对象”的“流动”，系统才完成了“工作任务”。

(9) 优化目标

任何系统都有优化目标。如收集机器人的优化目标是“搬运的全过程所用时间最短”，五轴龙门数控机床的优化目标是“加工成本最低，生产效率最高”。给系统设置优化目标的目的是使系统各要素组合在一起之后，综合性能最好。因此，优化目标是建立系统的综合要素，系统优化是建立系统的主要目的。

2. 系统的构成

根据上面的分析，可由系统的共性，得出系统的构成，如图 2-6 所示。

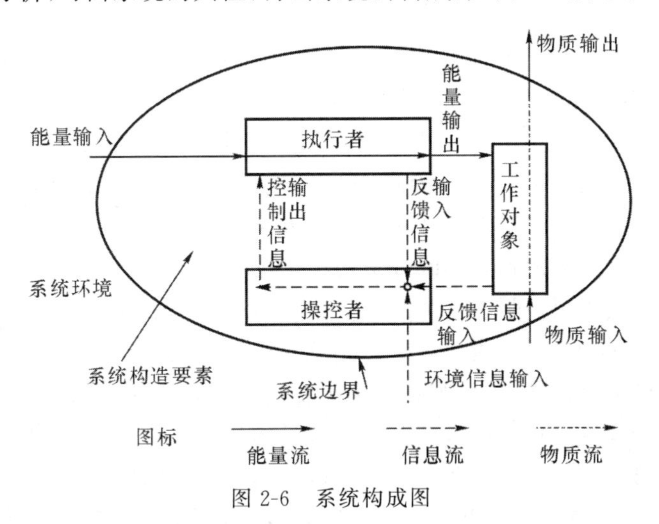

图 2-6　系统构成图

关于图2-6的说明：

(1)“系统工程”思想是人们解决实际工程问题的一种思维方法。

在没有“系统工程”思想之前，人们也一直在解决实际工程问题，但往往是就事论事，没有“系统综合”，没有“优化目标”，致使整体效果不一定最佳。而“系统工程”思想首先是将一个工程问题视为一个“工程系统”，然后对该系统进行动态分析，按“优化目标”进行整体优化，经过对系统固有特性的反复修正，得到效果最佳的系统方案。图2-6就是按“系统工程”思想对实际工程问题(或说工程系统)建立的一般性的物理模型，该模型揭示了系统的三个基本特征：第一个基本特征是系统一定有一个基本构成模式，这就是图中边界内的“系统构成要素”，它描述了系统本身的固有特性和运动状态，是系统分析的基础。第二个基本特征是系统分析一定要考虑环境对它的影响，这就是图中边界外的“系统环境”，系统与环境在边界处不断地进行物质、能量、信息的交换，系统才能运动起来。第三个基本特征是系统一定有“输入”和“输出”，使系统运转起来进行正常的工作。同时，有了“输入”“输出”就可以对系统进行动态分析。对系统进行动态分析是“系统工程”的核心思想，通过动态分析，不断地修正系统本身的固有特性，逐步地使系统整体效果最优。

(2)“系统构成要素”(“系统边界”内部分)由结构要素(工作对象、执行者、操控者)和动态要素(物质流、能量流、信息流)组成。

三个结构要素描述了系统本身的固有特性；三个动态要素描述了系统的运动状态；三个结构要素是三个动态要素(三个流)的承载体。这六个要素既相对独立，又彼此相关，搞清楚它们各自的作用和相互联系，对原始系统的建立和对已有系统的分析都是十分重要的。在系统中“物质流”是主流，“工作对象”是第一要素；这是因为建立系统的目的就是要使“工作对象”按“工作任务”的要求遵循已定的运动规律“流动”起来。而“物质流”恰恰是描述“工作对象”的“运动规律”的，它是建立“能量流”“信息流”，并确定二者承载体(执行者和操控者)的依据。“能量流”驱动“工作对象”运动，在做功的过程中，依“运动规律”不断地进行能量转换与传递，这决定了其载体(执行者)的结构形式与参数。“信息流”在“物质流”与“能量流”之间起协调作用，它依“运动规律”将“物质流”与“能量流”联系起来使整个系统成为一个有机的整体，同时它也决定了其载体(操控者)的结构形式与参数。

下面我们以收集机器人为例，再将上面所说的六个要素之间的关系验证一下。由2.1节可知，在收集机器人中，“工作对象”是松糕；“工作任务”是将松糕从货架上取下，搬运到储物筐内；“动作分解”即“运动规律”是“抓取”与“搬运”。按照“系统”要素来说：①第一要素“工作对象”是松糕。②“物质流”是将松糕由货架输入给机器人，机器人将松糕搬运到储物筐旁，再输出到储物筐内(物的输入、处理、输出)。它描述了松糕的“运动规律”。③“执行者”的初步确定：依“运动规律”，将松糕从货架上取下和放入筐内(即输入、输出)，采用机械手机构；将松糕由货架旁搬运到储物筐旁采用小车机构。④“能量流”与“执行者”的形式、参数的最后确定：采用气动原理驱动三个机械手的手指和第二个机械手伸缩臂运动，按照气压能转变成机械能并传递的顺序(能量流的方向)选择气缸并设计手指与伸缩臂。采用电动原理驱动第一、二个机械手升降运动，按照电能转变成机械能并传递的顺序(能量流的方向)，选择电动机和绳轮传动机构。最后，再根据每个机构或构件传递能量的大小(承载大小)设计其结构形式和参数。同理，小车运动采用的是电动原理，它的设计则根据电能转换成机械能并传递的能量流选用电动机的型号和驱动轮的结构形式(全向轮)及其参数。上述设计原理将在今后的“工程力学”“机械原理”和“机械设计”中详细讲解。⑤“信息流”：传感器不断地采集松糕和机器人的信息，传输给控制器，经分析处理后，将控制信号输出给驱动控制器，控制执行者动作（信息输入、处理、输出）。这个“信息流”对松糕（“工作对象”）和机器人（执行者）的运动起到了协调作用，把“工作对象”和“执行者”有机地联系起来。⑥操控者：传感器、控制器、控制驱动器是上述信息流的载体，这三部分的设计一定要与信息流所传输的信号相匹配，也就是说传输信号决定了这三部分的具体结构形式与参数。（这些设计原理将在今后的“信号与线性系统”和“控制工程”课中详细讲解）。

(3) “系统环境”（“系统边界”外部分）对“系统”性能的影响是系统的基本特性。

环境对系统的影响举一个例子就很容易理解。例如：设计嫦娥三号和玉兔月球车时，不仅要考虑地球上常湿、常温、有空气、重力大等环境，还要考虑月球上高温、低温、无水、真空、重力变小的环境。这给设计增加了很大难度，可见将系统置于环境中考虑的必要性与重要性。

(4) 划定“系统边界”也是非常重要的。

原因有二：其一是，环境是通过“边界”对系统施加影响的（如边界上的热场分布，电、磁场分布，对位移的限制，能量（力）的输入、输出，物质的输入、输出，信息的输入、输出等），在设计系统时，必须考虑这些因素。其二是，边界条件的确定并不容易。在设计系统时，必须建立系统物理模型，物理模型必有边界条件，各个学科给出的理论模型的边界条件一般都是很理想的，且类型很少。给出实际问题的边界条件并不是一件容易的事，往往需要丰富的实践经验。然而，建立正确的物理模型和边界条件恰恰是系统分析的基础。因此现在就应当记住“系统边界”的重要性，在今后学习的过程中，要特别注意在各个学科中对系统的边界是如何处理的。

3. 系统的基本性能

(1) 相关性

在介绍“系统构成要素”时已经讲过，系统的六个基本要素“既相对独立，又彼此相关”。“相对独立”才能将系统分解成几个相对独立的子系统或模块，便于设计和制造；“彼此相关”才能将上述各个子系统或模块再连成一个整体去完成系统的“工作任务”。这里讲的“相关性”就是强调了系统“彼此相关”的一面。

这由收集机器人的实例很容易理解这六个要素的紧密关系。在设计收集机器人时，首先要根据它的“工作对象”（松糕）的几何尺寸和位置，决定“执行者”（机器人）的手指、手臂、小车的几何尺寸，这样才能保证松糕能被机械手抓住。接着要根据“物质流”（松糕的运动规律）决定机器人的手指、手臂、小车（执行者）的具体机构形式，以便更好地完成“抓取”“搬运”动作。为了使机器人（执行者）能抓起、搬动松糕（工作对象），又必须根据松糕（工作对象）和机械手、小车（执行者）本身的惯性力和自重给机器人（执行者）选择功率（能量）足够的电动机和气缸，经能量转换与传递（能量流）去驱动手指、手臂、小车动作。在机器人（执行者）抓取搬运（物质流）的过程中，为了使手指、手臂、小车（执行者）和松糕（工作对象）能协调动作，检测控制子系统（操控者）必须随时发出控制信息；而控制信息是由传感器采集经控制器处理后发给驱动控制器的“信息流”。在设计检测控制子系统（操控者）时，又必须根据它所传输和处理的信号（信息流）来决定子系统的结构与参数。

由上面的实例可见，构成系统的六个要素是息息相关的。这六个要素中，三个结构要素

(工作对象、执行者、操控者)是实体要素,它们决定了系统的固有特性;而三个动态要素(物质流、能量流、信息流)是流要素,相关性体现在流要素中,是流要素决定了三个结构要素之间和要素内各模块之间的连接接口,将这六个要素综合成一个统一的整体。在后续课程中将作详细说明。

(2) 整体性

一个系统的好与坏,最终体现在它的整体效能上。上面已阐明了系统的“相关性”,在这里所讲的“整体性”就是要求我们处理好“相关性”,使系统中的六个要素能科学地进行匹配,使整体效能达到最佳。

先举一个例子说明“整体性”的含义及其重要性。比如,有一支篮球队,每个队员的个人技术都相当好,但由于“团队精神”不好,很可能得不到胜利;而另一支球队,尽管每个人的技术都不是最好,但由于“团队精神”好,团结协作如同一人,则往往能得到胜利。这里的“团队精神”就是球队的“整体性”,是否能胜利就是“效能”。

同样,一个工程系统的“整体性”对实现该系统的“整体效能”至关重要。在生产和生活中,不乏这样的实例。比如,尽管一个系统的每一个要素本身都十全十美,然而由于其整体统一性和协调性不好,往往得不到令人满意的效能;相反,尽管另一个系统中某些要素的性能并不是最好,但如果每个相关要素都能相互匹配,处于统一协调之中,则往往该系统的整体效能最优。

下面仍以收集机器人为例说明一下匹配和整体性的含义。如果松糕(工作对象)很重,而我们制作的机器人(执行者)很轻巧,选择的电动机、气缸的功率也小,则机器人(执行者)可能抓不动、搬不动松糕(工作对象);相反,松糕(工作对象)很轻,而我们制作的机器人(执行者)比较笨重,选择的电动机、气缸的功率也大,则机器人(执行者)肯定能抓起并搬动松糕(工作对象),但很不经济,浪费了金钱与材料。上述两种情况,就是“工作对象”与“执行者”匹配不好。制作的机器人的尺寸、重量,所选电动机、气缸的功率刚好适于抓取、搬运已有的松糕的尺寸和重量,这就说明“工作对象”与“执行者”相匹配。若机器人所选用的机构(执行者)在动作过程中(能量流)能使松糕(工作对象)的抓取、搬运动作(物质流)时间最短,则说明“工作对象”“执行者”“物质流”“能量流”都相匹配,否则不匹配。如果所选传感器、控制器和驱动控制器(操控者)能很准确地将采集到的信号经处理随时迅速地传输给电动机和气缸,使机器人(执行者)与松糕(工作对象)很协调地动作,则说明“工作对象”“执行者”“操控者”“物质流”“能量流”和“信息流”六个要素都匹配,系统整体性很好。

(3) 目的性

目的性是从系统用途方面说的。任何一个系统都有用途,即我们前边讲的“工作任务”,也可以说是使用者对系统的功能需求。在2.2节已讲过,“工作对象”和“工作任务”是设计系统的依据,它们决定了系统的要素、结构形式和系统环境。因此,在设计一个工程系统时,一定要充分理解用户对系统的需求,在此基础上再根据科学原理与技术,将客户需求变为系统的功能需求,最后按下面所讲的层次性去进行功能模块分解。

(4) 层次性

层次性是从系统功能分解方面说的。将系统按功能进行分解是一种设计思维方法,其具体思路是,将整个系统按功能需求分解成若干个子系统或功能模块,然后再对子系统或功能模块进行设计。比如,图2-5就是机电一体化系统按功能模块分解的结果,现将它按层次图重画，如图 2-7 所示。如何将一个系统按功能分解成层，将在第 3 章讲述。

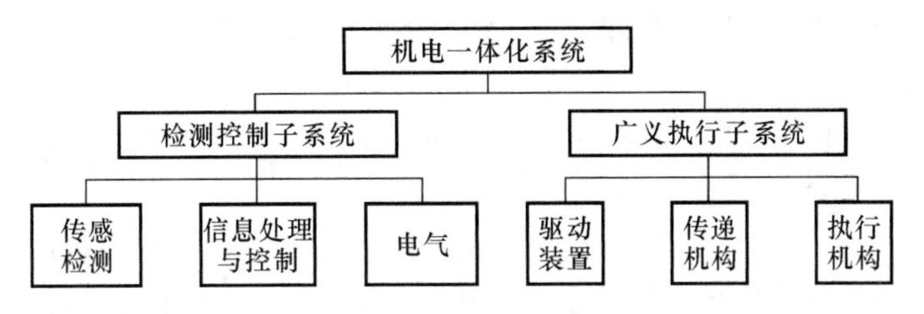

图 2-7　机电一体化系统结构层次图

(5) 目标性

目标性是从评价系统的效能指标方面说的。一个系统的优与劣，通常由下述指标来衡量。

① 技术评价指标：生产效率高。体现在系统本身的先进性、安全性、可靠性和易维护性几个方面。

② 经济评价指标：成本低、利润高。体现在系统本身的设计、制造、运行成本低而销售、运营利润高。

③ 社会评价指标：效益高、影响好。体现在系统给人类创造的价值高而对人类的生产、生活影响小。如：系统要符合国家科技发展政策和规划，能创造可观的经济效益，有利于改善环境(污染、噪声等)，有利于资源的充分利用和利用新能源。

在进行系统优化时，优化目标通常取技术指标(生产效率高)和经济指标(成本低、利润高)。因为社会指标一般是必须遵守的原则。然而这两个指标往往是矛盾的。这就需要设计者在二者之间取平衡点，掌握好生产效率"高"与成本"低"的度，取一个合适的水平。这也从另一个方面说明了注意系统的"整体性"，取整体优化的必要性。

(6) 环境适应性

环境适应性是从系统抗干扰能力方面说的。由图 2-6 可见，系统在边界处总是与环境有物质、能量和信息的交换，那么，环境就总是对系统的输入、输出有影响。在设计系统时，一般只考虑正常的环境变化，如一年四季温度、湿度的变化；但有时也有一些意外的干扰，如地震、风灾、水灾、火灾等。因此，系统也必须对环境的突变有很好的适应性。在设计系统时，不仅要考虑常态下系统的响应，还要考虑在恶劣环境下系统的瞬态响应，尽量使这些响应(输出值)不超过允许值，以使系统在比较恶劣的环境下也能正常工作。系统这种能适应环境的变化、保持和恢复其原有功能的能力，就是它的环境适应性。

2.3.3　系统的定义

由 2.2 节我们对系统有了感性认识，由 2.3.2 小节又对系统有了一些理性认识，那么究竟如何给系统下一个定义呢?

1. 先人的定义

在美国的韦氏(Webster)大辞典中，"系统"一词被解释为"有组织的或被组织化的整体；结合着的整体所形成的各种概念和原理的综合；由有规则的相互作用、相互依存的形式组成的诸要素集合；等等。"

在日本的 JIS 标准中，"系统"被定义为"许多组成要素保持有机的秩序，向同一目的行动的集合体”。

一般系统的创始人L. V. 贝塔郎菲(L. V. Bertalanffy)把“系统”定义为“相互作用的诸要素的综合体”。

美国著名学者阿柯夫(R. L. Ackoff)认为:系统是由两个或两个以上相互联系的任何种类的要素所构成的集合。

综上所述,可知上述几个定义多从系统构成角度下的定义,而对系统的动态分析基本没有反映。而从2.2节中的分析可知,“系统工程”思想的核心是对系统进行动态分析,使其固有特性与其输入、输出相匹配,运行效果最优。

2. 本书的定义

(1) 对系统的三点认识

① 系统有三个基本特征:

a. 系统有六个按一定模式构成的“系统构成要素”;

b. 系统分析一定要考虑环境的影响;

c. 系统一定有“输入”和“输出”,使系统运转起来。

② 系统有六个要素:

a. 三个结构要素:工作对象、执行者、操控者;

b. 三个动态要素:物质流、能量流、信息流。

③ 系统有六个性能:

a. 相关性;b. 整体性;c. 目的性;d. 层次性;e. 目标性;f. 环境适应性。

(2) 系统的定义

系统是由相互关联的要素为一个共同目的、按一定架构集合在一起的一个动态的有机整体;各要素在系统内按一定规则彼此作用、相互依存而形成系统的固有特性,系统中的要素或其结构的变化都可影响或改变系统的这一特性;系统与其周围环境之间不断地进行物质、能量和信息的交换,有明确的输入和输出,并在一定的优化目标下运行。

在这里顺便说一下:“系统”不只有“工程系统”,还有“管理系统”“金融系统”“社会系统”等。但凡是称为“系统”的都必须具有系统的特性。

2.3.4 系统的分析

我们在本书讲“系统”的概念和“系统工程”的思想,只为用“系统工程”的思想去解决实际工程问题,去指导工程设计。因此,在本书中所讲的“系统分析”只针对“工程系统”而言,且重点介绍针对系统动态特性的系统分析的思路,而不去全面地介绍系统分析设计的一整套方法。

系统分析的目的(任务)是对一个状况明确的“工程问题”通过“系统分析”给出一个优化的“系统方案”。其步骤如下。

1. 系统研究

首先要十分明确“工程问题”的客户需求,然后根据自身的条件(资金、技术、设备、人员)并参考国内外有关资料确定系统的“工作对象”“工作任务”(功能需求)和“优化目标”。

2. 系统设计

依据第1步得到的“工作对象”“工作任务”(功能需求)建立“系统模型”(如图2-6的模

式),即确定系统的六个要素(工作对象、物质流、执行者、能量流、操控者、信息流)、系统环境和输入、输出。

3. 建立系统模型

(1) 确定“工作对象”和“物质流”

首先根据客户需求确定“工作对象”和“物质流”,然后根据“物质流”确定“工作对象”的运动规律,并将运动规律进行分解,变为简单动作(如机器人的移动和转动)的组合(注意:分解方案不止一个)。

(2) 确定“执行者”和“能量流”

针对(1)中确定的每一个方案的动作组合“能量流”选择相应的“执行者”(如机电一体化系统中的“广义执行子系统”),并将其分解为功能模块(如驱动装置、传动机构、执行机构)。然后再根据“能量流”(不同的动作分解有不同的能量流)将与其相应的那些模块连接起来,构成一个“执行者”(可能有许多方案)。

(3) 确定“操控者”和“信息流”

按照“工作对象”和“执行者”二者间动作相互配合(即“物质流”与“能量流”的配合)的需要,确定“信息流”(注意:不同的动作组合方案有不同的信息流)。然后根据每一个信息流(即传输的信号)的需要确定相应的“操控者”(如机电一体化系统中的“检测控制子系统”),并将其分解为功能模块(如传感器检测、信息处理与控制、电气等模块)。最后再依据每一个“信息流”将相应的功能模块组成一个“操控者”(可能有许多方案)。

(4) 建立物理模型构成系统方案

针对“执行者”和“操控者”每一个方案,都要建立功能模块的物理模型,给出相应的参数(如机电一体化系统中各模块的几何尺寸和物理参数),并根据系统环境给出模块的边界条件。然后给出整个系统的物理模型和边界条件,构成一个“系统物理模型”的方案。最后将组成一个“系统方案集”。

4. 系统评价确定最终方案

根据第1步确定的“优化目标”,针对第3步得到的“系统方案集”中的每一个系统方案进行仿真运算(即动态特性分析计算),经优化选出“最优”的一个作为系统的最终方案。

§2.4　机电一体化简介

为了加深同学们对“机电一体化系统”的理性认识,在2.3节介绍了有关“系统”的一些概念以后,在本节将介绍有关“机电一体化”的一些概念。

本节内容安排如下:首先介绍“机电一体化”的概念及其内涵,然后介绍机电一体化系统的发展概况。

2.4.1　机电一体化的概念及其内涵

1. 机电一体化的概念

机电一体化(mechatronics)的英文名称是由英文机械学(mechanics)的前半部分和电子

学(electronics)的后半部组合在一起而创造出来的一个新的英文名词——mechatronics。这个名词是由日本人创造的,第一次出现在1971年日本的《机械设计》杂志副刊上,后来随着机电一体化的发展而被广泛引用,目前已得到世界各国的普通承认,成为一个正式的英文名词。现在世界上许多大学也都用"Mechatronics Engineering"来命名机电一体化专业。

起初,机电一体化是指机械技术与电子技术相结合的产物。后来随着时间的推移和科学技术的进步,机电一体化的概念也一直在不断地发展和完善。自1971年以后,关于机电一体化的概念有以下几种提法:日经产业新闻把机电一体化称为:"机械技术的机械学和电子技术的电子学组合起来的技术进步的总称"。日本机械振兴协会经济研究所在其"关于机械工业施政调查研究报告"中提出:"机电一体化是指机械装置和电子设备适当地组合起来,构成机械产品或机电一体与机信一体的新趋势"。这两种提法都强调了机械与电子的结合。到1983年,日本机械振兴协会经济研究所对机电一体化又做了如下解释:"机电一体化乃是在机械的主功能、动力功能、信息功能和控制功能上引进微电子技术,并将机械装置与电子装置用相关软件有机结合而构成的系统的总称。"到1984年,美国机械工程师协会(ASME)为现代机械下了如下的定义:"由计算机信息网络协调与控制的,用于完成包括机械力、运动和能量流等动力学任务的机械和(或)机电部件相互联系的系统"。到1996年,美国IEEE/ASME给机电一体化下了如下定义:"对机电一体化初步定义为'在工业产品和过程的设计和制造中,机械工程和电子与智能计算机控制的协调集成',包括11个方面:成型和设计、系统集成、执行器和传感器、智能控制、机器人、制造、运动控制、振动和噪声控制、微器件和光电子系统、汽车系统和其他应用。"综上所述,可做如下阐述:机电一体化是指在设计和制造机电系统的过程中,以感知、控制信息为纽带,将机械和电子装置有机地融合在一起构成智能化机电系统的理念、技术和产品。

为了更清楚地说明上述概念,我们不妨回顾一下人类在漫长的发展过程中的生产历史。人类为了生存,必须坚持生产劳作。在远古时代,人们劳作只靠自己的身体、手和脚,可以说那时生产动作的执行者与操控者都集中于人体自身。为了提高劳动生产率并把自身从繁重的体力劳动中解放出来,人类在远古就发明了简单的工具(如石刀、石斧、杠杆、斜面等),后来又发明了机器,首先将人的手、脚解放出来,减轻了人的体力劳动。然而,此时工具和机器仍需人来操作。在这一时期,生产动作的执行者与操控者已分开。工具和机器是执行者,而人是操控者。那么到近代,人们在生产劳作中,不仅想把手、脚解放出来,而还想把感觉器官和大脑也解放出来,使生产活动的执行者与操控者都集中在同一个生产设备中,这就是机电一体化的思想,这个设备就是机电一体化系统(产品)。

从上面的描述可知,机电一体化系统已不是机电的简单组合,而是有机的融合,是具有人工智能的机电产品(如2.1节所举的实例收集机器人和五轴数控机床)。从结构形式上看,执行机构可能和手、脚一样同时具有触觉功能(或其他感觉功能),已分不清谁是执行者的一部分,谁是操控者的一部分;从系统的角度看,执行者与操控者已紧密地耦合在一起,系统的固有特性是这个耦合体的固有特性,而不是执行者固有特性与操控者固有特性的简单组合(将来在后期课讲述定量分析时会发现数理方程是耦联的)。在这里要特别指出的是,将执行者与操控者耦合在一起的纽带,正是我们在2.3节中所讲的系统的信息流(感知、控制信息)。

2. 机电一体化的内涵

根据前面的介绍可知，机电一体化是一个发展着的概念，到目前为止仍没有一个标准的定义。对于我们来说，没有必要拘泥于它的定义，而在于深刻地认识机电一体化的理念，以便今后更好地学习和工作。下面谈几点认识。

(1) 设计思想

机电一体化的设计思想是：技术融合、并行设计、动态分析、系统优化。

① 技术融合是许多文章都提到的：融合不是简单的组合或叠加，这一点前面已反复强调过，这里不再重述。融合的技术包括：机械原理与技术、电子电工原理与技术、传感器与检测技术、控制理论与技术、通信原理与技术、计算机技术（包括软、硬件与网络）等。

② 并行设计是针对串行设计而言。一般情况下，多学科系统设计采用一种按学科顺序设计的方法。比如，以前机电系统的设计通常分三步完成：首先进行机械设计，接着设计电源和微电子系统，最后设计控制系统并将整个系统加以实现，这就是串行设计方法。串行设计的最大缺点是，前面的设计结果对后面的设计形成制约，致使整个系统性能不能优化。并行设计就是对机电一体化系统的广义执行子系统和检测控制子系统同时进行设计。在设计过程中二者互通设计信息，反复协调、修正设计参数，以使系统性能达到最优。

③ 动态分析、系统优化是指用“系统工程”的思想去进行机电系统的设计。如何按系统工程的思想对机电系统进行优化设计，在 2.3 节已经讲过了，这里不再重述。

(2) 技术方向

机电一体化的技术方向是：模块化、自动化、智能化、柔性化。

① 模块化是指将机电一体化系统分解为几个标准的模块（如驱动、传动、执行、传感、控制等），然后按标准生产出一系列的产品，当设计制造新的系统时，只要将选好的模块进行集成即可。模块的大小（包含的功能多少）可根据实际情况而定，以机动、灵活、适于集成为原则。

② 自动化与智能化是指机器能像人一样自主地工作，这一点人们都已熟悉，这里不再解释。

③ 柔性化是指采用改变软件的方法去改变系统的功能。例如，加工一个比较复杂的机械零件通常要用到车、铣、刨、磨等各类机床；若采用五轴数控机床只要改变数控加工程序，各种各样的零件都能加工出来。那么，五轴数控机床就具有很好的柔性。

(3) 包含内容

机电一体化包含两方面的内容，即机电一体化技术和机电一体化产品。

① 机电一体化技术的核心是多学科技术的相互融合，它已不仅要分门别类地去研究机电一体化系统所涉及的不同学科（机械、电子、电工、传感、检测、控制、计算机、通信、信息等）的理论与技术，而更要研究如何更好地将各学科已有的理论与技术融入系统中，或是研究出更适于机电一体化的新技术。机电一体化技术是为生产机电一体化产品服务的。

② 机电一体化产品是机电一体化技术的体现。正是机电一体化产品的设计、制造和使用体现了机电一体化的思想；正是机电一体化产品水平的提高，体现了机电一体化的发展与水平的提高。由当前制造出的许多机电一体化产品（人造卫星、空间站、月球车、高速列车、深海潜水工作站、各种仿人机器人、数控机床、计算机集成制造系统等）我们已能充分悟出机电一体化的含义。

2.4.2 机电一体化系统的发展概况

机电一体化的发展始终遵循着科技发展的一般规律:人们对不断提高劳动生产率的愿望和彻底从体力劳动和脑力劳动中解放出来的理想,一直推动着机电一体化技术的发展;而机电一体化技术的飞速进步反过来又促进了机电一体化新产品层出不穷。就像嫦娥奔月一样,人们的理想,总会变为现实。

机电一体化的发展,大致可以分为三个阶段。

20世纪60年代以前为第一阶段,可称其为“萌芽阶段”。在这一时期,人们自觉或不自觉地利用电子技术的初步成果来完善和提高机械产品的性能。特别是在第二次世界大战期间,由于战争的需要刺激了机械产品与电子技术的结合,出现了许多性能相当优良的军事用途的机电产品。在二战后这些技术转为民用,对战后经济的恢复和科技的进步起到了积极作用。

20世纪70—90年代为第二阶段,可称其为“蓬勃发展”阶段。在这一时期,世界上许多发达国家和一些发展中国家都涌进了机电一体化发展的大潮,纷纷制定政策,促进本国机电一体化的发展,人们自觉地、主动地利用计算机技术、通信技术和控制技术的巨大成果创造出了许多新的机电一体化产品,在满足人们日益增长的需求的同时,也提高了本国机电产品在国际上的竞争力。

20世纪90年代后期开始为第三阶段,可称其为“智能化”阶段。从那时起,人工智能技术、神经网络技术、模糊控制技术已逐步走向实用化阶段,大量的智能化产品不断涌现,甚至还出现了“混沌控制”产品。可以说21世纪将可以把人们从繁重的体力劳动和脑力劳动中都逐步解放出来。

下面再简要介绍一下国内外机电一体化发展的具体情况,以说明本专业的学生所肩负的历史责任和历史使命。

1. 国外机电一体化发展概况

机电一体化的发展主要体现在制造业和产品应用两个方面,现分述如下:

(1) 制造业的发展

制造业的发展体现在设计与制造两个方面,它们的发展过程都是先有个体,然后再将个体综合成系统。在制造业方面,美日两国始终走在世界的前端。

① 设计

设计是先有设计手段的现代化,后有设计方法的现代化,最后将它们综合到制造系统中。

20世纪六七十年代,CAD(计算机辅助设计)、CAE(计算机辅助工程)软件已走向实用化,将机器的造型设计、零件设计及参数计算从繁重的劳动中解放出来,推动了设计方法的现代化;80年代后仿真设计、优化设计、可靠性设计得到迅速发展和完善。

② 制造

制造设备也是先有单机,后有系统,最后实现系统、车间、工厂自动化。

美国和日本从20世纪70年代开始相继进入数控时代。CNC机床(计算机数字控制机床)和MC(数控加工中心)已用于日常生产中,利用CAM(计算机辅助制造)软件编制零件加工程序,可以很快地加工出任意形状的机械零件。在工艺设计方面也出现了CAPP(计算机辅助工艺规程设计)软件,工艺人员可以根据产品制造工艺的要求利用该软件交互或自动地确定产品加工方法或方案。

③ 综合系统

到 20 世纪 80 年代,美国、日本等国开始实施 CIM(计算机集成制造)战略,在企业(工厂)里建立了 CIMS(计算机集成制造系统)。CIMS 是以企业为对象,以市场需求和资源为输入,以投放市场的产品为输出,以整体动态优化(即高效率、高质量、高柔性和高效益的统一)为目标,在系统科学的指导下,以计算机和网络通信技术为手段,在作业过程简化、标准化和自动化的基础上,把企业的经营、生产和工程技术诸环节集成为一体的开放式闭环系统。

CIMS 系统可分为四大功能体系:

a. 工程体系。由 CAD、CAPP、CAM 集成,其功能是实现产品设计、工艺一体化,加工自动化。

b. 制造体系。包括 CNC、FMS(柔性制造系统)、制造活动中的物流与信息流。该体系与数控加工信息和物料流动信息相协调,保证制造过程在 CIMS 中发挥更高的效益。

c. 管理体系。该体系是在 MRP-Ⅱ(制造业计算机辅助信息管理系统)的基础上开发的面向 CIMS 集成的管理系统。MRP-Ⅱ为制造业提供了科学的经营管理思想和处理逻辑。它将整个企业的制造资源(物料、设备、人力、资金、信息)进行全面的规划和控制,把企业的产、供、销、人、财、物各种生产经营活动联结成有机整体,形成一个人-机结合的闭合控制系统。它的指导思想是并行工程,还在产品的设计阶段就将产品在制造过程中可能出现的问题统统进行妥善处理,以免造成不必要的损失。

d. 质量体系。包括质量信息的采集、管理、反控和控制,实现集成化的质量保证体系。

CIMS 系统从使用起始到现在一直在完善。

(2) 产品领域的发展

除了制造业以外,机电一体化产品很快应用到人们生产、生活的各个领域。

① 航天

宇宙飞船:1961 年 4 月 12 日,苏联首次发射了“东方一号”宇宙飞船。

空间站:1971 年 4 月,苏联首次发射了“礼炮一号”空间站。

航天飞机:1977 年 6 月 18 日,美国进行了首次载人航天飞机试飞。

② 交通

高速列车:1964 年 10 月 1 日,日本开通新干线高速列车。

自动驾驶汽车:1995 年德国进行自动驾驶汽车长距(1 600 km)实验。

③ 物流

立体仓库、取放机械手:20 世纪 50 年代初,美国出现了桥式堆垛起重机式立体仓库。

④ 潜海

深海探测器:1948 年,瑞士的皮卡德制造出“弗恩斯三号”深潜器(深 1 370 m)。

⑤ 医疗

CT 机:1972 年英国制造出 CT 机。

核磁共振:1973 年美国开发出基于核磁共振现象的成像技术(MRI)。

彩色 B 超:1989 年美国 ATL 公司首先推出“全数字化”彩超。

⑥ 家用电器

傻瓜照相机:1963年日本柯达生产了第一台傻瓜照相机。

全自动洗衣机:20世纪70年代后期,日本生产出微电脑控制的全自动洗衣机。

智能手机:1993年,美国IBM生产了第一台智能手机。

智能电冰箱:1999年11月,韩国三星电子推出首款数字化智能电冰箱。

⑦ 机器人

工业机器人:1959年美国制造出首台工业机器人。

仿人机器人:1968年美国首推仿人机器人。

踢球机器人:2000年11月12日,日本制造出踢球机器人。

清洁机器人:2002年9月美国推出一款面向家庭的清洁机器人。

⑧ 计算机

超级计算机:1976年美国克雷公司推出了世界首台每秒2.5亿次的超级计算机。

2. 我国机电一体化的发展

我国机电一体化的发展比美国等国落后一些,但由于国家的重视,发展还是很迅速。

(1) 制造产业的发展

① 设计

我国CAD/CAM技术的研究始于20世纪70年代,由于科学技术发展的“七五”“八五”规划国家均进行了大量投资,所以开发应用CAD/CAM技术的增长速度高于国际上同期水平,很快就具备了CAD/CAM软件平台和应用软件的开发能力。

② 制造

我国在20世纪七八十年代就已经能够制造CNC机床和MC(加工中心),真正成批生产使用是在90年代,在我国制造业转型中起到了重要作用。

③ 综合系统

我国在20世纪80年代初开始接触MRP-Ⅱ,90年代开始建立CIMS工程研究中心,2000年全国已有20多个省市、10多个行业、200多个不同规模和类型的企业通过实施CIMS应用示范工程,取得了巨大经济效益。

(2) 产品领域的发展

我国的机电产品发展可谓神速,短短一二十年可以说应有尽有。

① 航天

宇宙飞船:2005年10月12日,“神州一号”在酒泉发射并成功返回地面。

空间站:2011年9月29日,“天宫一号”在酒泉发射成功。

② 交通

自动驾驶汽车:2003年3月,清华大学的THMR-V系统试制完成,平均速度100 km/h,最高时速150 km/h。

高速列车:2007年4月18日,和谐号高速列车正式运营,现已成为世界名牌。

③ 物流

立体库,取放机械手:1973年研制出第一台由计算机控制的自动化立体库。

自动导引车:1991年 ,新松公司开始研制开发AGV。

④ 潜海

深海探测器:2000 年蛟龙号深海探测器海试成功。

⑤ 医疗

核磁共振:1986 年安科公司开始自主研发。

彩色 B 超:1997 年我国开始自主生产。

⑥ 家用电器

傻瓜照相机:20 世纪 90 年代初开始自主研发。

全自动洗衣机:1995 年第一台全自动洗衣机在海尔诞生。

智能冰箱:2001 年 10 月 23 日,美菱网络冰箱通过省级鉴定。

智能手机:2007 年魅族开始研发。

⑦ 机器人

工业机器人:1980 年第一台工业机器人研制成功。

仿人机器人:2000 年 11 月 29 日,国防科技大学研制出我国第一台仿人机器人。

踢球机器人:2002 年 1 月中国 863 机器人主题专家组开始研发。

清洁机器人:2007 年 6 月 8 日,哈尔滨工业大学与香港大学联合研制出五方位移动清扫机器人。

⑧ 计算机

超级计算机:2013 年 6 月 17 日,国防科技大学研制出“天河二号”,其运算速度达每秒 33.86 千万亿次。近期我国的大型计算机运算速度一直处于世界领先地位。

(3) 结语

由机电一体化发展的概况可见,尽管人们已经制造出许多高精尖的机电一体化产品(或系统),但离人类的梦想——“彻底地从繁重的体力劳动和脑力劳动中解放出来”还相差甚远。我们应当坚持不懈地去推动机电一体化技术与产品的发展,为人类做出应有的贡献。这是本专业学生的责任,也是光荣而艰巨的使命,同学们应当去努力地攻坚克难,勇攀科技高峰。你们将大有作为!

第3章　机械电子工程师应具备的知识体系

通过第1章、第2章的介绍，同学们已基本清楚了什么是机电一体化系统。从本章开始，给同学们介绍机电一体化系统的知识体系（第3章）和机械电子工程专业的课程体系（第四章），以回答本专业的学生在校期间学什么的问题。

为了建立机电一体化系统的知识体系，我们先来分析一下机械电子工程师在设计和制造机电一体化系统时应当具备哪些能力；然后以培养学生这些能力为目标，确定学生应当掌握或了解哪些基本理论、基本技术、基本技能和工程知识；最后将所选择的知识进行系统优化，构成机电一体化系统的知识体系。

§3.1　机电一体化系统（产品）创新设计

在教育部所制定的机械电子工程专业的培养目标中规定："本专业培养……从事机电一体化产品和系统的设计制造、研究开发、工程应用、运行管理等方面工作的高素质复合型工程技术人才"。（见1.1.1小节）

那么机电一体化产品和系统究竟是如何设计的呢？下面我们先给出一个设计思路图，然后再对设计思路的各个部分给予说明。

3.1.1　机电一体化系统（产品）创新设计思路

根据科学原理、科学技术、工程经验和系统分析的方法，机电一体化系统（产品）创新设计思路如图3-1所示。

3.1.2　对创新设计思路图的说明

机电一体化系统（产品）创新设计过程可分为五个阶段：产品策划、概念设计、详细设计、样机试制和改进设计。产品策划阶段给出一个新产品的"设想"，概念设计阶段把上述"设想"构思成一个"具体方案"，详细设计阶段将"具体方案"设计成"加工图纸"，样机试制阶段按"加工图纸"制造出产品"样机"，改进设计阶段根据用户反馈意见对"原图纸"进行修改，投入正式生产。

1. 产品策划（见图3-1第一阶段）

电影、电视的策划，大家都清楚，他们的任务就是几个人坐下来侃大山，绞尽脑汁编出一个好听、好看的故事梗概，然后交给编剧，编出一个好故事。

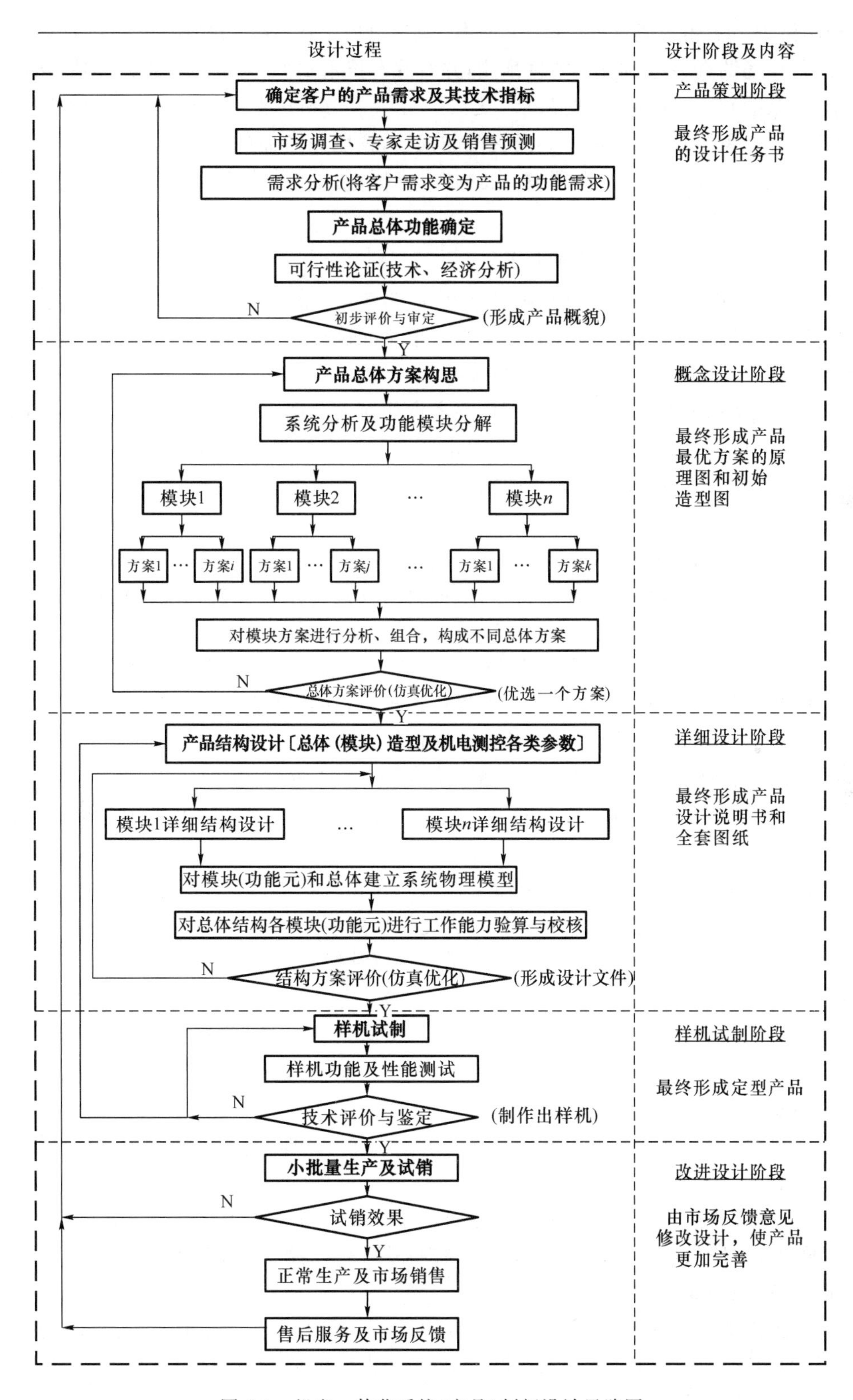

图 3-1　机电一体化系统(产品)创新设计思路图

产品策划与上述相似,就是几个人凑在一起,根据生产、生活、科研、军事等社会活动的需要,进行市场调查、专家走访、销售预测,并对现有技术水平、人员能力进行评估,然后提出对某个(或某些)产品(或系统)的需求。这是一个反复分析思考的阶段,经过深思熟虑过后,要对该产品(或系统)有一个基本的概貌性的描述,说明该产品的工作对象、用途(工作任务或说功能需求)、使用人员、工作环境、主要技术指标;通过可行性论证和评审以后,最终形成一个产品的设计任务书。

2. 概念设计(见图3-1第二阶段)

概念设计在产品创新设计过程中是最基础、最重要、最具有创新性、决定产品成败的阶段,因此要特别地重视。概念设计是一个反复推敲的过程,其目的是帮助设计者尽快将头脑中的设想(即设计任务书)构思成具体方案。

在构思产品总体方案的过程中,不仅要考虑如何去实现产品的功能需求,更要考虑如何保证产品质优价廉,便于人们使用,有利于市场竞争。在构思总体方案之前,先讲一下对设计工作的一般要求,以便在总体方案的构思过程中充分考虑这些要求,确保开发设计出优质产品。

(1) 对设计工作的一般要求

设计完的产品应满足下述几项要求,这些要求在进行系统分析和造型设计时一定要同时考虑。

① 功能要求:功能要求是首当其冲的,所设计的产品一定要满足人们的需求,否则它就不能完成“工作任务”。因此,在这里再次提醒设计者,在设计之初,一定要把产品的功能需求分析得十分准确,因为这是产品设计的首要依据。

② 使用性能要求:这一项要求一般指产品精度、生产能力、生产效率、可靠性、安全性等指标。这一项一定要满足设计任务书给出的产品技术指标,否则产品就没有达到预期指标,属于失败产品。

③ 工况适应性要求:这一项是指当工作状况在预定范围内发生变化时,产品适应的程度和范围。如要考虑当物料的形状、尺寸、理化性质发生变化时;当环境温度、湿度发生变化时;当负载大小和速度有波动时,采取什么措施加以补偿。应始终使产品正常运转。

④ 宜人性要求:产品应符合人机工程学的要求,适应人的心理和生理特点,保证操作简便、舒适、准确、安全、可靠,同时还要便于监控与维修。例如,在设计时要合理选择显示装置和操纵装置,并进行合理布局,适应人的生理特点;又如,安装报警装置和防止偶发事故的装置等,以保证人身的绝对安全。

⑤ 外观要求:这一项要求是指产品的形体结构布局合理,造型美观大方,材料质感与外表颜色和谐宜人。

⑥ 环境适应性要求:这一要求分两方面。一方面要考虑环境对产品正常工作的影响;另一方面应考虑所设计的产品在工作时对周围环境产生的污染,如温度、湿度、粉尘、有害气体、电磁干扰、振动噪声等。

⑦ 工艺性要求:这一项要求也分为两方面。一方面为保证产品质量,对产品的零件加工和系统组装都应当提出合理的工艺性要求;另一方面又要考虑你所提出的工艺要求确有相应的加工设备可以完成。

⑧ 法规与标准化要求:这一项要求分四个方面。其一是设计人员在设计产品时要遵守

国家的法律和道德规范；其二是所设计的产品符合国际和国内标准；其三是在产品中尽量采用标准件；其四是产品尽量模块化。

⑨ 经济性要求：这一项要求分两个方面。其一是开发设计该产品的成本要低，正常生产该产品的费用也要低；其二是使该产品正常运转的维持费用要低。

⑩ 包装与运输要求：所有产品总要包装搬运才能交给用户，因此在设计时就要考虑向用户交货时产品应如何包装，怎么装卸、运输和安装。

⑪ 供货计划要求：这一项包括研发时间、交货时间与地点、供货方式等。

(2) 构思总体方案

构思总体方案的目的是将头脑中的设想变为一个具体方案。构思的方法就是2.3.4小节所讲的系统分析方法；这是因为我们是把所要设计的新产品视为一个"工程系统"，要按"系统工程"的思想去设计。怎么去构思呢？过程如下：首先明确设计任务；接着根据"工作对象"和"工作任务"去建立一个如图2-5所示的机电一体化系统的一般模型，再按照该模型的架构将产品总体功能分解为功能模块，得到一个由各类功能模块构成的方案框架；然后对每个模块进行方案设计（一般一个模块可能有几个方案），再对每个模块取其中一个方案集合起来构成一个待选总体方案，这样就构成了一个总体方案的待选方案集（参看图3-1"产品总体方案构思"）；最后根据"优化目标"，对待选方案集中的每个方案进行分析、比较、评价，选取其中"最优"的一个，作为产品的最终总体方案。当然，这个"最优"是从产品使用的效果和效益上说的，不一定是数学意义上的最优。下面介绍一下，这个过程如何实现。

① 明确设计任务

充分研究、分析、设计任务书的内容，确定系统（产品）的"工作对象""工作任务"（工作需求）和"优化目标"。以收集机器人为例（见2.1.1小节，下同），"工作对象"：松糕；"工作任务"（功能需求）：将松糕从货架上取下，搬运到储物筐内。"优化目标"：工作全过程（取下、搬运）所用时间最短。

② 系统分析及功能模块分解

a. 系统分析

这一步，说明怎么样给一个欲开发设计的机电一体化新产品按照系统分析的思路建立一个系统模型。

在这里要强调指出的是，这个系统模型是从系统功能的角度出发，考虑各子系统或模块间的逻辑关系而建立的"结构形式模型"，与后面要讲的"系统物理模型"是不同的。

下面介绍一下，系统结构形式模型的具体构建方法。

依据2.3.4小节系统分析的介绍，需根据①确定的"工作对象"和"工作任务"去构建系统模型，它应当具有图2-6所示的形式和内容。具体包括：系统构成要素（工作对象、物质流、执行者、能量流、操控者、信息流）、系统环境（特别是边界）、输入和输出。这个模型是初步的、粗略的，有待进一步细化。

下面讲一下，在机电一体化系统里，如何去确定图2-6中的系统构成要素、系统环境、输入和输出这三项具体内容。

我们知道，对于一个要开发的机电一体化新产品来说，它的使用环境和输入、输出应该是明确的，系统构成要素中的"工作对象"和"物质流"（即工作任务）也是明确的只有"执行者"与"操控者"，"能量流"与"信息流"是未知的。因此，开发设计工作就转化为开发设计"执行者”与“操控者”。

在机电一体化系统中“执行者”就是“广义执行子系统”,它包括执行机构、传动机构和驱动装置三类功能模块;“操控者”就是“检测控制子系统”,它包括传感检测、信息处理与控制和电气三类功能模块。广义执行子系统在传递着能量流;检测控子系统在传递着信息流。此时,机电一体化产品的系统模型就变成了图2-5所示的形式与内容,包括上述六类功能模块(执行机构、传动机构、驱动装置,传感检测、信息处理与控制、电气)、一类工作对象模块和三个流要素(物质流、能量流、信息流)。系统建模就是要建立这种模型。

需要特别指出的是,一个机电一体化产品往往不是只由一个系统模型构成,而往往包含若干个系统模型,如收集机器人就不止一个系统模型。例如,收集机器人有三个手爪,每一个手爪(两个手指)就有一个气缸驱动,就有一个能量流。有一个能量流就有一个广义执行子系统,这就有三个广义执行子系统;同理,每个手爪都有自己的动作,每个动作都由相应的传感器信号控制,该信号所承载的信息流都经控制器和驱动控制器传到气阀而控制气缸动作,它们就构成了一个检测控制子系统;有几个信息流就有几个检测控制子系统,且每个子系统都包含如图2-5所示的三类功能模块。

b. 功能模块与分解

这一步说明如何按照图2-5的思路把新产品的总体功能分解为 n 个模块。在分解之前先要说明一点,“模块”一词是广义的,它包含了系统内性质相同的所有“功能单元”。例如,收集机器人的“执行机构”模块,包含了取物机械手和行走小车两类功能单元。因此,在设计思路图中系统分解为 n 个功能模块,而非六个模块;在详细设计阶段出现“功能单元”一词,“模块”即涵盖“功能单元”。

对于模块分解的思路在2.3.4小节“建立系统模型”中已讲过,下面就以收集机器人为例说明“功能模块分解”的步骤。

第一步,确定广义执行子系统中的各个模块。

首先由“工作任务”(即产品功能需求)确定“工作对象”的“运动规律”(如将松糕从货架上取下搬运到储物筐内),该运动规律就是系统的“物质流”。接着将该“运动规律”进行分解,变为若干个“简单动作”(如将松糕的运动分解为“抓取”与“搬运”两个动作)。

然后选择合适的“机构”去完成那些“简单动作”(如选择“机械手”完成“抓取”动作,选择“小车”完成“搬运”动作),这些“机构”(机械手与小车)都属于“执行机构”模块。

要使“执行机构”运动,就必须给它驱动力(能量),这就需给“执行机构”选择合适的“驱动装置”,(例如,“机械手”选的是“气缸”,“小车”选的是“电动机”),这些“装置”都属于“驱动装置”模块。

若有必要还要在“驱动装置”与“执行机构”之间加上“传动机构”(例如,第一、二个机械手臂上下移动由电动机驱动,在机械手与电动机之间加了绳轮传动机构)。

至此,广义执行子系统中的三类模块就都确定了。

第二步,确定检测控制子系统中的各个模块。

首先搞清楚“执行机构的动作”与“工作对象的运动规律”之间的相互协调的“动作逻辑”(例如,收集机器人到货架处取松糕的“动作逻辑”:机器人先走到货架旁,接着找到松糕的位置,最后感知到松糕将其抓起)。然后再按上述“动作逻辑”去控制执行机构或工作对象的运动,完成产品的功能。为了使上述“动作逻辑”准确无误地执行,必须随时掌握执行机构的动作状态和工作对象的运动状态，这就需要在广义执行子系统合适的位置上布置传感器（例如，为了使机器人走到货架旁，在小车底架上布置了寻位传感器和定位传感器；为了感知松糕，在两个手指之间的根部布置了感知传感器），并对检测到的信号做初步处理，这就构成了“传感检测”模块。

为了将“传感检测”模块输出的信息按“动作逻辑”输出，去控制执行机构的动作，接下来应当将“动作逻辑”编成程序置入微处理器中，采用合适的控制算法对“传感检测”模块传来的信息进行处理，形成对执行机构动作的指令。上述微处理器及内置的程序与算法就是“信息处理与控制”模块。

最后将控制指令传给电门、气压阀或液压阀，使“驱动装置”带动执行机构动作。由电门、气压阀或液压阀和相关电路构成的就是“电气”模块。

至此，功能模块全部分解完毕，我们得到了一个由 n 个模块组成的产品系统模型框架（见“设计思路图”）。至于框架内每个模块的具体内容，将由产品具体需求而定。

③ 方案构思

这一步说明如何组成待选方案集，最后怎样确定“最优方案”。

构思方案从功能模块（或功能单元）开始。“功能模块”的同一个“功能”可以有许多不同（原理）的载体，从而有许多不同的方案（见设计思路图）。这是因为实现同一个功能可以有许多不同的原理与技术。比如，令机器人手爪开合的驱动装置，可采用电动机、气缸或液压缸；手爪“开合”这个动作是一个“功能模块”，它对应了三个方案：其一是电动原理，可选用电动机，将电能转变为机械能去驱动手爪动作；其二是气动原理，选用气缸，将气压能转变为机械能去驱动手爪动作；其三是液压原理，选用液压缸，将液体压力转变为机械能去驱动手爪动作。同理，每一个“模块”都可以有若干个方案，且数目不等，所以在“设计思路图”中分别用 i、j、k 表示。

下面可以构思方案了。构思过程是 n 个模块的不同方案的“排列组合”过程。比如，n 个模块都选每个模块的第一个方案可构成一个总体方案；而在 n 个模块中只有第一个模块选第一个方案，其他模块都选第二个方案，则又可构成另一个总体方案。按照此法进行“组合”，可以得到许许多多总体方案，构成一个总体方案集。最后对总体方案集中的每一个方案都进行分析比较，进行综合评价，选出一个方案作为“最优”方案，并给出该方案的原理图和初始造型图。

至此，概念设计结束。

在这里还要指出的是，概念设计阶段得到的“最优”方案，是一个“定性”的方案，它完全是凭借着设计者所掌握的基本原理和工作经验而得到的。要想知道这个方案是否可行，就需要下一步的工作——详细设计。

3. 详细设计(见图 3-1 第三阶段)

详细设计的目的是将概念设计阶段给出的“最优”方案具体化，经定量设计以后，形成一个产品设计说明书和一套加工图纸。

这是一项责任非常重大的工作，它决定了产品的质量和信誉，如产品的经济性、可靠性、安全性、可操作性、可维护性和环境适应性等。设计者一定要遵守职业道德，十分认真地去投入这项工作。

(1) 要采用并行设计的方法

在提出机电一体化概念以前，产品设计是从这一步开始的，不讲究概念设计的过程，而且一般的设计顺序是，先由机械工程师设计出机械系统，然后才是配备电气与控制系统，这样就把不必要的约束引入控制系统设计中，尤其是机械系统带来的约束(因为机械系统往往是被控对象)。随着科学技术的发展，机电一体化的概念不断深化、机电一体化技术迅猛发展，机电一体化产品的设计不仅按照系统工程的思想去进行，而且并行设计和生命周期设计已得到应用。在概念设计阶段我们已采用了系统工程思想去指导，在详细设计阶段除继续采用系统工程思想外，还要采用并行设计的方法。这是由机电一体化系统(产品)的自动化、智能化特性决定的。机电一体化系统要自动化、智能化，就必须由信息流去控制能量流的运动；在结构形式上就是由检测控制子系统去控制广义执行子系统的运动，使之按照一定的功能逻辑去完成它的动作，继而完成产品的“工作任务”。这样二者就构成了一个机电一体化的自动控制系统(简称自动控制系统)，广义执行子系统是被控对象，检测控制子系统是控制器。

在分析自动控制系统的时候，应当特别指出，广义执行子系统它也是传送信号的子系统，驱动装置把能量(经过传动机构)传递给执行机构的同时，也把驱动装置的运动信号(位移、转角、线速度、角速度、线加速度、角加速度等信号)传递给了执行机构(引起了执行机构的位移、转角、线速度、角速度、线加速度、角加速度等发生变化)，只不过在前面对产品进行系统分析时太强调了传递能量的一面。同时还应指出，检测控制子系统也传递能量，因为该子系统传递的信息是由其载体电流信号带过去的，没有电压是没有电流的，其实，正是电流的能量将电流信号所携带的信息传过去，只不过在机电一体化系统分析时，强调了信息流的一面，在进行自动控制系统分析时，是分析这个电信号。

这样看来，由广义执行子系统与检测控制子系统所构成的自动控制系统就是一个完整的信号传递与处理系统。在该系统中，由能量流(运动信号流)和信息流(电信号流)组成了一个传递控制信号的“闭合流线”，即该系统中流动的信号在广义执行子系统中由机械运动信号(线位移、角位移、线速度、角速度、线加速度、角加速等)传递，在检测控制子系统中由电信号(电压、电流、脉冲编码等)传递；而广义执行子系统向检测控制子系统传递信号的接口就是传感器，是它将运动信号变成了电信号；检测控制子系统向广义执行子系统传递信号的接口就是电气模块，是电气模块发出的电信号控制着驱动装置输入能量的大小，或驱动装置的运动状态(位移、转角、线速度、角速度、线加速度、角加速度等)的变化。自动控制系统的结构形式与信号流如图3-2所示。该图的输入与输出由具体工程问题而定。

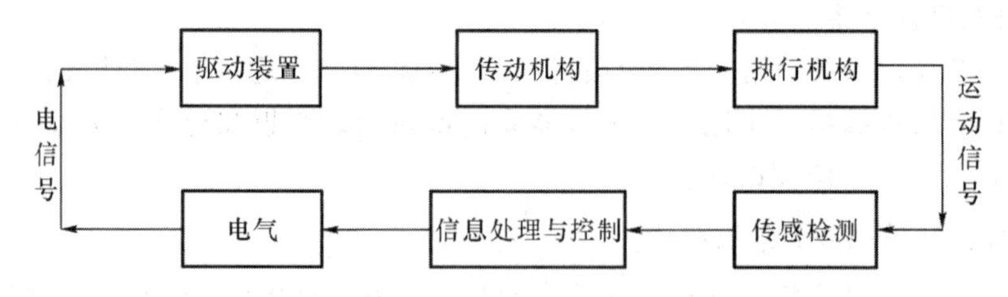

图3-2　自动控制系统的结构形式与信号流图

既然自动控制系统是一个信号系统，就应按照信号传输的理论去分析。首先分析所传递信号的特性，然后去构建一个自动控制系统使之与所传输的信号相匹配。所谓匹配是指，由我们设计的广义执行子系统和检测控制子系统的物理参数〔前者为质量，阻尼与刚度(与零件尺寸和材料弹性有关)，后者为电感、电阻和电容〕所决定的自动控制系统的固有特性，在传输信号过程中可保证控制系统有良好的稳定性、能控性、能观性、稳态特性和瞬态特性(这些性能在“信号与线性系统”和“控制工程”课中讲解，此处不必深究)，使信号完美地传过去而不失真。

由上面的分析可知，要想使自动控制系统的固有特性与所传信号相匹配必须使整个系统的物理参数选择得合理，因此，在设计时必须同时考虑机械系统（广义执行子系统）的参数（质量、阻尼、刚度）和电系统的参数（电感、电阻、电容）。这就必须进行并行设计，使两个子系统的物理参数在控制理论的指导下相互协调，以便得到一个最优的控制系统。

（2）详细设计的过程

第一步，先进行结构设计，对概念设计阶段给出的“最优”方案进行完善，给出产品（包括广义执行子系统和检测控制子系统）的最终造型、材质和各种几何、物理参数。第二步，将上述“最优”方案进行分解重新组成若干个自动控制系统模型；即依能量流将与其有关的模块组合起来构成广义执行子系统；依信息流将与其有关的模块组合起来构成检测控制子系统；依控制信号“闭合流线”（即图3-2所示信号流）将相关的广义执行子系统与检测控制子系统组合在一起构成自动控制系统。第三步，先对自动控制系统建立物理数学模型，经过分析计算，对第一步给出的各类参数进行修正，得到合理的参数。第四步，用第三步所得合理参数，去修改第一步所给的参数，然后对广义执行子系统和检测控制子系统分别建立的物理数学模型进行工作能力验证与校核。第五步，对通过校验的方案再进行一次评价。通过评价以后进入下一步。第六步，撰写设计说明书，绘出全部图纸。

在这里需要提醒的是，第三步、第四步可能要反复好几次才能最后通过校核。好在有计算机辅助工作，速度会很快。

下面按上述步骤做详细介绍。

① 产品结构设计

这一步是对概念设计阶段给出的“最优”方案进行结构形式设计，要求给出造型、尺寸和相关物理参数。具体做法是：先进行总体结构设计，后进行模块结构设计。

a. 总体结构设计

对概念设计阶段给出的产品造型进行修改，经征求各方意见后，确定为最终造型方案。先给出该方案的整体颜色、材质和尺寸，然后初步给出各模块在产品中的位置和尺寸。

b. 模块结构设计

在概念设计阶段所得到的“最优”方案所包含的模块按其功能分只有图2-5所示的六类，这六类的设计方法是不同的，我们按六类不同的模块分别说明它们的一般“结构设计”方法。

（a）机构类模块

该类模块包括执行机构和传动机构。它的结构设计方法是，根据“最优”方案给出的原理图选定相应的机构，并将这些机构拆解成零件，然后给出每个零件的尺寸和材料。需注意的是，给出零件尺寸以后应再将零件组成机构，检查该机构的总体尺寸是否与总体方案中给出的尺寸相符。

（b）驱动（伺服）类模块

驱动装置（如电动机、气缸、液压缸、气马达、液压马达）都是系列定型产品，只需选用，而不需要我们设计。选用时注意两点：一个是外形尺寸尽量符合总体方案所给尺寸的要求；另一个是所选的输出功率和力（力矩）要符合广义执行子系统的能量（力）的需求。开始可以先按总体方案给出的尺寸选几个不同功率的驱动装置备用，待最后校验计算以后再决定选用哪个。

(c) 电气类模块

电气类模块中包括各类开关、继电器、继电保护器、电线、气压阀、液压阀等,它们也都是定型系列产品,其选择方法同驱动器。但一般是根据相近尺寸的电气元件去设计控制箱,然后布置电线。

(d) 信息处理与控制类模块

该类模块由以微处理器(单片机、ARM、DSP)为核心的开发板配以接口元器件或接口电路组成。微处理器与接口元器件都是定型系列产品,主要由使用功能去选取,而兼顾尺寸。一般是控制开发板的尺寸尽量满足总体方案的要求,然后根据开发板的尺寸去设计控制箱或控制柜。

(e) 传感检测类模块

传感检测模块由传感器、前置放大器、测量电路、模数转换器和调制解调器等组成,也有将上述器件或电路做在一起的传感检测模块。不管哪种,都是定型系列产品,主要由功能需求选用,而兼顾尺寸。

② 构建自动控制系统模型

构建自动控制系统模型的目的是用并行设计的方法对机电参数进行更好的整合与优化。请注意,在构建自动控制系统模型时,在一个产品中不止有一个自动控制系统模型。

构建自动控制系统模型的思路是(这里重提一下):首先将概念设计阶段方案中确定的各类模块按其传递能量流或传递信息流分成两类,然后按能量流线将相关的能量模块组合起来构成广义执行子系统;按信息流线将相关的信息模块组合起来构成检测控制子系统;接着再将相关的广义执行子系统和检测控制子系统依控制信号"闭合流线"组合在一起,构成一个自动控制系统模型。

a. 模块的类型

在机电一体化系统中有两类不同的模块:一类是传递能量的;另一类是传递信息的。比如在收集机器人中驱动小车行走的电动机和驱动轮,驱动手爪闭合的气缸和手指,都是能量型模块;指使小车沿预定路线行走的寻位传感器、定位传感器、控制器和驱动控制器,令手爪闭合的感知传感器、控制器和驱动控制器都是信息型模块。一般情况下,属于广义执行子系统的模块都是能量型的,属于检测控制子系统的模块都是信息型的。

b. 将模块重新构成自动控制系统模型的方法

下面详细介绍将概念设计阶段分解的各类模块重新构成自动控制系统模型的方法。

(a) 由模块构成自动控制系统的依据

构建自动控制系统模型既不按模块,也不按整体,而是按传递自动控制系统信号流的"闭合流线"。该"闭合流线"是由相关的能量流线和信息流线组成的。一般来说,广义执行子系统中不止有一条能量流线,而检测控制子系统中也不止有一条信息流线(比如,在收集机器人中,广义执行子系统有11条能量流线,检测控制子系统也有11条信息流线)。所以一个机电一体化系统就不止有一条"闭合流线",在构建自动控制系统模型时是一条"闭合流线"建一个自动控制系统模型,且每一个自动控制系统模型都有图3-2的模式。

下面要解决的问题是怎么找"闭合流线",怎么将模块集成自动控制系统模型。

(b) 寻找“闭合流线”

下面结合收集机器人的实例说明寻找“闭合流线”的方法，即先寻找能量流线和信息流线，然后再按它们的逻辑关系找出“闭合流线”。

- 寻找能量流线的方法

首先抓住使工作对象运动(物质流)的能量(或力)的输出模块(执行机构)，然后找给予该能量的输入模块(驱动装置)，如果有的话再找将输出模块和输入模块连起来的传动模块(传动机构)，将三者连起来，则构成一条能量流线。例如，手爪上的手指与气缸直接相连，将气缸的能量(力)直接传给手指，则构成一条能量流线，该流线的指向，气缸→手指→松糕。又如，第二个机械手，其手臂 6 可以沿导柱 10 上下滑动，该动作是由绳轮传动机构(11、12、13)带动滑套 7 运动完成的，而带动绳轮转动的是电动机 14，那么由电动机经绳轮传动机构到滑套(手臂)就形成了另一条能量流线，该流线的指向是电动机 14→绳轮机构(11、12、13)→滑套 7(手臂 6)→松糕。

可见，能量流线的寻找方法是根据工作对象的动作从执行机构至驱动装置，有几个执行机构则有几条能量流线。

- 寻找信息流线的方法

首先抓住检测控制子系统的输出端(输出模块)(输出量一般是给驱动装置的电压)，然后去寻找该输出信息的输入端(输入模块)(输入量一般是传感器采集的信号，如执行机构和工作对象的位移、速度和环境信息)，再找到将二者连接起来的驱动控制器模块和信息处理与控制模块，把它们连接起来，则构成一条信息流线。例如，手爪动作由连接两个手指的气缸驱动，气缸动作需要打开驱动控制器 36 中的气阀给气缸供气，要打开气阀则需要控制器 35 给气阀一个控制信号(电压)，而这个信号的来源是传感器 4；只有当传感器 4 感知到松糕时，才能发出这一信号给控制器 35，经 35 处理后输出控制信号给驱动控制器 36，36 中的气阀打开通气，使气缸动作，则驱动手指闭合。这一信息流线的流向是传感器 4→控制器 35→驱动控制器 36→气阀。

可见，信息流线的寻找方法是从驱动装置需要的控制信号开始，至相关的传感器，该传感器应该在驱动器驱动的执行机构上，或在该执行机构的工作对象上，有几个驱动信号则应当有几条信息流线。

- 寻找“闭合流线”的方法

还是从“工作对象”的每一个动作(运动)入手。先由工作对象的一个动作找到驱动该动作的执行机构及供给其能量的能量流线；接着找出控制该能量流的信息流线；然后将上述二流线首尾相接，则得到一条传递控制信息(号)的“闭合流线”。

(c) 构建自动控制系统模型的方法

构建自动控制系统模型的依据是上面找到的控制信息(号)传递“闭合流线”。对于一个机电一体化产品(系统)要建立它的自动控制系统模型，首先要找出它的所有控制信息(号)传递“闭合流线”，然后针对每一条“闭合流线”建一个自动控制系统。

具体做法是：选一条“闭合流线”，将该流线经过的每一个模块的物理模型依序(逻辑)填加到“闭合流线”图上，这就构成了一个自动化控制系统模型。在该模型中，由能量流线串起来的模块的物理模型就构成了广义执行子系统的物理模型(被控制对象)；而由信息流线串起来的模块的物理模型则构成了检测控制子系统的物理模型(控制器)。比如，(b)中所举的第二个机械手的例子,其能量流传递逻辑是,电动机14→绳轮传动机构(11、12、13)→滑套7(连带手臂6)→松糕;则其广义执行子系统所涉及的模块有:驱动装置模块的电动机14、传动机构模块的绳轮机构(11、12、13)和执行机构模块的手臂6(滑块7与上面手爪5都附于手臂6)。将上述模块的物理模型按上述逻辑顺序填加到"闭合流线"中则构成广义执行子系统的物理模型(即被控对象)。

又如,(b)中所举的控制手爪动作的信息流的例子。其信息流传递的逻辑是:传感器4→控制器35→驱动控制器36→气阀。则其检测控制子系统所涉及的模块有:传感检测模块的传感器4,信息处理与控制模块的控制器35和电气模块的驱动控制器36。将上述模块的物理模型按上述逻辑顺序填加到"闭合流线"中则构成检测控制子系统的物理模型(即控制器)。

按上述做法将机电一体化产品(系统)的所有"闭合流线"都做完,则该产品(系统)的自动控制系统模型才算构建完成。下面就可以对每一个自动控制系统模型进行系统分析,最后确定该机电一体系产品(系统)的各类参数。

③ 分析自动控制系统,修正结构参数——建模、仿真

这一步完全是在计算机辅助下进行的,通常有一个仿真计算机环境。具体过程如下:首先将上节②(c)中所构建的自动控制系统的物理模型加以细化,即先根据产品的功能要求,明确输入和输出、被控对象、控制器、干扰和反馈等要素,然后在控制理论的指导下建立该物理模型的数学模型,这个过程就叫建模。最后,依据该数学模型,借助于仿真软件,对该系统进行分析、计算,验证在结构设计阶段所给的各类参数是否满足自动控制系统指标的要求,若不满足,反复修正,直到满足要求为止。这个过程叫仿真。

在此,需要指出三点:

a. 上述建模、仿真计算对一个产品中所有的自动控制系统都要进行,比如,收集机器人就不止有一个自动控制系统。另外,在一些产品中,一个驱动装置可能分时段带动两个不同的执行机构,那么它应当按两个能量流处理,这时驱动装置的参数就应当兼顾两个能量流,从而兼顾两个自动控制系统。

b. 在建模时,已将广义执行子系统和检测控制子系统融合在一个自动控制系统的数学模型中,是这两个子系统的几何、物理参数决定了该自动控制系统的系统特性,在修正系统参数时,既可调整机械类模块(机构或零件)的几何尺寸和物理参数,也可以调整电子、电器元件的物理参数,哪一个好调就调哪一个,这样才体现出并行设计的优越性,避免了机械系统对控制系统的约束。

c. 这一步计算是基于理想的数学模型,纯粹是纸上谈兵,这类数学模型与实际产品之间经常会存在偏差。这个偏差称为不可模拟误差,它往往是把基本模型设计的结果应用于实际产品时引起失败的罪魁祸首。避免失败的办法是,在建立物理模型时考虑得更周到、更切合实际一些,这样使所得数学模型更反映实际状况。当然,这就要求建立物理模型者具有深厚的理论基础和丰富的实际工程经验。这正是同学们需要注意学习的知识。

④ 工作能力校验

因为在第一步产品结构设计环节对产品的所有模块都已经给出了结构形式和初步的几何物理参数,在第三步自动控制系统分析环节对上述各类参数进行了修正,本步——即第四步的工作只有两项:其一是将已修正后的机类参数代入广义执行子系统的各模块

(零件)中，选择驱动装置的输出功率及力(力矩)和输入功率并给出其工作原理图，对各机构的合理性和各零件的强度、刚度进行校验，以最后确定这些参数，供制图用。其二是根据已修改后的电类参数去重新选择微处理器和电子元器件，按结构设计环节的方案搭建成一个实际的检测控制子系统。

a. 对广义执行子系统中各模块工作能力的检验

(a) 选择驱动装置并给出工作原理图

在本环节要做两项工作：其一是，按能量流建立的物理模型去求出驱动装置的输出功率及力(力矩)和输入功率；其二是依据所求的功率按照概念设计阶段给出的驱动方式(电动、气功、液动)选择具体的驱动装置(电动机、电磁铁、气缸、气马达、液压缸)的型号，并给出该装置工作〔启动、停车、正转(正移)、反转(反移)、调速〕的原理图，选出原理图中所用的控制上述运动的元件(开关、继电器、气泵、气阀、油泵油阀等)，然后按相关定律(电路有关定律、气压系统有关定律和液系统有关定律)检验所选元件是否合理。

(b) 机构运动状况校验

对机构进行校验主要是根据"机械原理"去校验所设计的执行机构和传动机构在结构形式上是否合理，运动是否有干涉，损耗能量是否少。在此提醒一下，具体计算时有现成软件可用。

(c) 零件工作能力校验

若机构运动校验已合格，则将机构拆成零件，利用牛顿定律对每个零件建立数学模型，求出其所受的外力，然后再根据"弹性力学和有限元解法"所讲的理论求出其所受应力与弹性变形，由强度、刚度、振动、稳定等条件，校验我们所设计的这个零件的形状、尺寸、和所选用的材料是否满足工作要求。在此提醒一下，具体计算时有现成软件可用。

在这里需说一下，对于机构和零件进行校验，虽然工作繁多，但有现成软件可以帮助人们实现。这一步工作的目的是，利用这些软件对所设计的机构及其零件的参数，进行反复的修改、完善，直至达到"最优"的要求。

这里还要提醒一下，在这一步所确定的各模块的各类参数，如果与第三步确定的参数相吻合，则可确定为产品的最后参数；若与第三步确定的参数误差较大，则须重新进行第三步的工作，校验本环节所确定的参数是否影响了自控系统的控制特性；若不影响，则以本环节确定的参数为最终参数；若影响则还需重新修正这些参数，这两个环节反复进行直到满意为止。

b. 搭建检测控制子系统并进行初步的调试

在对广义执行子系统中各模块进行工作能力校验的同时，进行这一工作。首先按第三步确定的参数去选择符合要求的微处理器和电子元器件，然后按结构设计环节确定的方案将它们搭建成检测控制电子系统，并将仿真时使用过的(控制)应用程序移置到该电子系统的微处理器中，编好接口驱动程序，输入模拟的输入信号对该系统进行调试，合格后待用。同时根据检测控制电子系统中微处理器和电子元器件的大小设计好控制箱或控制柜。(设计控制箱(柜)要同时考虑驱动装置的控制元件尺寸)

⑤ 方案评价

经过前四步的工作，可以说新产品的开发设计工作已基本完成，即将给出设计文件。因为在前面的四步中一系列的分析计算，反反复复，工作非常繁杂，头脑处于高度紧张之中，到了这一步必须冷静下来，按照设计任务书的要求，非常认真地将前四步的工作再审查一遍。

首先,检查本设计是否已经达到了设计任务书提出的技术要求;其二,检查按本设计制造出产品以后,其经济性、可靠性、安全性如何;其三,评价本设计的技术先进性;其四,检查按本设计制造的产品的可维护性、环境适应性及对环境的影响;其五,不要忘记包装运输问题;其六,最好考虑到产品报废以后怎么办。都检查完毕无误后,给出全部设计文件。

⑥ 给出设计文件

设计文件有两套,一套为设计说明书,它是对设计方案的详细说明;另一套是全部加工图纸。

a. 设计说明书的主要内容

设计说明书是在产品开发设计完以后对产品的说明和技术工作的总结,它有一定的格式,到毕业设计时再详细介绍,这里说一下设计说明书所包括的主要内容。

(a) 设计依据:产品用途(功能),主要技术指标,使用环境,对使用者的要求。

(b) 技术工作总结:方案论证、自动控制系统分析与参数的确定、广义执行子系统的设计计算(驱动装置及伺服元件选择,机构设计、零件设计的主要公式、计算过程和结果)、检测控制子系统的设计计算(传感器及其他电子元器件的选择,控制器的设计计算和结果)、接口及有关电路的设计计算、驱动程序、控制算法及控制程序。

(c) 包装与运输:这是从设计角度对包装与运输提出的要求,若不注意,产品在运输过程中就坏了。对包装提出的要求是产品需特别保护的部分和防潮、防震;对运输提出的要求是吊装位置,旋转方位。

b. 设计图纸要求

设计图纸体现了产品开发设计的全部成果,它是产品制造的依据,必须精心绘制。应当有以下几类图纸。

(a) 总体造型图:总体造型图应包括不同方向看的三维造型图,对细小部位应当有放大图。要注明颜色与材质〔包括控制箱(柜)的造型图〕。

(b) 总装图:总装图包括主机和控制箱两部分,它们标明了产品中各模块或零件、电路板在产品中的位置,及它们之间彼此的关联关系;同时,标明产品的总体尺寸、各模块或零件、配电盘、电路板的尺寸。以备拆零件或总装装配时应用。

(c) 零件图:包括机架、传动机构、执行机构、控制箱中每个零件的“零件加工图”。零件图以投影图的方式表示零件的形状;在图中应注明材料、尺寸、公差、精度、光洁度、表面处理等加工要求。

(d) 电气原理图和电气安装图(当选择电动驱动原理时用)

电气原理图:是根据电路工作原理,用规定的图形符号和文字符号绘制的表示各个电器连接关系的线路图。

电路安装图:是电气原理图的具体实现形式,它是用规定的图形符号,按电气元件的实际位置和实际接线来绘制的,用于电气设备和电气元件的安装、配线或故障检修。实际工作中,该二图结合起来使用。

(e) 气控逻辑原理图和气控回路图(当选用气动驱动原理时用)

气控逻辑原理图:用符号表示的驱动装置动作逻辑的图。

气控回路图:按气控原理图,将气缸(气马达)和控制它的阀连成回路的图。根据它还可以绘制一个施工图。

(f) 液压系统原理图和液压系统安装图(当选用液压驱动原理时用)

液压系统原理图:是对初步拟定的系统经反复修改完善,选定了液压元件之后,所绘制的液压系统图。该原理图是根据驱动装置的运动逻辑绘制的。

液压系统装配图：是液压系统的施工安装图。包括液压泵装置图、集成油路装配图和管路安装图。

(g) 控制电路原理图和电路版图

控制电路原理图：包括传感检测模块电路原理图、控制器模块电路原理图。

电路版图：是按控制电路原理图绘制的电路板加工图。电路板可能有几层，要很完美地将电路图布置在电路板上而导线互不干扰。同时要注意导线阻值、导线间电容、电感干扰和接地问题。

至此，详细设计阶段结束。

4. 样机试制（见图3-1第四阶段）

样机试制阶段是将开发设计的新产品给予实现的阶段。机械加工涉及的知识面很广，且需有丰富的实践经验，其包含内容很多，在有关机械制造的课程中详细介绍，本阶段讲三项工作：其一是机械零件加工；其二是产品组装；其三是联调修正。下面分别加以说明。

(1) 机械零件加工

在此环节，要将所设计的新产品的全部零件都按图纸加工出来（标准件除外），以备总装之用。本环节工作程序如下：首先为每一个被加工的零件制定一个工艺规程，然后到加工车间找合适的机床（设备）和工人进行加工，最后对所加工的零件进行严格的检验，合格的转到总装车间备用。其中，工艺规程就是规定产品和零部件加工工艺过程和操作方法等的指导性技术文件。（注意：在详细设计阶段检测控制子系统已初步制作完成）

(2) 产品组装

产品组装就是按装配工艺依照总装图将所有零件都装配在一起，包括主机和控制箱，使其成为一个能按设计任务书要求而工作的机器。

(3) 联调修正

在详细设计阶段，我们已采用模拟信号输入，对已组装好的检测控制子系统进行了初调，那时检测控制子系统是真实的，而广义执行子系统是模拟的。现在产品已总装好，可以真枪真刀的调试了。

调试工作注意两个方面：其一是看该新产品是否已满足设计任务书中规定的功能要求；其二是看该新产品是否达到了设计任务书中规定的技术指标。

联调阶段是必不可少的，因为详细设计阶段建模仿真基本依赖的是理想的物理数学模型，而现在面对的是真实的产品，它与物理模型之间必然有差距，因此，必须通过本阶段的实测来修正系统（产品）参数，以使系统的固有特性更符合所传信号的要求，即系统与所传信号更加匹配。

经过联调修正环节，产品通过检测以后，就能正式投产销售。

5. 改进设计（见图3-1第五阶段）

该阶段又分为两个环节：一个是小批量生产及试销；另一个是正常生产及市场销售。

小批量生产及试销其目的是倾听市场（用户）的反馈意见，以改进设计，提高产品竞争力。其实，正式生产以后建立产品质量反馈网对于创建名牌产品更重要，因为只有不断地变革、更新，才有生命力。

设计工作至此，可以说该产品的开发设计已完成了。

§3.2 开发设计机电一体化系统(产品)所应具有的能力

在3.1节我们介绍了机电一体化系统(产品)创新设计的思路,其目的有二:第一,让同学们了解机电一体化新产品开发设计到底是怎么一回事;第二,想导引出要想搞机电一体化新产品的开发设计,设计者应具有哪些能力。通过3.1节的介绍,第一个问题已经解决,在本节解决第二个问题。经我们对3.1节所介绍的开发设计思路的分析和专业介绍对学生应具有能力的要求,设计者应具有如下能力。

1. 产品(系统)策划的初步能力

会做社会调查(市场调查、专家走访、相关人群调查),会查资料,能根据社会需求,结合自己的生产、生活经验,提出开发某个新产品(系统)的建议,会写设计任务书,能将新产品的工作对象、工作任务(或说用途、或说客户需求)描述清楚。

2. 需求分析的能力

能与用户商讨确定产品(系统)的客户需求,然后将客户需求变为产品(系统)的功能需求,明确产品都应具有哪些功能。

3. 产品构思的能力

能将产品(系统)的功能需求分解为互相关联的功能模块,能根据科学原理和科学技术(机械、电子、电工、检测、控制、计算机等)为功能模块寻找到功能载体(即实现模块功能的具体结构形成),并将同一模块按不同原理找到的功能载体分别构成不同的产品(系统)方案,组成待选方案集。

4. 产品方案评价的能力

会用评价标准从众多的待选方案集中选出"最优"的一个作为最终方案,并会画方案的初始原理图和造型图。

5. 产品结构设计的能力

能根据方案的原理图和造型图给出各模块功能载体的具体结构形式和它们的几何、物理参数(初步的参数)。

6. 建模仿真能力

能利用系统分析原理,建立产品的自动控制系统的物理数学模型,会使用仿真软件对产品进行仿真设计,修正结构设计中所给的几何、物理参数,使设计方案得以完善。

7. 产品工作能力的校验能力

会选用驱动装置及其附属元件,会设计驱动电路、油路、气路,能依科学原理对模块功能载体或其中的零件、元件建立物理数学模型,并会利用已有的工程计算程序(软件)对上述模型进行检算,看功能载体的工作能力是否符合要求。

8. 机械制图能力

能利用CAD软件绘制零件图、部件图、总装图、电路图、油路图、气路图等。

9. 软件编程能力

能编写各类微处理器的接口驱动程序;能编写检测、控制系统的应用程序或其他有关的应用程序(如智能软件)。

10. 产品加工的基本能力

知道机械零件如何加工和怎么进行质量检测;知道怎么样选用电子元器件和芯片焊装成电路板,并能进行调试。

11. 产品(系统)组装的能力

知道如何将驱动装置和机械零件组装成广义执行子系统;知道如何将传感器、电子元器件和测控电路板组装成检测控制子系统。

12. 选择最优方案的能力

会通过理论计算和样机实测决定产品的"最优"方案。

13. 对产品(系统)进行评价审定的能力

知道产品(系统)的评价指标,并能应用它对新产品进行评价与审定。

14. 撰写技术文件的能力

会撰写产品设计任务书,准确地描述产品的工作对象、工作任务(客户需求)和主要技术指标。

会撰写技术设计说明书,准确地描述设计理念、设计思路、方案构思、系统分析、工作能力校验等工作。

§3.3　机电一体化系统(产品)创新设计所应具有的知识体系

在3.2节我们已经指出,欲进行机电一体化系统(产品)创新设计,设计者所应具有的能力。在本节我们将介绍设计者欲掌握这些能力其必须具有的知识体系。

3.3.1　设计人员应具有的基本素养和基本知识

无论培养什么人才,品德培养都是第一位的。因此,本专业的学生在学习科学理论与技术的同时,要特别注意培养自己的人文素养和科学素养。这些素养是在学习科学理论与技术的过程中,在学习人文知识的过程中和在校园文化的熏陶中培养起来的。

1. 人文素养和人文方面的知识

设计产品的宗旨是造福于人类。有的产品是为了减轻人们的体力劳动,有的产品是为了提高生产效率,有的产品是为了改善人们的工作居住环境,有的产品是为了探索大自然的奥秘,有的产品是为了人们生活的欢乐,总之,所有产品都是造福于民的。因此,在设计过程中始终要牢记以人为本。以人为本体现在四个方面,即实用性、可靠性、安全性和经济性。

实用性体现在人们欢迎它,觉得这个产品好使,便于操作,是人们的好帮手,对人们有益。

可靠性体现在产品质量好,性能始终如一。

安全性体现在产品于使用过程中不会伤害操作者及其周围的人,不会破坏周围的环境。

经济性体现在产品在设计过程和使用过程中,两个方面都具有低成本。因此,计算产品成本要考虑设计、制造、使用、维护、报废整个生命周期,使它在整个生命周期内,时时刻刻总是对人有益而无害,不仅保证人们生命财产的安全性,还要保证不破坏人们赖以生存的自然环境。做到这些是最大的经济性。

因此,做一个好的设计人员,必须具有很高的人文素质和修养以及较广的人文知识。

(1) 应具有优秀的品德

设计人员应具有优秀的道德品质,为人正直、诚实;工作认真负责,踏实肯干、精益求精;有团队协作精神;学无止境,孜孜不倦;有为人类的生存和发展做贡献的思想。

为人正直、诚实才能对人类充满爱,有历史责任感,永远不设计危害人类生命安全和破坏自然环境的产品,永远做对人类有益的事情。

对工作认真负责、踏实肯干、精益求精才能一丝不苟地搞设计,才能保证产品的实用性、可靠性、安全性和经济性。

科学技术发展到今天已不是一个人包打天下的时代,要搞好一个产品(系统),必须要有许多人的合作,无论你是否认识到这一点,客观现实就是如此,没有团队精神将寸步难行;与其被动,不如主动,做一个有胸怀、能包容、易合作、好议事的人。

现在是知识爆炸的时代,必须终身学习,不断地更新知识,以适应时代的发展;现在又是多学科知识融合的时代,尤其是机电一体化系统(产品)涉及数学、物理、化学、生物、机械、电子、电工、控制、计算机、通信、信息、人文等各学科的基本理论与技术,只有学无止境、孜孜不倦才能广泛涉猎各学科的知识,使自己成为一个知识渊博的人;只有这样,在搞创新设计的科技开发时,才能有许多奇思妙想从头脑中源源不断地冒出来。

搞科学原理技术的研究与探索是很辛苦的事情,尤其是做探索实验,有时还会有危险,没有为科学事业献身的精神,就吃不得苦,受不了罪,耐不住寂寞,受不了累,很难成就科研事业。

(2) 应具有较广的人文知识

产品造型要漂亮,颜色要喜人,操作要方便、舒适,不仅实用而且还给人以美的享受。因此,设计人员必须有深厚的文化底蕴,有一定的文学艺术修养,懂一些绘画、工业设计、人机工程等方面的知识,还应当积累更多的生产生活经验。比如,能抽出一些时间到国家的大型实验室、工程中心、工厂、矿山、施工现场去参观或实习。

2. 科学素养和科技方面的知识

要搞好产品(系统)设计,设计人员不仅要具有良好的人文素养和人文知识,还要具有良好的科学素养和科技知识。

科学素养是指科研素质和学术修养。作家、画家、表演艺术家、歌唱家、作曲家等,他们除有自己的天分之外,更主要的是他们都有本行业的素质和修养。天分是先天的,而素养是后天的,是自己成长过程中逐步学习培养的。搞科学技术道理相同,你喜欢数理化,就说明你有搞科技工作的天分,要成就事业,就靠你自己在成长过程中注意不断地培养和提高自己的科学素养。

科学素养体现在你对科学技术非常感兴趣,有广泛涉猎新鲜事物的习惯,通过广泛阅读论文、学术期刊、新闻,听学术讲座等活动,不断地充实提高自己的科技水平,使自己具有渊博的知识;对高新技术具有相当的敏感性,脑子里总有无尽的为什么。这样,作为设计者在构思时就有广阔的思路,就可以有更多的借鉴。这种素养不只是通过教学活动培养的,更重要的是大学的学术环境、氛围熏陶出来的,是学生自己在大学阶段自觉不自觉养成的。学校应当给学生创造更好的学术环境,高水平的校园文化,给学生更多的自由时间，让学生主动、生动活泼地去探讨、去辩论、去思索、去体验，在一系列的活动中去培养自己的科学素养。

至于科技方面的知识，如前所述，涉及的范围非常广泛，我们将结合机电一体化系统创新设计所涉及的基本理论、基本技术、基本技能和工程知识四个方面去介绍。

3.3.2 机电一体化系统(产品)创新设计所需的知识体系

由于机电一体化系统涉及的知识面非常广泛，在此，我们只能按照培养学生创新设计能力(见 3.2 节)的需要选择基本的内容建立一个知识体系。为了便于了解各学科的知识在体系中的相互关系，现做一个知识体系图，如图 3-3 所示。

图 3-3 所构建的知识体系仍然是按设计过程建立的，这有如下两点考虑：其一是这个体系与 3.1 节、3.2 节所讲的内容有一个很好的衔接；其二是便于由专业(设计)的需要确定相关学科的核心内容。因为学时有限，而机电一体化系统所涉及的学科太多，只有结合专业精选，才能在有限的时间内把必须要掌握的知识或必须要了解的知识挑选出来，否则课程内容将不好安排。

3.3.3 机电一体化系统(产品)创新设计知识体系所涉及的核心知识

如何搞机电一体化系统(产品)的创新设计在 3.1 节“机电一体化系统(产品)创新设计思路”中已作了详细说明，机电工程师应当具有什么样的能力在 3.2 节中也已作了详细介绍，本节的目的是以图 3-3 为导引，找出学生要具有机电工程师的能力所应当掌握或了解的核心知识。

有了这些核心知识以后，我们有两个用途：一是根据所需的核心知识决定本专业应当开设哪些课程，每门课应当讲述哪些核心知识；二是可以使本专业的学生知道他们在大学期间应当掌握或了解哪些核心知识，如何去选修课程。

至于如何确定图 3-3 中每个阶段的核心知识，在此进行如下考虑。因为教学的顺序是由基础到专业知识的讲授；而产品(系统)设计是由专业到基础各学科知识的综合应用。因此，按图 3-3 寻找核心知识时，在方案设计阶段几乎就涉及所有核心知识，这样就不易将所需的核心知识分解到每门课程中。因此，在确定核心知识时，按图 3-3 通盘考虑，将第一次出现在某个阶段的核心知识，就列在某个阶段，不一定再按图 3-3 从左至右的顺序列出。下面就按图 3-3 寻找每个阶段的核心知识。

1. 机电一体化系统(产品)总体方案设计

总体方案设计是四年级学生应当掌握的技能，它的基础知识是广义执行子系统和检测控制子系统设计。总体方案设计的内容主要体现在机电一体化产品创新设计思路的第二个阶段——概念设计。

总体方案设计阶段的核心知识有两个方面：其一是设计理念。设计者一定要有系统工程、并行设计、优化设计的思想，会建立自动控制系统的物理数学模型并能进行仿真设计。其二是设计者会进行产品的总体功能需求分析、总体功能模块分解、总体方案构思、总体造型设计和总体方案评价，给出总体方案原理图。

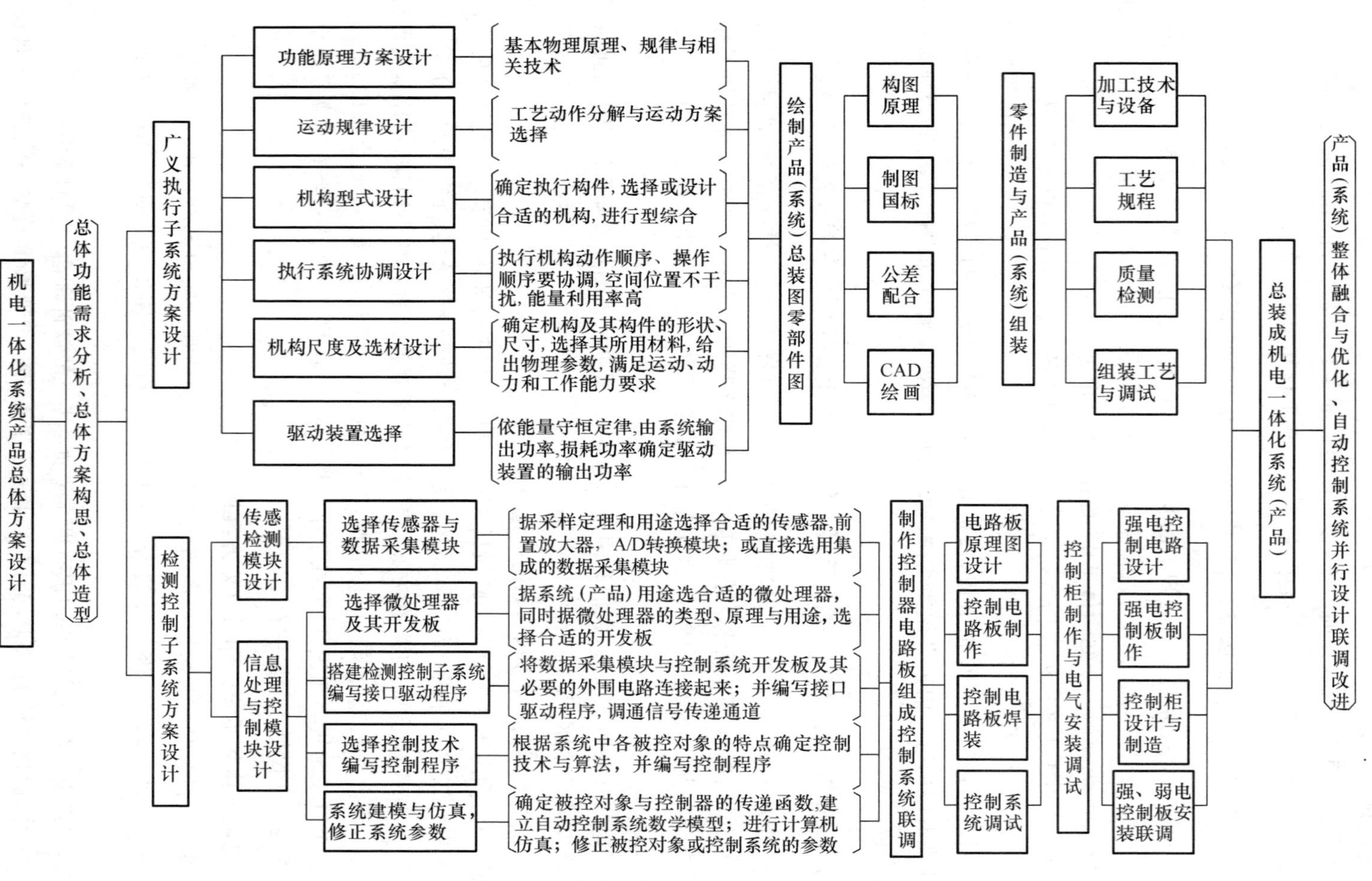

图 3-3 机电一体化系统(产品)创新设计知识体系图

2. 广义执行子系统方案设计

在上面已讲到，广义执行子系统方案设计的核心知识是机电一体化系统（产品）总体方案设计的基础知识。那么，可以说这部分的核心知识有两个作用：其一是为总体功能模块分解与总体方案构思提供理论和技术依据；其二是为构成合理的广义执行子系统提供合适的原理与技术。由于广义执行子系统的任务就是按其“工作任务”的要求，通过执行机构和某些动作（平动、转动或二者的合成运动）去完成对工作对象的移位或形变，因此，该子系统设计的关键是执行机构设计与驱动装置选择，另外必要时加上传动机构。

因此，其核心知识应包括图 3-3 所示六个方面的内容，即功能原理方案设计、运动规律设计、机构型式设计、执行系统协调设计、机构尺度及选材设计和驱动装置选择。下面分别加以介绍。

(1) 功能原理方案设计

功能原理方案设计的任务是：根据所分解的“功能模块”的功能需求，去寻找实现这些模块功能的某些物理效应及其作用原理。比如，收集机器人的“抓取”动作采用的是气动原理，而其“搬运”动作采用的是电动原理。

本部分的核心知识是：与机电一体化系统（产品）运动相关的物理效应及其作用原理、定律；如力传递与作用原理（牛顿三定理）、能量传递原理（能量守恒、能量等效、动能原理）、摩擦原理（摩擦力、摩擦传动）、电磁驱动原理（电动机、电磁铁）、压电驱动原理（微位移压电驱动器）、液压驱动和传动原理（液压缸、液压马达、液压阀）、气压驱动与传动原理（气压缸、气压马达、气压阀）、机械传动原理、材料变形原理（弹簧驱动）等。

在这里还要注意三点：

第一，在进行功能原理方案设计时，往往是将执行机构与驱动装置结合在一起考虑，不同的功能原理会有不同的执行机构和与其相适应的驱动装置（或有不同的驱动装置和与其相适应的执行机构）。

第二，利用功能原理进行方案构思阶段是机电一体化系统（产品）方案设计中最能发挥创新性的阶段，设计者要充分解放思想，创造性思维，形成“头脑风暴”，应用各种科学原理（如物理的、化学的、生物的），尤其是它们的最新成就，引入新技术、新工艺、新材料，提出尽可能多的备选方案，供优化选择。

第三，功能原理方案设计是产品设计的灵魂，是设计者的看家本领之一，必须下大力气掌握它。

(2) 运动规律设计

运动规律设计的任务是：根据机电一体化系统（产品）的“工作任务”和实现动作的功能原理，把系统（产品）运行的工艺过程分解为合理的动作，并将这些动作按工艺流程组成一个合理的运动规律（逻辑）。在设计运动规律时，除了注意运动形式（移动、转动、复合运动）以外，还要考虑运动的变化；速度变化过大（即加速度大），惯性力的冲击会引起机器的振动或破坏。

本部分的核心知识是：机构的运动分析，包括机构上某些标志点的位移、速度和加速度分析。在这里对机构运动分析也要注意两点。

第一，同一个工艺过程可以依不同的功能原理分解成各种不同的动作〔比如，机械零件加工的工艺过程，可以分解为工件转动和刀具移动（如车床）；也可以分解为刀具转动、工件移动(如铣床);还可以分解为刀具与工件都既转动也移动(如五轴数控机床)〕,因此,可以组成若干组运动规律,在总体方案构思时,就组成许多备选方案,我们要选择其优(最简单的)作为最终的运动规律方案。

第二,同一个功能(模块)要求,可以采用不同的功能原理来实现,(比如,收集机器人的手爪动作,可以采用气动、液压和电动,只是看哪个原理更好);而同一个功能原理又可以有不同的运动规律构成的不同运动方案(比如,一个直线运动,若采用电动驱动原理,长距离可以采用直线电动机,短距离可采用电磁铁,还可以采用电动机带动的曲柄连杆机构,或齿轮、齿条机构,也是看哪个方案更好)。可见掌握的知识越多,设计方案也越多,最终方案就可能最优。

(3) 机构型式设计

机构型式设计的任务是:根据功能原理设计和运动规律设计确定的执行构件(执行机构的输出构件)的数目和各执行构件的运动规律,通过从已有机构中选择、组合或创造新机构的方法,确定执行机构的型式(也可叫机构的型综合)。然后,对上面定型的机构进行自由度分析,依据机构具有唯一运动的条件和机构的组成原理将上述机构的组成确定下来。

因此本部分的核心知识是:现有机构的原理及构成介绍,机构自由度分析和机构组成原理。

在此,需特别提示一下,功能原理方案设计、运动规律设计和机构型式设计这三个部分是互相关联的,在构思总体方案时,几乎要同时考虑,在今后工作中切记这一点。

(4) 执行系统协调设计

执行系统协调设计的任务是:使整个系统中各个机构的运动在时间(时序)上和空间(运动轨迹)上都互相协调,且满足提高生产率和机械效率的要求。

时间上协调的要求:各机构的动作顺序(时序)应满足工艺过程的要求,执行系统能够周而复始地循环协调工作。

空间上协调的要求:各机构在空间布置上要保证各构件在运动过程中互不干扰,也不干扰周围环境。

提高生产率的要求:各执行机构空回行程的时间尽量短,可以采用快回机构。

提高能量利用率的要求:保证在整个系统内,能量流向和能量在各机构上的分配都合理,提高能量利用率,提高机械效率。

本部分的核心知识是:会画机械系统运动循环图,会计算机构的行程和关键点的轨迹。

(5) 机构尺度及选材设计

机构尺度及选材设计的任务是:对机构的零件进行运动分析、动力分析和工作能力分析,由分析结果决定零件的形状、尺寸和材料。

运动分析:分析计算零件随机构运动时的位移,速度和加速度(包括移动与转动)。计算位移,以控制零件上某些关键点的轨迹;计算速度以控制机构的运动状态;计算加速度,以确定惯性力,既可决定使机构运动的外力,又可控制惯性力过大,避免动力冲击。

动力分析:分析力与能量(功率)在系统中传递的路径、大小及能量损耗;机构的振动及其稳定性、机械平衡等;确定每个零件的受力状况,所具有能量的状态,为确定零件的工作能力和选择驱动装置做准备。

工作能力分析:若我们知道了零件的受力状况和能量状态以后,则可以根据强度、刚度、振动、稳定条件决定零件的形状、尺寸和材料。若我们知道能量在广义执行子系统中的传递状况，则可以根据能量原理(能量守恒、能量等效、动能定理)选择驱动装置的输出功率和力(力矩)。若我们知道能量在系统的每个零件中的状态，则可以方便、合理地进行能量协调，使能量在系统中分配更合理，提高能量的利用率。

本部分的核心知识是：对零件和机构进行运动、动力分析的原理与方法；对零件和系统进行工作能力分析的原理与方法。

(6) 驱动装置的选择

驱动装置选择的任务是：选择驱动装置的类型和驱动装置的输出功率和力(力矩)。驱动装置的类型在功能原理方案设计阶段就已经确定了，在这里只需根据执行机构(传动机构)所需的功率〔力(力矩)〕和损耗功率之和去选择驱动装置的型号。要解决此问题，学生应当熟悉各种驱动装置的原理与特性，会根据执行机构的负载大小、行程、速度和所需功率大小选择合适的驱动装置。

本部分的核心知识是：各类驱动装置的原理与特性、能量传递原理和力传递原理。

3. 绘制产品(系统)总装图和零部件图

这阶段是设计结果的表达，将所设计的产品用图的形式表示出来。绘制产品(系统)总装图和零部件图的任务是：将前面通过构思、比较评价所确定的产品最终方案的形状、尺寸、材料和加工要求用总装图、部件图和零件图的方式表达出来，以备加工之用。

本部分的核心知识是：构图原理、制图标准与方法、公差配合的原理及其规定、材料的性质及选用、材料的热处理调质改性方法和CAD软件应用。

这里需要特别指出的是，这项工作可以说是工程师的看家本领之一，一定要掌握。

4. 零件制造与产品(系统)组装

这阶段是设计结果的实现，是将所设计的图纸变为产品的过程。零件制造与产品(系统)组装的任务是：首先按照零件图和工艺规程选择符合要求的工人、设备和材料，将零件加工出来；经检验合格后，按部件图和总装图依装配工艺规程将所有零件组装到一起，形成一个产品的主机；再经过调试与产品检验，合格后则主机制作成功。

本部分的核心知识是：能看懂图纸；了解各种常用的加工技术与设备(包括通用的和数控的)，掌握基本的机床和钳工的加工技术，了解铸锻焊技术；会编制工艺规程；会使用检测仪器对零件进行质量检测；了解组装工艺与系统调试规程；会检测机器的动平衡；会检测机械的振动参数，懂减振技术与方法。

这部分对设计者也很重要。原因有二：其一，只有懂得制造的人设计出的零件才能有很好的加工工艺性；其二，在创新设计时，设计者必须懂制造，这样自己才能知道所设计的新产品是否能够制造出来。

5. 检测控制子系统方案设计

与广义执行子系统方案设计一样，检测控制子系统方案设计的核心知识也是机电一体化系统(产品)总体方案设计的基础知识。其作用也如前述有两个，即为总体功能模块分解与总体方案构思提供理论和技术依据；为构成合理的检测控制子系统提供合适的原理与技术。由于检测控制子系统的任务是控制广义执行子系统中的各执行机构按照工艺过程规定的运动规律(动作逻辑)去动作，所以该子统设计的关键是传感检测模块设计与信息处理与控制模块的设计。

因此,其核心知识包括图3-3所示五个方面的内容,即选择传感器与数据采集模块;选择微处理器及其开发板;搭建自动控制系统,编写接口驱动程序;选择控制算法编写控制程序;系统建模与仿真,修正系统参数。

下面分别加以介绍。

(1) 选择传感器与数据采集模块

选择传感器与数据采集模块的任务是:首先根据机电一体化系统自动控制的需要决定要采集的信息(信号);然后由信号的性质与特点去选择合适的传感器、前置放大器、测量电路、滤波器等,组成数据采集模块;或直接选择合适的数据采集模块(将上述各种单元集成在一起的芯片),构成传感检测模块且保证信号传输不失真。以备组成自动控制系统之用。

本部分的核心知识是:传感器的类型、基本原理、用途和选用方法;采样定理;电路分析的基本原理,典型电路(放大器,测量电路,一阶、二阶电路,A/D转换等)特性;信号处理技术与相关电路(滤波器、各种运算电路);信号与系统传输原理。

(2) 选择微处理及其开发板

为了进行数据处理和控制广义执行子系统按规定的运动规律动作,必须使用微处理器(单片机ARM、DSP等),而要使这些微处理器运转起来,必须有操作系统和与外界联系的各种接口(如电源、输入、输出、时钟等),还要编写接口的驱动程序,这就需要有一个以微处理器为核心的开发板,将上述元器件集中在一起,供开发微处理器的数据处理与控制功能之用。现在根据不同的微处理器和不同的用途已制作了各种各样的开发板,我们只要根据需要选用即可,本阶段的任务就是选择合适的微处理器及其开发板。

本部分的核心知识是:各种微处理器的原理、特性与使用方法;接口技术和与之相配的元器件的原理、特性与使用方法;常用开发板的特性及使用方法。

(3) 搭建检测控制子系统编写接口驱动程序

有了传感检测模块和微处理器开发板以后,就可以将它们连接起来构成检测控制子系统。对于一般的机电一体化系统来说,检测控制子系统不只有一个(如收集机器人就有11个),应当按3.1.2小节中详细设计阶段所讲的方法将这些检测控制子系统都建立起来。然后编写好接口的驱动程序,置入微处理器。本阶段的任务就是上述这些。

本部分的核心知识是:建立检测控制子系统的原理与方法;检测控制子系统的连接方法;微机接口技术与驱动程序编写方法。

(4) 选择控制技术编写控制程序

本阶段工作的任务是:根据被控对象(广义执行子系统)的特点寻找合适的控制技术和控制算法去控制广义执行子系统按其运动规律(工艺过程动作逻辑)而动作;同时要将上述控制算法编成程序,置入微处理器中,从而实现对广义执行子系统的控制。

本部分的核心知识是:计算机控制技术和控制算法;计算机语言与程序设计;编写应用程序的能力。

(5) 自动控制系统建模与仿真、修正系统参数

广义执行子系统设计完以后,执行机构、传动机构和驱动装置的几何尺寸、质量(转动惯量)、弹性模量就都知道了,从而可以建立起被控对象的传递函数;检测控制子系统搭建完成以后,系统中的电阻、电感、电容等参数就都知道了,从而也可以建立起控制器的传递函数。然后根据3.1.2小节详细设计所介绍的构建自动控制系统模型的方法,将上述属于同一"闭

合流线”的被控对象的传递函数和控制器的传递函数组合到一起并确定输入与输出，则构建了一个自动控制系统的数学模型。这时我们就可以根据信号在系统中传输的原理利用计算机仿真软件对自控系统进行动态分析与系统优化，看自动控制系统本身是否具有良好的稳定性；看整个系统是否与输入信号相匹配，具有良好的定点跟踪能力（稳态输出与输入相比较误差甚小）、超调抑制能力（瞬态响应的上冲量小）和尽快的响应能力（上升时间和调整时间都很短）。若达不到要求，就应当对被控对象和控制器的参数进行适当的修正，直到满足上述要求为止。

本阶段的任务就是建立自动控制系统的数学模型，并对所建立的每一个自动控制系统都进行动态分析，看其是否满足要求，不满足则进行参数修正。

本部分的核心知识是：信号在系统中传输的理论；控制理论；仿真技术。

6. 制作控制器电路板、组成控制系统联调

本阶段的任务是：首先按所建自动控制系统的要求，将开发板中对本系统有用的电路（包括元器件）裁剪出来，做成一个弱电控制板（或叫控制器）；然后把已做好的（或选好的）传感检测模块与本弱电控制板相连，再接到模拟的被控制对象上（例如，与仿真所得参数相当的电动机、气压阀、液压阀、继电器等）构成一个实际的自动控制系统（这样的系统可能不止一个）；再给传感器输入模拟的信号，对该系统进行调试，直到它输出的信号满足要求为止。具体做法如下。

（1）电路板原理图设计

本阶段的任务是：按我们所建立的自动控制系统的要求，将开发板中对本系统有用的部分裁剪出来，画成控制板原理图。

本部分的核心知识是：电路板原理图的画法和电路图绘制软件的应用。

（2）控制电路板制作

控制电路板一般都是交给生产厂家去制作，只要将上述原理图交给厂家就可以。电路板的制作流程是，先将原理图变成电路板用电路版图，在每个版面内应注意每条导线的宽度与长度（电阻）要合理，导线之间的缝隙（电容）要合适。对于非常复杂的电路图，可能做成多层板，这时要注意每层之间的连接问题。整块电路板的地线一定要布置好，解决好接地问题，对于磁场干扰还要考虑屏蔽问题。

对于简单电路板也可以自己做。买一块大小合适的原板，放到刻版机上按版图刻制。

本部分的核心知识是：电路板版图设计技术及制作工艺。

（3）控制电路板焊装

本阶段的任务是：按照电路版图将元器件焊接到已做好的控制电路板上。

本部分的核心知识是：掌握一定的焊接技术，能将元器件焊接到电路板上。

（4）控制系统调试

本阶段的任务是：先将传感检测模块与所做的控制电路板连接起来，接着连上被控对象，然后将各控制路径全部调通，保证自动控制系统能正常工作。

具体做法是：首先焊装调试好控制电路板。安装好各接口的驱动程序，对每个接口的通信状况和内部通信通道都逐个进行检测，发现问题及时解决，直到好用为止。然后将控制电路板与事先做好的（或选好的）传感检测模块连接在一起，构成实用的控制器（不止一个），再连上被控对象，用同前面一样的（前面是开发板与传感检测模块相连）方法将系统调测好备用。如调试过程中发现系统特性有问题,还可以局部地调整一些元器件或电路,保证系统性能良好。在下面将这里所做的控制电路板称为弱电控制板,以区别于强电控制板。

本部分的核心知识是:电路板的制做与调测;测控系统的搭建;会使用常用仪表对检测控制系统进行调试。

7. 控制柜制作与电气安装、调试

传感器一般是安装在执行机构处,而控制板通常是安装在控制柜中。本阶段的任务是:将设计好的强电与弱电控制板都安装到控制柜中,调试完以后备用。本阶段具体工作如下。

(1) 强电控制电路设计

广义执行子系统的驱动装置常常选用电动机,电动机所需电压一般都比较高(110V、220V、380V),所以称为强电。对电动机的控制动作有启动、制动、正转、反转、调速五类。实现电动机的这五类动作或动作之间的转换,需要强电控制电路。强电控制电路一般由主令电器(按钮、行程开关、万能转换开关、主令控制器等)、接触器、继电器(时间继电器、热继电器、温度继电器、速度继电器等)、配电电器(刀开关、熔断器、低压断路器等)、输电线组成,其作用是控制电动机按一定的逻辑去实现执行机构的预定动作。该逻辑就是执行机构的运动规律。

强电控制电路设计的任务就是依据系统(产品)在生产过程中各执行机构的运动规律(动作逻辑),选择合适的低压电器(主令电器、接触器、继电器、配电电器),由电线连接起来构成一个控制电路,去控制电动机的转动状态,使执行机构完成其工艺动作。该设计的结果出一张控制电路图。

本部分的核心知识是:电动机的原理特性与用途;低压电器的原理特性与用途;电动机控制电路设计。

(2) 强电控制板制作

强电控制板制作的任务是:按上述控制电路图,选用合适的电器,遵循一定的规则将这些电器安装在绝缘板上,然后用电线连起来。

本部分的核心知识是:低压电器在控制板上的布置规则和制作控制板的工艺。

(3) 控制柜设计与制造

强、弱电控制板都要装在一个柜子(或箱子)内,以便对它们加以保护。然而,这种柜(箱)子不是随便找一个即可,而是要经过设计。

本阶段的任务是:设计控制柜(箱)并把它制造出来。设计控制柜要考虑以下几个问题:散热通风(电子元器件怕热)、电磁屏蔽与接地、柜体强度与刚度、防振减振、防潮、防尘、防腐蚀等;另外,还要考虑柜体的造型要美观,颜色要宜人,按钮布置要适合人员操作,要便于维修与检查。至于制造方法与一般机械加工相似,只不过加工设备多为剪板机、压弯机、冲床和焊机,另外还可能用到模具。

本部分的核心知识是:电子设备结构的设计制造知识;有关模具的一些知识。

(4) 强、弱电控制板安装、联调

本阶段的任务是:将做好的强、弱电控制板安装到控制柜中,并将弱电控制板的输出端与强电控制板控制信号的输入端连接起来(通常是弱电控制板控制强电控制板中的电器动作)。安装时应注意两类板的相互位置要合理;导线布置要有序,一般是放在线槽里,还要注意避免导线之间的干扰;全部安装好以后,还要将传感检测模块连接上,再进行一次调试,看是否有接触不良或电磁干扰的问题。若存在问题及时解决。

本部分的核心知识是：控制板安装工艺与控制系统联调。

8. 总装成机电一体化系统（产品）

本阶段是实战阶段，将主机与控制柜（箱）放到一起，并把传感检测模块的输出端与控制柜中弱电控制板的输入端连接起来。本阶段的任务是样机试制（创新设计的第四阶段）、通电联调。

因为我们前面的创新设计采用的是在系统工程思想指导下的并行设计方法；在进行系统（即自动控制系统）动态分析与系统优化时，又是采用的以系统物理数学模型为依据的计算机仿真方法；尽管仿真时所建立的物理数学模型的参数已采用了实际（设计）的数据，但该物理模型中的参数（或模型本身）仍会与实际生产出来的主机和控制板的参数有一些差别，有时甚至物理模型的性质都不一样（如模型是线性的，而实际系统是非线性的），因此，总装成机电一体化实际系统（产品）以后，再进行联调实在是太重要了，对这项工作一定要特别重视，认真对待。

调试时，首先看总装成的实际系统是否具有良好的稳定性，是否与输入信号相匹配，具有良好的定点跟踪能力、超调抑制能力和尽快的响应能力。若上述性能不好，需再次修正系统的几何、物理参数，严重的也可能要修改物理模型，再重复前面的某些设计、计算步骤。若上述性能良好，则设计工作圆满结束。

本部分的核心知识是：系统工程、并行设计、知识融合、系统优化等各种思想与方法的总结与深入理解；对物理模型的深入认识与理解；对系统调试重要性的认识与理解。

9. 系统（产品）评价

在 3.1 节介绍的设计过程中，有好几处都提到“评价”，评价是人们对设计和产品（系统）质量好坏的评判。评判的依据是社会标准和技术标准；标准又分国家标准、行业标准和企业标准，它们的权威性不一样，最高的是国家标准。评价的方法也不同，有定性方法和定量方法。参加评价的人员一般是各方面的专家和有丰富经验的人员。

本部分的核心知识是：国家标准（或行业、企业标准）；国家的相关法律法规、相关的基础理论、基本技术和丰富的工程实践经验。

10. 编写操作手册

当产品（系统）通过评价（或产品鉴定）以后，应当编写一本操作手册。

内容包括：

（1）安全注意事项。尤其是对电源的要求。

（2）产品结构图。各部件名称和附件名称及其功能简介。

（3）产品操作步骤。尽量写详细，使初学者照操作步骤会使用产品。

（4）常见故障及排除方法。

第4章　机械电子工程专业的课程体系与核心课程

根据第3章讲过的设计制造机电一体化系统（产品）所需的知识体系和核心知识，机械电子工程专业应建立如下课程体系，并设置相应的核心课程。

§4.1　机械电子工程专业课程体系

机械电子工程专业课程体系如图4-1所示。现将构建该课程体系的指导思想说明如下。

(1) 本课程体系是为了培养学生具有设计制造（主要是设计）、研究开发、工程应用、运营管理机电一体化系统（产品）的能力而建立的。然而，其目的不仅如此，更重要的是想以机电一体化系统为载体，培养学生具有用系统工程的思想去分析解决一般实际工程问题的能力。这就是从具体到抽象，从特例到一般的指导思想。以机电一体化系统作为培养学生解决工程系统问题的载体有如下优点：其系统对象明确，分析的思路、步骤清晰，使用的原理、技术成熟，工作的内容具体、易于掌握。这样对教学就有两方面的好处：其一，对学生来说，通过对机电一体化系统的学习，易于掌握系统分析方法，进而举一反三，可以具有分析解决一般工程系统的能力；其二，对教学来说，将教学内容限制在机电一体化系统的范围内，易于选择教学内容，使教学内容更精练、更深化、更系统。

(2) 培养学生具有现代化实用的分析设计方法，如并行设计、优化设计、技术融合等。

(3) 将课程体系视为一个工程系统，以设计思路为导引，从专业到基础确定教学内容（前面已确定了每个阶段的核心知识），然后再从基础到专业列出课程。因此，专业基础课部分是按照广义执行子系统和检测控制子系统的系统特性设立的课程，可使学生系统地掌握本专业的基础理论和基本技术。而实践课是想让学生在四年内通过所列各实践环节围绕机器人的设计、制作来进行，达到机电知识融合与系统综合训练的目的。

(4) 课程体系中所列课程为本专业的核心课程，本专业的学生必须掌握这些课程所讲的内容。为了扩大知识面，当然还可以开设一些选修课，学生可以自由选择。但是课程体系中所列课程学生必须选，因为只有这些课程都学会了，学生才比较系统地掌握了本专业的基本知识。

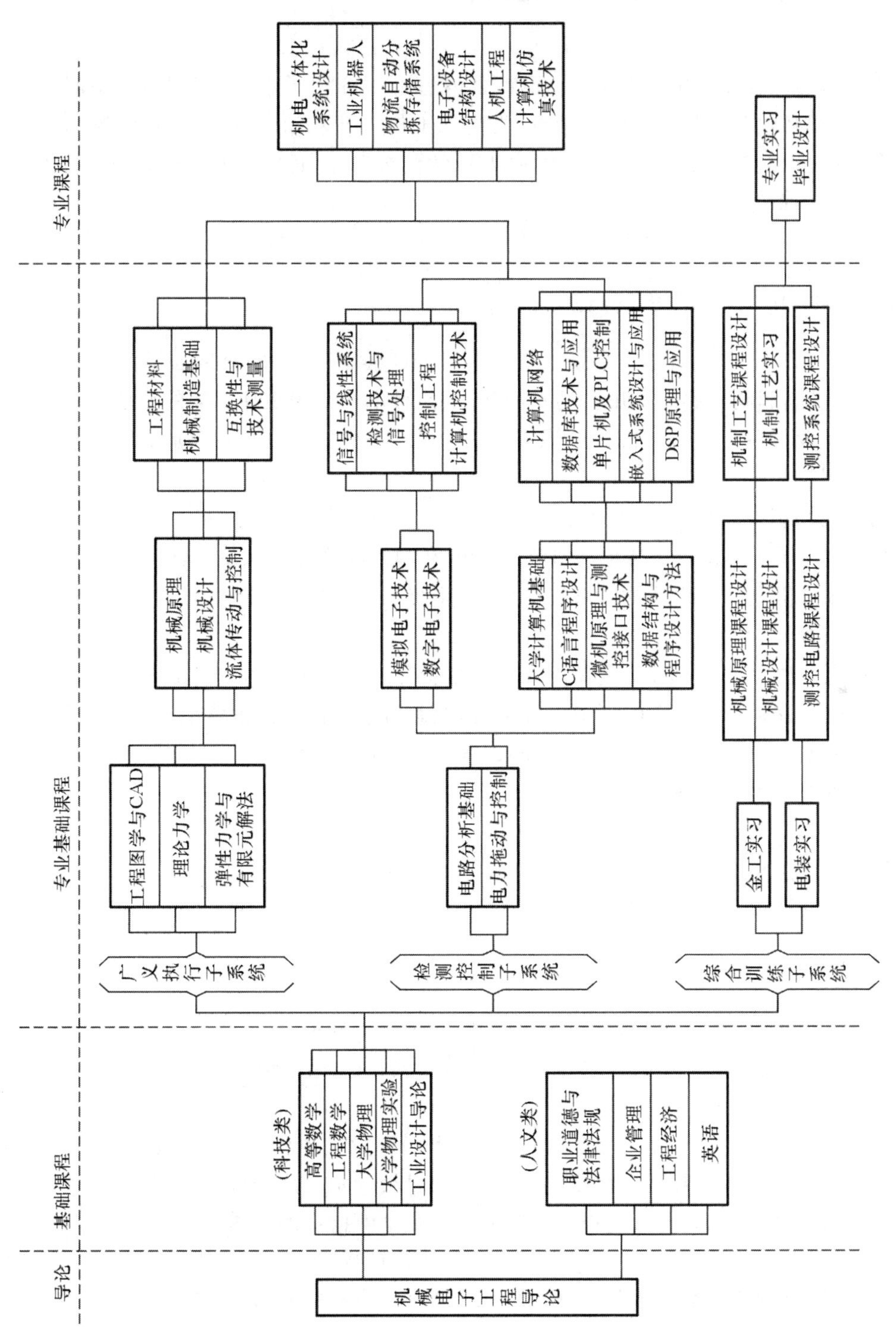

图 4-1　机械电子工程专业课程体系图

§4.2　核心课程及其知识要点

在4.1节的课程体系中列出了52门课程，这些课程介绍了本专业最基本、最起码的知识，希望同学们必须掌握各门课的知识点，为将来工作打下基础。当然，并不限制同学们学习其他课程，知识面越宽越好，只要你力所能及，学什么都好，而且不限于与本专业有关的知识。这一点第6章还要讲。

下面将介绍各门课的知识要点以及各知识点(各门课)之间的关系。

4.2.1　"机械电子工程导论"

这是一门第一学期开出的引导新生专业入门的课程，它的目的是回答新生入学后急需解决的几个问题，起到解惑的作用。这些问题是：机械电子工程是什么样的专业？在校期间学习什么？毕业以后干什么？机械电子工程在国民经济中的地位与就业形势？在校期间应当怎么样学习？

本门课的知识要点是：

(1) 机械电子工程是什么样的专业？该专业在国民经济中的地位与就业形势。

(2) 什么是机电一体化系统？系统的概念，系统工程思想；并行设计、优化设计的概念；机电一体化的概念及其内涵。

(3) 机电一体化产品(系统)创新设计的过程步骤及每一阶段的主要工作内容。

(4) 机电工程师所应具有的创新设计能力，及其所应掌握的知识体系与核心知识。

(5) 机械电子工程专业课程体系、核心课程及其知识要点。

(6) 机器人概念设计基本知识。

(7) 机电一体化系统发展方向展望。

(8) 学习方法与课程选修。

(9) 对教学计划安排的建议。

4.2.2　数学模块

数学是深入揭示自然现象和物理规律的基础，是对工程系统进行定量分析的工具，有了坚实的数学基础，就有了扎实的自学能力，也就有了较强的解决实际问题的能力，因此，学生一定要学好数学。

数学课的中心任务是介绍一些数学概念、基本运算方法和各种典型的数学模型及其解法。至于数学问题的由来和数学模型的建立，有些是数学本身的问题，有些则是物理、化学、生物等自然科学的任务，尤其是工程数学与自然科学有着密切的关系。

** 建议在教授数学课的过程中尽量结合工程实际引出相关的数学问题、数学方程(尤其是工程数学)，或举一些结合实际的例题，以便学生了解，学了这些数学以后，将来有什么用，或学生在后期课程应用时知道在哪门数学课中学过。

本模块开设高等数学和工程数学。高等数学是相对于初等数学而言，是基础数学的延续，它应当作为基础理论课给学生打下良好的数学基础；而工程数学是与工程问题联系紧密的数学，但由于学时的限制，只能结合专业的需要选择相关的内容，保证本专业后续课程的需要即可。

下面介绍所开课程的地位、作用和知识要点。

1. “高等数学”

“高等数学”是高等工科院校最重要的基础课程之一。通过该课程的教学，不但使学生具备完整的数学知识，并掌握一些典型的数学模型及它们的解法，为后续课的学习打下基础，而且还使学生在数学的抽象性、逻辑性与严密性方面受到必要的训练与熏陶，具有理解和运用逻辑关系、研究和领会抽象事务、认识和利用数学方法去解决实际问题的初步能力，提高学生的思辨能力、创新潜能和科学素养。

本门课程的知识要点如下。

（1）函数

理解如下概念：函数、复合函数、隐函数、反函数及其特性。

熟记下列基本函数的特点及其图形：幂函数、指数函数、对数函数、三角函数、反三角函数。

（2）极限

① 理解如下概念：极限，无穷小量，无穷大量，无穷小的阶，函数的连续性、间断性。

② 掌握如下算法：极限存在准则、求极限的方法、极限的四则运算法则。

③ 应用：会判别函数的连续性、间断点等，会用极限逼近思想解决科研分析问题。

（3）微分学

① 理解如下概念：

a.（针对一元函数）导数、微分、极值（驻值）、拐点、凹凸性、曲率、曲率半经。

b.（针对多元函数）偏导数、偏微分、全微分、方向导数与梯度、极值。

② 掌握如下算法：一元函数（包括复合函数和隐函数）的求导方法（熟记常用基本函数的微分公式）；二元或多元函数（包括复合函数、隐函数）求偏导数的方法；方向导数与梯度的计算；微分的四则运算法则、中值定理、泰勒定理。

③ 应用：

a.（针对一元函数）能定性分析函数的特性（单调性、增减性、极值（驻值）、拐点、凹凸性）及定性描绘函数的图形；会求曲线的曲率与曲率半径。

b.（针对多元函数）会求空间曲线的切线与法平面、曲面的切平面与法线；会求二元函数的极值、会用拉格朗日乘子法求条件极值。

c. 会利用导数的几何含义求变形曲线或曲面的小转角；会利用微分的几何含义求小位移；会用导数的物理含义求函数（物理量）的变化率（如速度等）。

（4）积分学

① 理解如下概念：

a.（针对一元函数）原函数、不定积分（边界条件或初始条件）、定积分、反常积分收敛与发散。

b.（针对多元函数）二重积分、三重积分、曲线积分、曲面积分。

② 掌握如下算法：熟记常用函数积分的基本公式、换元法、分步积分法、换元变限法（定积分）、二重积分与三重积分的计算方法、重积分的换元法、曲线积分与曲面积分的计算方

法、高斯积分法。

③ 应用:

a.(针对一元积分)计算平面图形的面积、平面曲线弧长、旋转体的体积。

b.(针对多元积分)计算曲面面积、空间曲线弧长、体积、物体重心。

(5) 微分方程

① 理解微分方程的概念:方程(齐次方程、非齐次方程)、边界条件(或初始条件)及它们的几何、物理意义。

② 掌握微分方程的解法:一阶线性微分方程(齐次、非齐次)的解法及解的物理意义。二阶线性常系数微分方程(齐次、非齐次)的解法及解的物理意义。

③ 应用:结合工程实际可给出一阶方程(*RC* 电路)、二阶方程(*RLC* 电路或质点阻尼振动);伯努利方程(水头损失)的物理解释。

(6) 级数

① 理解如下概念:级数、级数的收敛与发散、等差级数、等比级数、三角级数、幂级数、泰勒级数、三角函数的正交性。

② 掌握如下算法:级数收敛性的判断方法,级数的截断误差,级数求和公式,函数的级数展开公式(幂级数展开式、傅里叶展开、泰勒级数展开)。

③ 应用:函数的级数展开在解微分方程中的应用;泰勒级数展开在近似计算中的应用等。

2. 工程数学

工程数学是在解决实际工程问题或建立并求解工程系统的数学模型时用的数学。由于学时较少,我们只选了“线性代数”“概率论和随机过程”“复变函数”“计算数学”“变分法”几门课中与本专业有关的内容。

** 建议教师能尽量结合机电一体化系统的实际问题去讲,或由专业教师去讲,不要讲得太抽象,以免学生不知在哪儿用,不知怎么用。

(1)“线性代数”(最好能结合直流电路网络计算和机械结构受力分析去讲)

线性代数方程组和特征值、特征向量是许多工程问题的数学模型。如在机械电子工程专业用计算机方法进行机器人运动分析、机械振动分析、机械强度、刚度分析的数学模型都是线性代数方程组,对大规模直流电路分析也是如此;机械振动的频率就是线性代数方程组系数矩阵的特征值,其振型就是线性代数方程组系数矩阵的特征向量,因此本门课选了以下内容。

本门课的知识要点如下。

① 与求解线性代数方程组有关的知识

a. 行列式解法:行列式的概念,运算方法及其在求解线性代数方程组中的应用。

b. 矩阵解法:向量、矩阵的概念及其与向量的关系、矩阵运算方法及其在求解线性代数方程组中的应用。

c. 判断线性代数方程组有解、无解、无穷多组解的条件(即线性相关与无关):行列式判断法;矩阵判断法。

② 与坐标变换有关的知识

a. 为什么要进行坐标变换。

b. 旋转变换及其应用。

c. 正交变换及其应用。

③ 与特征值和特征向量有关的知识

特征值和特征向量的概念、求解方法与它们的物理解释。

④ 简单介绍线性空间的概念与用途。

** 建议：可借助于平面力系的静力平衡方程式(二元线性代数方程组)讲解判断该线性代数方程组有、无解的条件。

将其在平面直角坐标中画成两条线，由这两条线的相交、平行、重合说明有唯一解，无解和无穷多组解的条件。进而将三种情况的行列式写出，就会总结出用行列式判断有无解的条件。

将上述二元线性代数方程组用矩阵表示，然后(按静力平衡方程的物理意义)在平面坐标中用矢量和的形式表示，会发现矩阵的第一列代表了一个矢量，矩阵的第二列代表了另一个矢量，矩阵的自由项列(第三个矢量)代表了上述二矢量之和。进而可以得出，如果前两个矢量之和等于第三个矢量(力三角形闭合)则有唯一解；若前两个矢量之和不等于第三个矢量(即力三角形不闭合)则无解；若前两矢量重合则有无穷多组解。同时也可说明矩阵的列为什么叫列向量；还可以讲明白什么叫线性相关，什么叫线性无关。

(2)“概率论与随机过程”(最好结合零件加工尺寸测量和信号测量与传输去讲)

概率论是分析随机变量的工具。在机械电子工程专业，被加工零件的尺寸是随机变量，传感器检测到的振动信号和控制信号大多是随机过程。因此，本专业需要本门课的相关知识。

本门课的知识要点如下。

① 概率论的基本知识

a. 概率的定义、基本性质和计算的基本公式(条件概率、全概率、贝叶斯公式)。

b. 随机变量与分布函数，常用分布表(伯努利分布、二项分布、普阿松分布、正态分布等)。

c. 数学特征与特征函数(数学期望、方差、矩、熵与信息、母函数、特征函数等)。

d. 大数法则及其在工程中的应用。

e. 中值极限定理及其在工程中的应用。

② 随机过程的基本知识

a. 随机过程的概念及其基本类型(平稳、非平稳)。

b. 平稳过程(连续信号的模型)分析(协方差函数及其谱分析)及其应用。

c. 时间序列(离散信号的模型)分析(预测与滤波、线性模型均值估计、余差的协方差和谱估计)及其应用。

③ 工程中的应用

a. 对实际工程问题建立概率模型。利用概率论对具有随机变量的工程问题进行分析时，必须先知道该工程问题的概率模型，否则是没有办法进行分析的。建立概率模型的方法，就是利用大数据分析中数理统计的方法针对某一实际问题做出概率密度曲线，看该曲线与哪一个典型的概率模型相吻合，则用哪一个典型的模型作为该实际问题的概型；若没有，则只能自己创造一个新概型。教师最好能举实例说明如何建立概型。有了概率模型所有的概率分析就可以进行了。

b. 对实际的随机过程建立过程模型：与上面的方法相似，对某一随过程进行长期观察与统计，由其均值和相关系数是否与时间有关确定该过程属于哪一类(平稳、非稳定、离散)。

c. 介绍谱分析方法在信号(振动信号或通信信号)处理中的应用。

(3)“复变函数”(最好结合信号与线性系统相关的内容讲解)

复变函数是数学的一个分支,又是解工程问题的一种得力的数学工具。在机械电子工程专业电路分析中,分析三相交流电路采用复数法会很简便;分析检测控制子系统时,将实数域变为复数域使系统的频率特性看得更清晰,使系统的稳定特性显示得更明确。因此在这里选了一些复变函数的基本知识和与本专业相关的内容。

本门课的知识要点如下。

① 复变函数的基本知识

a. 复数、复变量、复变函数的概念。

b. 复数的两种表示方法(直角坐标、极坐标)及其与矢量的关系;复数的运算法则及其在工程计算中的应用(如三相交流电的分析计算)。

c. 复变函数微分的概念及其运算方法。

d. 复变函数积分的概念及其运算方法;留数定理。

② 复变函数基本知识在自动控制系统分析中的应用

a. 拉氏变换(复变函数积分——将实数域函数变为复数域函数;复数采用的是直角坐标表示法)。

b. 拉氏反变换(用留数定理将复数域函数变为实数域函数)。

c. Z变换(复变函数积分——将实数函数变为复数域函数,复数采用的是极坐标表示法)。

d. Z反变换(仍用留数定理将复数域函数变为实数域函数)。

(4)“计算数学”(最好结合数控加工,有限元法和机械振动去讲)

计算数学是利用计算机采用数值分析的方法对各类数学问题和工程问题进行近似计算的数学方法。过去在解决实际问题时有两大难题:其一,物理模型基本选成线性的,非线性的不敢选,怕解不了非线性方程;其二,复杂边界问题几乎解决不了。有了计算数学以后,这些难题都迎刃而解。在机械电子工程专业,数控机床刀具的走刀轨迹和有限方法中单元的位移函数,都是插值函数;做实验时由孤立的实验数据找出实验曲线,用的是函数逼近法;在求解机器人的运动轨迹,在求解场(位移场、应力场、温度场、电磁场、流体场等)和路(电路,水、油、气管路,桁架、刚架结构)的物理量的解答时,都需要解大型线性代数方程组;非线性方程也急待快速求解;控制工程中与有限元法中要用数值方法求解微分方程;复杂的机构与结构的振动频率与振型也要求解。因此,我们选了以下内容,一为专业应用,二为同学们打下良好的基础。《计算数学》将成为今后同学们解决实际工程问题的得力数学工具。

本门课的知识要点如下:

① 插值函数及其应用(线性、拉格朗日、埃尔米特、B样条等插值函数)。

② 函数逼近法及其应用。

③ 线性代数方程组的近似解法(消元法、迭代法及每个方法的适用条件)。

④ 非线性代数方程的近似解法(牛顿法、迭代法)。

⑤ 数值微分与数值积分的近似方法。

⑥ 微分方程的数值解法(龙格库塔法、差分法)。

⑦ 特征值、特征向量求解方法(迭代法、子空间迭代法)。

** 建议与说明:

在讲求插值函数的方法时,应讲一些试凑的方法,以便求复杂的插值函数时用。

所有算法都有计算机程序可用，建议介绍一下解线性代数方程组的程序设计和求特征值和特征向量的程序设计。

3. 数学在机电专业的应用

数学是解决工程问题的工具，没有数学就无法对工程问题进行定量分析，对机电专业而言更是如此。在机电专业中数学应用于以下几个方面：建立数学模型、求解数学模型、对数学模型及其解答进行物理解释。下面分别加以介绍。

(1) 建立数学模型

数学模型是人们在解决实际工程问题时利用自然规律(物理、化学、生物等)为具体问题的物理模型而建立的理想的数学表达式。在数学中该表达式是一个数学式子，而在工程中它却代表了一个真实的物理(化学、生物)系统；表达式中的每一个字符都有实际的物理(化学、生物)意义，它们代表了物理系统中已知和未知(待求)的各类参数；从而人们可以利用该表达式(即数学模型)代替真实的物理系统去进行分析计算，以解决实际问题。注意：所有代替真实物理系统的软件系统都基于数学模型，如数字示波器、数字滤波器、数字频谱仪、有限元软件、仿真软件等。

① 为什么要给实际工程问题建立数学模型

原因有三：其一，在解实际问题时，如果没有数字模型(如远古时代)，只能凭经验对它进行定性分析，对所需要的数据给出一个大概的估计；有了数学模型以后才能进行精确的计算，给出合理的数据。其二，数学中的各种模型都有不同的解法，只有确定了数学模型以后才能进行解算。其三，现代设计已进入虚实结合的阶段，对方案进行计算机仿真，当认为方案切实可行时才给予实体实现。而要进行计算机仿真，必须先建立实际系统的数学模型。

② 机电专业常用的数学模型

机电专业的数学模型分以下几类：代数类、微分方程类、概率类和图论类。

a. 代数类

• 幂函数

即

$$y = ax \tag{4-1}$$

$$y = ax^2 \tag{4-2}$$

如物理中匀速直线运动求路程的公式 $s=vt$，胡克定律 $\sigma=E\varepsilon$，欧姆定律 $V=RI$ 等都是形如式(4-1)的数学模型。当 v、E、R 为常数时，s 与 t，σ 与 ε，V 与 I 之间为直线关系，在工程中称为物理线性问题。一般情况下，大多数工程问题都抽象成物理线性问题，使计算简单。当 v、E、R 为变量时，则 s 与 t，σ 与 ε，V 与 I 之间为曲线关系(即 $y=ax$ 中的 a 不再是常数，y 的斜率是变化的)，工程中称之为物理非线性问题。

又如，物理中求匀加速运动路程的公式 $S=\frac{1}{2}at^2$ 就是形如式(4-2)的数学模型。在有些工程问题中称为几何非线性问题。

• 线性代数方程组

即

$$a_1x + b_1y = c_1 \tag{4-3}$$

$$a_2x + b_2y = c_2 \tag{4-4}$$

有时未知数(即方程式数)会更多。

如，力学中的平面桁架，求节点处未知力的平衡方程组；直流电路网络求汇交于节点处各支路中未知电流的方程组都是形如式(4-3)、式(4-4)的数学模型。

b. 微分方程类

- 几个概念

常微分方程:一元函数及其导数构成的微分方程。

偏微分方程:多元函数及其导数构成的微分方程。

“常”与“偏”是针对函数所含自变量的个数而言。

线性微分方程:微分方程中函数及其各阶导数均为一次幂。

非线性微分方程:微分方程中函数及其各阶导数有二次幂以上的项。

“线性”与“非线性”是针对函数及其导数的幂次而言。

常系数微分方程:微分方程中函数及其各阶导数前边的系数均为常数。

变系数微分方程:微分方程中函数及其各阶导数前边的系数有变量者。

“常系数”与“变系数”是针对微分方程中各项前的系数而言。

- 一阶线性常微分方程(微分方程中导数的最高阶数为1次)

即
$$a\frac{\mathrm{d}y}{\mathrm{d}x}+by=c \tag{4-5}$$

如,RC 电路(电阻、电容串联电路)其环路电压,满足

$$RC\frac{\mathrm{d}U_C(t)}{\mathrm{d}t}+U_C(t)=U_S \tag{4-6}$$

其中,R 为电阻,C 为电容,U_C 为电容器两端电压,U_S 为电源电压,t 为时间。

又如,RL 电路(电阻、电感串联电路)其环路电压满足

$$L\frac{\mathrm{d}i_L(t)}{\mathrm{d}t}+Ri_L(t)=U_S \tag{4-7}$$

其中,L 为电感,i_L 为电感器电流,R、U_S 含义同上。

式(4-6)与式(4-7)都是形如式(4-5)的数学模型。

当电路中的电阻 R、电容 C 和电感 L 不随时间变化时,则称为时不变系统,它是一个一阶常系数线性常微分方程。而当 R、C、L 随时间变化时,则称为时变系统,它是一个一阶变系数线性常微分方程。

- 二阶线性常微分方程(微分方程中导数的最高阶数为2次)

即
$$a\frac{\mathrm{d}^2y}{\mathrm{d}x^2}+b\frac{\mathrm{d}y}{\mathrm{d}x}+cy=d \tag{4-8}$$

如,力学中挂在弹簧下的一个小钢球的有阻尼振动,其瞬时力平衡方程(即运动方程)为

$$m\frac{\mathrm{d}^2x}{\mathrm{d}t^2}+c\frac{\mathrm{d}x}{\mathrm{d}t}+kx=f_p \tag{4-9}$$

其中,m 为钢球质量,c 为阻尼系数,k 为弹簧的刚度系数。x 为钢球自平衡位置的位移,f_p 为外加驱动力,t 是时间。〔式(4-9)后面详细讲〕

又如,电学中 RLC 串联电路的环路电压满足

$$LC\frac{\mathrm{d}^2U_C}{\mathrm{d}t^2}+RC\frac{\mathrm{d}U_C}{\mathrm{d}t}+U_C=U_S \tag{4-10}$$

其中,各字母含义同式(4-6)、式(4-7)。

式(4-9)与式(4-10)都是形如式(4-8)的数学模型。

当式(4-9)中 m、c、k 全部为常数时，则式(4-9)称为时不变系统，它是一个二阶常系数线性常微分方程。当式(4-9)中的 m、c、k 有一个是变量时，则式(4-9)称为时变系统，它是一个二阶变系数线性常微分方程。式(4-10)与式(4-9)同理。

• 高阶线性常微分方程(导数阶数大于2者)

如，
$$A\frac{d^4y}{dx^4}+B\frac{d^3y}{dx^3}+C\frac{d^2y}{dx^2}+D\frac{dy}{dx}+Ey=F \tag{4-11}$$

在弹性力学中，求梁弯曲变形的挠曲线的数学表达式为

$$EI\frac{d^4y}{dx^4}=q \tag{4-12}$$

其中，E 为材料的弹性模量，I 为梁截面的惯性矩，q 为作用于梁上的载荷集度(如自重)，x 是沿梁长度方向轴线的坐标，y 是垂直 x 轴线的梁的挠度。

式(4-12)则是形如式(4-11)的数学模型。当式(4-12)中的 E、I 为常数时，则式(4-12)代表了线性物理系统，式(4-12)称为常系数线性常微分方程。若式(4-12)中的 E、I 为变量，则式(4-12)代表了非线性物理系统，式(4-12)则称为变系数线性常微分方程。

• 其他微分方程模型(数理方程和微分方程组)

在机电专业中，许多欲求的物理量是多元函数。例如，机电产品中平板形构件在平面内受力状态下的力与位移；板形构件弯曲时的内力与挠度；壳形构件受力时产生的内力与挠度；实体构件受力时产生的应力与位移；都是位置(由 x、y、z 坐标确定)和时间的函数。又如，控制箱内温度场的分布规律、电磁场的分布规律，也都是位置和时间的函数，还有流体场(气、液)内任一点的流量和压力也都是位置和时间的函数。在求解上述实际问题时，所建立的数学模型都是偏微分方程或偏微分方程组。通常这些方程被称为数学物理方程。这些偏微分方程或微分方程组在解决实际工程问题时是很有用的，但由于没有学时，所以没有开设《数字物理方程》和《场论》等课程。因此，在这里提一下，希望同学们用到时能自学。

c. 概率类

• 概率密度模型

二项分布：

$$p_b(x;n,p)=\binom{n}{x}p^x q^{(n-x)} \tag{4-13}$$

其中，$p>0$，$q>0$ 且 $p+q=1$；$x=0,1,2,\cdots,n$，n 为整数。

例如，对机电产品(或机械构件或电子元器件)的质量进行抽样检查(合格品、废品)时，可用概型二项分布。

泊松分布：

$$p_p(x)=\frac{\lambda^x}{x!}e^{-\lambda} \tag{4-14}$$

其中，λ 为正实数，$x=0,1,2,\cdots$。

例如，对电话(或计算机网)交换台来到的呼叫数的估计，可用概型泊松分布。

正态分布：

$$p(x)=\frac{1}{\sqrt{2\pi}\sigma}e^{-\frac{(x-\mu)^2}{2\sigma^2}} \tag{4-15}$$

其中，$-\infty<x<\infty$；$-\infty<\mu<\infty$；$\sigma>0$。

例如,对机械零件的加工误差或对物理量的测量误差进行估计,可用概型正态分布。

• 随机过程模型

平稳随机过程:统计特性(均值与协方差)不随时间推移而变化的过程。

例如,通常我们把线性自动控制系统的输入信号(传感器检测到的信号)和输出信号(输出给被控对象的信号)都近似看作平稳随机过程。

离散平稳随机序列:一般是平稳随机过程依时序采样而成的时间序列。

例如,我们用计算机对线性自动控制系统进行分析时,将采样信号和系统状态信号都近似看作离散平稳随机序列。

非平稳随机过程:包括所有不满足平稳性条件的随机过程,即其统计特性随时间而变化。

d. 图论类

图论是用图形描述事件之间关系的数学。它用途很广,同学们也不陌生,因为没有单独开课,所以在这里提一下,同学们可以看《离散数学》学习有关知识。图论的数学模型主要有三类,如图 4-2 所示。

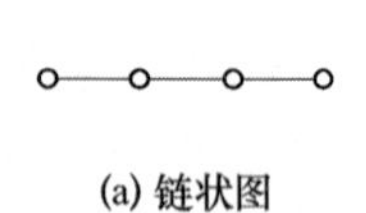

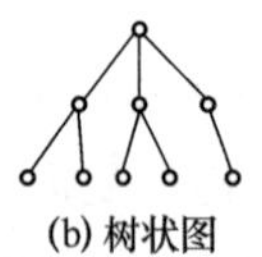

图 4-2 图论的数学模型

• 链状图:有关节点(事件)用一条直线串起来,如图 4-2(a)所示。例如,高压输电线路、长途电话线路、长途输油管线、长途输气管线等都是这种拓朴模型。

• 树状图:有关节点(事件)之间的关系,从父节点至各级子节点间由树形线相连,如图 4-2(b)所示。例如,市内供电线路、市内电话线路、市内自来水管线、市内燃气管线等都是这种拓朴模型。

• 网状图:有关节点(事件)之间的关系由网状线来表达,如图 4-2(c)所示。例如,计算机网、仪器设备中的电路网、结构中的桁架和刚架都是这种拓朴模型。

③ 数学模型在机电专业的一些应用

a. 代数类和微分方程类主要用于以下两个方面:

• 广义执行子系统(包括执行机构、电力拖动、液压驱动、气压驱动等系统)的运动分析、动力分析和工作能力分析等。

• 检测控制子系统(包括检测控制电路、无线传输通信、信号分析与处理)的电路分析、电磁场分析和自动控制系统分析。

所涉及的课程:大学物理、理论力学、弹性力学和有限元解法、电力拖动与控制、流体传动与控制、机械原理、机械设计、电路分析基础、信号与线性系统、检测技术与信号处理、控制工程。

b. 概率类主要应用于以下四个方面:

• 产品(包括机械零件和电子元器件)的质量抽样检验。(二项分布)

• 测控网(路由、流量控制等)的规划设计。(泊松分布)

• 测控系统中所有信号的分析与处理。(离散平稳过程、频谱分析和谱密度分析)

• 可靠性设计。(正态分布、贝叶斯公式)

所涉及的课程:机械制造基础、互换性与技术测量、检测技术与信号处理、信号与线性系统、控制工程。

c. 图论类主要应用于以下三个方面：

• 网络的拓朴规划与设计。电力网、通信网、计算机网(测控网)、给排水管道网、输油管道网、输气管道网、铁路网、公路网、航空网、物流网，以及建筑与机械中的桁架、刚架等网状结构都是以链型、树型和网型的模式为基础组建而成的，虽然它们的物理原理不同，但它们的数学模型往往是一样的。

• 建立数据之间的结构模式。(在“数据结构和程序设计”课中讲)

• 建立程序的架构模式。(在“数据结构和程序设计”课中讲)

所涉及的课程：弹性力学与有限元解法、电路分析基础、数据结构与程序设计、计算机网络、电力拖动与控制、流体传动与控制。

④ 如何给实际工程问题建立数学模型

建立数学模型的依据是物理模型，只有物理模型正确了才能得到与实际问题相符的计算结果，同学们务必牢记这一点。人类经过长期的生产、科研实践，已对许多工程问题建立了典型的物理模型，同时也建立了相应的数学模型(同学们在物理课中已见到了)。在后续的基础理论课程中将陆续介绍建立物理、数学模型的方法和已成熟的典型的物理、数学模型，希望同学们在后续课的学习中能掌握两点：其一，能将实际的工程问题抽象成已有的典型的物理模型，进而依物理模型去建立相应的数学模型进行分析计算。(或说要清楚地知道现有的典型的物理数学模型怎么正确地应用于实际工程问题中)。其二，对于不能找到已有典型模型的新问题，能利用建立物理、数学模型的科学方法自己去创建新模型。

给实际工程问题建立物理模型的依据是物理原理(在第3章创新设计中已讲过)和工程对象的特性及其所求的物理量。在后续的基础理论课中将详细介绍已有的典型物理模型所依据的基本原理和其适用条件，希望同学们能掌握建立物理、数学模型的思想方法，并能正确地应用于机电一体化系统(产品)的设计中。

在这里要特别强调的是，给实际工程问题建立正确的物理模型的重要性。若没有正确的物理模型(比如是非线性问题却用了线性模型)计算再精确其数据也是毫无价值的，希望同学们特别注意。这也是本书在后面基础理论课的介绍中特别强调物理模型的原因。

(2) 求解数学模型

可以这样说，建立数学模型是专业类课程的事，而对已有数学模型求解才是数学课程的事。希望同学们在学习数学课程时，一定要牢记各类典型数学模型及它们的不同解法，以便学专业课和以后工作时应用。

在求解数学模型的过程中，要经常用到以下几类数学知识。

① 数的运算

包括各类数值的代数运算、函数的微积分运算、矢量的代数运算、矢量函数的微积分运算、矩阵(其实也是矢量)的代数运算和微积分运算等。

② 坐标变换

在解决实际工程问题时，总是要选择各类不同的坐标系，以作为参照系。在机电专业中常用的坐标变换有以下几类。

a. 几何坐标变换

• 直角坐标的平移变换和旋转变换

这类变换经常用到机械中。例如,将运动物体中的矢量(力、力矩,通常用固定在运动物体上的坐标来描述)由动坐标中变换到固定在地面上的坐标系中,以便建立平衡方程式(或说运动方程)。

- 曲线坐标与直角坐标间的变换

当描述在曲面上运动的物体的位置时,一般用曲线坐标(如地球上的经纬线)比较方便,但进行分析计算时往往是直角坐标系方便。在空间运动分析和有限元法中均有应用。

b. 物理坐标变换——傅氏变换

在对所采集的信号或控制信号进行分析时,往往需要把采集到的时域信号变换到频域中,这就要有一个将幅-时坐标变换到幅-频坐标的算法,这个算法就是傅氏变换。由幅频特性曲线,很容易看到哪一个频带内信号携带的能量多(即幅值大的范围),在设计系统时,一定要满足这个通频带,避免信号失真,且有足够的能量带过去。

c. 不同数域间的坐标变换——拉氏变换

在对检测或控制系统进行设计时,要保证系统具有稳定性。系统的稳定性决定于系统的物理参数,而决定物理参数的依据是系统的传递函数(微分方程)的解。然而这个传递函数的解一般为复数(这在"控制工程"中讲);复数的实部(直角坐标系中)或其模(极坐标系中)决定系统是否稳定,而虚部决定系统的频率。所以在求解传递函数时,就先将传递函数由实数域变换到复数域然后求解;这样不仅使求解更简单(拉氏变换已将微分方程变为代数方程),而且可以直接得到复数解答,便于稳定性分析。

③ 级数展开

a. 求微分方程的近似解

在工程中求解微分方程时,往往很难得到解析解;这时就需要求一些近似解。这些近似解一般是取有限项具有待定系数的幂级数或三角级数,然后由某些物理原理(如能量原理)或数学原理(如最小二乘法、加权残数法等)去决定待定系数,从而得到微分方程的近似解。

b. 求近似曲线(或叫函数逼近)

在由一些已知点的值求通过这些点的曲线时(如实验曲线、统计曲线、数控加工曲线等),往往采用有限项幂级数展开式。

c. 信号分析

在对信号进行分析时,一般将欲分析的信号展开成三角级数(或称为傅氏展开),以确定该信号的频率成分及每个频率的波所携带的能量(幅值)。

d. 函数的近似计算

函数的近似计算一般都采用泰勒级数展开式(通常取一阶)。比如,在建立应力场、位移场、电磁场、流体场、热传导场内微元的物理数学方程时,总要用到相应物理量的函数及其增量,该增量就是用一阶泰勒级数表达式表达的。又如,在计算数学中,讲了许多数值计算方法,这些方法所依据的数学原理大多都是泰勒级数展开。

(3) 对数学模型及其解答进行物理解释

① 为什么要对数学模型及其解答进行物理解释

先举一个例子说明这个问题。有人觉得肺部不舒服,到医院去看病,主治医生先问诊,根据病人情况开各项检查的单子。比如,开了一张拍胸片的单子,于是病人就到放射科找医生给他用X光检测技术拍了一张胸片,然后他拿着胸片交到主治医生手里。主治医生便仔细观察胸片上的影像,并依病理学对影像进行分析,告诉病人是否有病,若有病,是什么病。

最后主治医根据对各项检查报告的分析结果确诊,并开药方。

上面看病的例子,诊病过程分为四步:第一步,问诊并分析病情,决定做放射性检查;第二步,放射科医生拍胸片;第三步,主治医依据病理学对胸片上的影像进行病理分析与解释,确定病况;第四步,确诊,依据对影像(或其他检验结果)的病理分析,对症下药,开方治疗。

解决工程问题与医生看病相似。工程师在接到一个工程项目以后,先根据客户需求作系统的功能需求分析,然后制订总体方案。在制订总体方案的过程中要先将系统分成功能模块,并对每个功能模块都依所用功能原理建立物理数学模型;接着对数学模型求解(自己计算或求计算中心计算);然后对计算结果依原来所依据的功能原理进行分析,给出物理解释,看计算所得物理量(数据)是否满足工程要求。像这样对每一个功能模块的每一个方案都进行了上述的分析计算以后,对不同的方案组合进行分析比较,取最优的一组作为最终方案。

在解决工程问题中,建立物理数学模型并给出解答相当于"拍胸片",数学解答是"影像";对数学解答进行物理解释相当于主治医分析影像"确定病情";项目的最终方案就是"药方"。

由上述可知,拍一张胸片并不是目的,而用病理学原理去对胸片上的影像进行病理分析,并确定病情才是目的。那么,对工程师来讲,对数学模型求出解答(相当影像)并不是最终目的,而对解答进行物理分析与解释为制订方案提供依据才是目的。所以在这里强调的是对数学解答进行物理解释的重要性。

深感大学里的数学教学缺乏完整、系统的教学与实践。教数学模型的求解方法是数学课的事,而建立物理数学模型,并对解算结果进行物理分析解释是专业课的事;数学教师大多不懂专业,而专业课教师又对数学没有深入的研究和理解;所以不能按建立物理数学模型、求解、对解进行物理解释的思想对数学进行完整的系统的教学,给人的印象是数学与工程是两码事。造成许多学工程的学生怕数学,不会用数学。因此,在本导论中一直强调数学教师尽量结合专业教学;而专业课教师尽量在建立物理数学模型和对数学模型及其解答的物理解释上下功夫,不要给出计算结果就了事。在此还要特别强调的是,希望同学们在今后的学习中,始终注意所学的数学在工程中有什么用(即哪些数学用于解决专业中的哪些问题);而在工程中又是怎么应用数学的,从而提高自己的数学素养和应用数学的能力。

② 怎么对数学模型及其解答进行物理解释

建立物理数学模型并对其解答给予物理解释是专业课的事。因为同学们刚入学还没有学到专业课,所以只就同学们的物理知识对挂在弹簧上的钢球的运动状况建立其物理数学模型,并对数学模型作一些物理解释,给同学们提供一些基本思路。

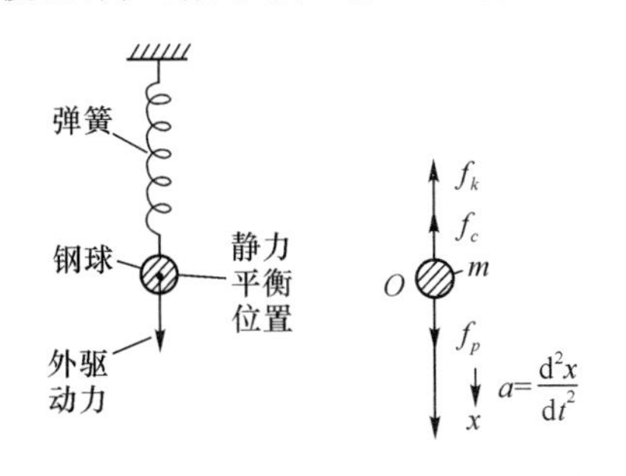

图 4-3　钢球弹簧系统受力分析

a. 建立物理(即力学)模型

图 4-3(a)是钢球弹簧系统实例简图,图 4-3(b)是钢球(研究对象)的受力分析模型图。

对力学模型的说明如下。

运动形式模型:振动且平动。

物体模型:质点。因钢球只上下平动不转动,可简化为质点,质量为 m。

坐标模型:取沿运动方向的单向坐标系 x,原点取在静力平衡位置处(钢球自重与弹簧反力的平衡位置),位移以 $x(t)$ 表示。原因同上。

力模型:均为集中力,都沿着运动方向(铅垂方向)作用在质点(钢球)上。

具体说明:

f_p 为主动力,是外加的驱动力,方向指向下。

f_c 为阻尼力,是空气阻力,其大小与运动速度 v 成正比〔比例常数(即阻尼系数)用 c 表示〕,即 $f_c=cv=c\frac{\mathrm{d}x}{\mathrm{d}t}$,方向指向上(与运动方向相反)。

f_k 为弹性(恢复)约束力,其大小与位移 x 成正比〔比例常数(即弹簧刚度系数)用 k 表示〕,即 $f_k=kx$,方向指向上(与位移方向相反)。

b. 建立数学模型

建立数学模型的依据是物理原理,在此处是牛顿第二定律。

牛顿第二定律:$F=ma$ 或 $ma=F$。 (4-16)

因为求的是钢球的运动特性,也为了求解方程方便,在上述牛顿第二定律公式中,所有的项都用质点(钢球)的位移函数 $x(t)$ 表示。其中加速度 $a=\frac{\mathrm{d}^2x}{\mathrm{d}t^2}$,速度 $v=\frac{\mathrm{d}x}{\mathrm{d}t}$;外力的合力 $F=f_p-f_c-f_k=f_p-c\frac{\mathrm{d}x}{\mathrm{d}t}-kx$。

代入式(4-16)有

$$m\frac{\mathrm{d}^2x}{\mathrm{d}t^2}=f_p-c\frac{\mathrm{d}x}{\mathrm{d}t}-kx$$

经移项整理得

$$m\frac{\mathrm{d}^2x}{\mathrm{d}t^2}+c\frac{\mathrm{d}x}{\mathrm{d}t}+kx=f_p$$

上式就是数学模型中提到的二阶常系数线性常微分方程〔式(4-9)〕。

至此,钢球弹簧系统运动的数学模型建立完成。

至于方程的求解,数学还没有讲到,同学们在今后的数学课中去学习吧!

c. 对式(4-9)作一些物理解释

• 从"运动"的角度对式(4-9)的解释——运动方程式

对于振动类运动,我们关心的是振动体的位移、速度、加速度的变化规律及最大、最小值,同时还有振动的频率。因为位移(即幅值)体现振动系统能量的大小,同时也可以知道由它产生的波所携带能量的大小。速度体现振动体的动量,振动清砂机(铸造用)就是利用振动体具有最大动量时去冲击铸件而清砂。加速度体现惯性力,在机械设计中是必须考虑的。频率说明振动系统每秒钟的振动次数,固有频率这个参数对利用振动和消减振动都是非常有用的。

如前所述,由于我们关心的是振动体的运动状况,且位移、速度、加速度之间都是微分关系,所以在建立数学模型时只选用了位移函数 x 作为未知函数。由于求出的是位移,所以管式(4-9)称为运动方程。在式(4-9)中,各项的物理意义如下:

第一项,$m\frac{\mathrm{d}^2x}{\mathrm{d}t^2}$,其中 m 是钢球的质量(可以测得);$\frac{\mathrm{d}^2x}{\mathrm{d}t^2}$是钢球的加速度。

第二项,$c\frac{\mathrm{d}x}{\mathrm{d}t}$,其中 c 是阻尼系数(凭经验给出);$\frac{\mathrm{d}x}{\mathrm{d}t}$是钢球的速度。

第三项,kx,其中,k 是弹簧的刚度系数(可以测得);x 是钢球离开静力平衡位置的距离。

第四项，f_p 是外加驱动力，可能是恒力，也可能是变化的力。

钢球的位移(动力响应)完全由质量 m，阻尼系数 c，刚度系数 k 和外驱动力 f_p 所决定。当 m、c、k、f_p 都给定以后，就可以由式(4-9)解出 $x(t)$，继而由微分运算可求出速度和加速度。

至于振动的固有频率由无阻尼自由振动方程式 $m\dfrac{d^2x}{dt^2}+kx=0$ 求得，频率值只与弹簧刚度系数 k 和钢球质量 m 有关，欲改变钢球的固有频率调整 k 与 m 的参数值即可。(原因后面讲)

至此，运动分析则完成了。

- 从“力”的角度对式(4-9)的解释——力的瞬时平衡方程式

式(4-9)名义上叫运动方程式，实质上它是钢球在运动过程中每个瞬时都遵守的力平衡方程式，因式(4-9)中的每一项的量纲都是“力”；式(4-9)中的第一项 $m\dfrac{d^2x}{dt^2}$ 是惯性力，第二项 $c\dfrac{dx}{dt}$ 是阻尼力，第三项 kx 是弹性恢复力，右端项是外加驱动力。

这正是理论力学讲的达朗贝尔原理，在复杂的振动系统建模过程中经常用到。

- 从“能量”角度对式(4-9)进行解释——由于动能和势能的不断转换才产生振动

将式(4-9)两边同时乘上微位移 dx〔即式(4-9)中各项的力都在微位移上做功〕并进行积分，这样就可以得到一个能量(功)表达式，即

$$\int_0^x\left(m\frac{d^2x}{dt^2}+c\frac{dx}{dt}+kx\right)dx=\int_0^x f_p dx \tag{4-17}$$

对上式进行运算$\left(注意上式中，dx=vdt,v=\dfrac{dx}{dt},a=\dfrac{dv}{dt}=\dfrac{d^2x}{dt^2},c\dfrac{dx}{dt}=f_c,kx=f_k\right)$。

第一项 $\displaystyle\int_0^x m\frac{d^2x}{dt^2}dx=\int_0^x m\frac{dv}{dt}\cdot vdt=\int_0^v mv dv=\frac{1}{2}mv^2$（钢球的动能）

第二项 $\displaystyle\int_0^x c\frac{dx}{dt}dx=\int_0^x f_c dx$（阻力做功，即阻尼力消耗掉的能量）

第三项 $\displaystyle\int_0^x kx dx=\frac{1}{2}kx^2=\frac{1}{2}f_k\cdot x$（弹性力做功，即弹簧储存的弹性势力）

右端项 $\displaystyle\int_0^x f_p dx$（外驱动力做功，即外界给系统补充的能量）

代入式(4-17)得

$$\frac{1}{2}mv^2+\frac{1}{2}kx^2=\int_0^x f_p dx-\int_0^x f_c dx \tag{4-18}$$

当 $\displaystyle\int_0^x f_p dx=\int_0^x f_c dx$ 时，即外界补充之能量等于消耗掉能量，式(4-18)变为

$$\frac{1}{2}mv^2+\frac{1}{2}kx^2=0 \tag{4-19}$$

由式(4-19)可见，在无外界干扰情况下，钢球即无动能，弹簧也无势能，系统不动；当有外界干扰时，比如给钢球一个初始位移 x_0，则弹簧受拉就储存了弹性势能 $\frac{1}{2}kx_0^2$，此时无动能。当手放开，弹簧释放弹性势能，弹性力拉着钢球运动。弹性势能逐渐减小至零，而钢球运动的动能逐渐增加直至最大；接着在动能的驱动下，钢球通过平衡位置，弹簧受压又开始

储存能量,而钢球受到弹簧的压力速度逐渐减小直至零,这时动能为零,而弹簧储存的弹性势能又达到最大。在弹簧压力的作用下,钢球开始反向运动,重复上面的过程。根据能量守恒定律,钢球的最大动能与弹簧储存的最大势能会永远相等,这样钢球在其动能与弹簧的弹性势能往复的交换过程中必然作等幅振动,永不停止(因为外界补充的能量刚好抵消了阻尼消耗掉的能量),就像墙上挂的机械式挂钟的钟摆一样(发条补充的能量)。

这样我们就可以得到两个结论:其一,质量、弹簧系统必然发生机械振动(在机电一体化系统设计时,要特别注意振动问题)。其二,该振动的固有频率就是系统中动能与势能的交换次数,由于式(4-19)式是由式(4-9)中的自由振动方程 $m\dfrac{\mathrm{d}^2x}{\mathrm{d}t^2}+kx=0$ 对位移积分(力做功)而得,因此,在求固有频率时,用自由振动方程即可。

- 从系统角度对式(4-9)进行解释——传递函数

式(4-9)在检测或控制系统中也是一个典型的数学模型,f_p 是输入,x 是输出,只不过在形式上要做一些改变。即,以 p 代替式(4-9)中的微分符号 $\dfrac{\mathrm{d}}{\mathrm{d}t}$,如以 p 代替 $\dfrac{\mathrm{d}}{\mathrm{d}t}$,则式(4-9)变为

$$mp^2x+cpx+kx=f_p$$

将 x 提出去得

$$(mp^2+cp+k)x=f_p$$

写成输入输出形式则有

$$x=\frac{1}{(mp^2+cp+k)}f_p=G(p)f_p \tag{4-20}$$

其中,$G(p)=\dfrac{1}{(mp^2+cp+k)}$是一个比例常数。其实,$G(p)$就是以数学模型形式呈现的一个钢球弹簧系统,其值由系统参数 m、c、k 决定,在检测、控制领域叫系统的“传递函数”(在实际应用时,是应用拉氏变换将 $G(p)$由实数域变换到复数域而写成 $G(s)$的形式,因为同学们还没有学到,这里只是用式(4-20)说明传递函数的概念)。传递函数的含义是输入 f_p 经过系统 $G(p)$处理以后输出 x;好像系统 $G(p)$接到输入以后,又把它传出去一样。

须注意的是,在分析检测或控制系统时,$G(p)$是系统的数学模型;它已代替了实际系统的功能,调整 m、c、k 三个系数(不一定都调)就能保证系统的稳定性并将输入变为我们需要的输出,比如放大、缩小,或相同。这就是仿真。当调整好 m、c、k 值以后,输出满意了,就可以按得到的 m、c、k 值去做实际系统,然后再通过调测,完成系统的设计。

4.2.3 物理模块

学好物理对于大学生来说,实在是太重要了。前已述及,在设计机电一体化产品(系统)时,很重要的一步是建立系统的物理模型,进而建立数学模型,最后进行分析计算。建立物理模型这一步非常重要,物理模型与实际系统相符合的程度,对设计计算结果的正确性起决定作用;而物理模型的建立恰恰是依据物理原理和定律;学生解决实际问题的能力,主要体现在他们正确应用这些原理和定律的能力上。因此,物理知识是学生解决工程实际问题的基础,是学生创新思维的源泉,学生必须学好物理,牢牢地掌握物理原理和定律,并知道如何应用。

** 在此,对于如何教物理与如何学好物理提一些建议。

第一,因为大多数物理原理与定律是通过观察自然现象或做物理实验而得到的,因此,在讲解物理原

理和定律时，首先做表演实验，然后再从具体到抽象总结出原理或定律，切忌只在黑板上画。学生也要到实验室去做实验，深刻体会和理解物理原理与定律的实质。

第二，大学物理主要讲解了物质运动的规律：力学部分讲的是物体的运动，热学部分讲的是分子的运动，电磁学部分讲的是电子的运动。它们的运动形式有三种：平动、转动与振动。它们的运动状态也有三种：静止、匀速直线和加速运动。不同的运动形式和不同的运动状态会产生不同的物理现象，就伴随有不同的物理原理与定律。在组织教材或进行教学时能否按此思路。

第三，工程问题基本上都是工程系统（在第2章已讲过），是系统就有三个“流”，即物质流、能量流和信息流。物质流在流动过程中，物质本身始终保持“质量守恒”；能量流在流动过程中，物质所携带的能量与其消耗的能量始终保持“能量守恒”。这两个定律是自然界的普遍定律，它们一直贯穿在解决工程问题的过程中。而物理学所揭示的物质运动的规律，恰恰就是物质在运动过程中所遵守的“质量守恒”定律和“能量守恒”定律。因此，建议在讲物理时把所讲的物理原理与定律都纳入物质流动（运动）与能量流动（传递或转换）的范畴中，结合一些实例，把那么多的原理和定律（无论是物体、分子，还是电子的运动）都按“质量守恒”和“能量守恒”归纳起来，使之更有条理，有统一性，结合实际，容易理解，便于应用。

第四，近代物理的内容应当给学生多介绍一些，可以以讲座的形式讲解，开阔学生的眼界，对学生创新思维将大有帮助。另外，固体物理的内容也应当给学生介绍一些，因为所用传感器的原理大多是依据材料的物理特性（如材料的力学特性、电磁学特性、热学特性、光学特性等），学生掌握了各种材料的物理特性对创新思维将大有好处。

第五，同学们切记，在物理里给大家讲的原理、公式，都是针对物理模型的，有的模型比较接近实际，有的还有较大差别，有的还是假说，因此，在解决工程问题时，一定要选择合适的模型（如线性、非线性），否则计算结果与实际情况将会相差甚远。这也是后面的介绍中特别强调模型的原因。

下面介绍所开课程及其知识要点。

1.《大学物理》

物理学是研究物质的基本结构、物质的相互作用和物质运动规律的学科。它的研究对象涉及自然界中的所有物理现象，它的基本理论渗透到自然学科的一切领域，应用于生产技术的各个部门，它是自然科学的许多领域和工程技术的许多部门基础理论的支柱。

通过物理课的学习，不仅使学生掌握物理知识，更重要的是使学生初步掌握科学的思维方法和认识、分析、研究、解决实际问题的方法。

本门课的知识要点如下。

(1) 力学

力学是研究物质的宏观客体——物体的运动的学科，是研究各类运动的基础。具体到机械电子工程专业，力学是分析设计广义执行子系统的理论基础。我们一定要了解物体运动的一些物理现象，理解物体运动所遵循的规律。

① 物体运动的一些物理现象：物体具有惯性；改变它的运动状态需外加作用力。

② 物体运动的物理（或说力学）模型：这是为分析问题方便，理想化的东西。

a. 物体模型：质点、质点系。

b. 作用力模型：力、力偶、力系。

c. 运动参考系模型：直角坐标系。

d. 运动状态模型：静止、匀速直线运动、加速运动。

e. 运动形式模型：平动、转动、振动。

③ 力学概念：质量、位移、速度、加速度（切向、向心）、相对运动、功、能。

④ 物体运动所遵循的规律如下。

a. 力作用原理:牛顿三定律、动量定理、质心运动定理、动量守恒定理。

b. 功能原理:能量守恒定律、功能转换原理。

⑤ 建立系统模型:依据上述两个原理建立"力流"模型与"能量流"模型。本部分在《理论力学》中介绍。

(2) 电磁学

电磁学是研究电荷运动(多数为电子运动)的学科,它是电工学和电子学的基础,具体到机械电子工程专业,它是选择驱动装置和分析设计检测控制子系统的理论基础,我们一定要了解电荷运动的一些物理现象,理解电荷运动所遵循的那些规律。

① 电荷运动的一些物理现象

静电有吸引力;电磁铁会产生磁力;无线电波能传递广播电视节目。

② 电荷运动的物理模型

a. 电荷模型:点电荷(原子、电子、正负离子和空穴);稳恒电流(直流电);交变电流(交流电)。

b. 电荷运动模型:状态——静止、匀速直线运动、加速运动;形式——只考虑移动。

c. 电荷受力模型:只考虑电场力和磁场力,表现为吸力或斥力。

d. 运动参考系:直角坐标。

e. 电场磁场模型:静电场、稳恒电场、稳恒磁场、交变电磁场。

③ 电荷运动现象及遵循的规律

a. 静电荷:只产生电场力,电场力的分布规律由库仑定律决定,它也遵循高斯定律。

b. 匀速直线运动电荷:既有电场力,又有磁力,电场力由电场描述,磁力由磁场描述,电场力服从高斯定律,低速的还服从库仑定律(高速不服从)。磁场力的大小及分布规律由公式$\boldsymbol{B}=\frac{1}{C^2}\boldsymbol{v}_0\times\boldsymbol{E}$决定。上述电场与磁场都是稳恒的。

c. 加速运动的电荷:既产生电场力,也产生磁场力,电场与磁场交互变化还产生电磁波。变化的电场产生变化的磁场,遵循麦克斯韦方程;变化的磁场产生变化的电场,遵循法拉第定律。

④ 静电场应掌握的内容

a. 概念:电场、电场强度、电力线、电偶极子、静电场力的功、电势能、电势、等势面、电势梯度、导体的静电平衡。导体上电荷的分布、孤立导体的电容、电介质的极化强度、电场的能量密度及电场能。

b. 定理(律):库仑定律、高斯定律、静电场叠加原理、静电场环路定理。

c. 能力:会计算静电场强度(力)、静电场力的功、电场能量密度及电势能,以及电容器的有关计算。

⑤ 稳恒电流(直流电)应掌握的内容

a. 概念:电流、电流密度、电阻、电压、电功率、电动势、电能。

b. 定律:欧姆定律、克希霍夫第一定律、克希霍夫第二定律。

c. 能力:会分析计算直流电路。

⑥ 稳恒磁场应掌握的内容

a. 概念:稳恒磁场、磁场强度、磁力线、磁通量、安培力、洛仑兹力、磁力矩、霍尔效应、介质的磁化、磁感应电流、感(动)生电动势、磁能。

b. 定律:磁场叠加原理、法拉第磁感应定律、磁通连续原理、毕—萨定律、安培环路定理。

c. 能力:会计算磁场强度、磁感应强度、磁力、洛仑兹力、磁通、磁能。

⑦ 电磁场应掌握的内容

a. 概念:动生电动势、感生电动势、涡旋电场、自感、互感、电磁波能量密度、电磁波能量、位移电流、电磁波动量密度。

b. 定律:电磁感应定律、麦克斯韦方程组(包括高斯定律、麦克斯韦方程、法拉第定律、磁通连续原理)。

c. 能力:会计算单位体积内能、能流密度矢、动量密度矢。

⑧ 建立系统模型

a. 电路系统:"物质流"是电荷载流子(电子、正负离子、空穴)流动过程中遵守电荷守恒定律和电流连续方程——克希霍夫第一定律;"能量流"是电流能,往往以电势表示,在传递过程中遵守克希霍夫第二定律(能量守恒)。

b. 电磁场系统:"物质流"是"场",它们以波的形式传播而不是移动,传播过程中遵循麦克斯韦方程组;能量流是电磁波能,电能、磁能交替传播遵守能量守恒定律。

(3) 热学

热学是研究自然界物质与冷热有关的性质及其变化规律的学科。物质冷热变化是由其内部分子运动状态变化引起的,其宏观表象是温度变化。机械电子工程专业在设计广义执行子系统时,可能选热机作为驱动装置;在设计检测控制子系统控制柜时要考虑散热问题,这要用到温度场的分析与计算,而热学正是热机与温度场的理论基础,所以选了气体压缩与热传导两部分内容。

① 研究对象:气体(分子运动活跃,也易于观察现象)。

② 物理现象:给自行车胎打气,过段时间会发现气筒底部烫手;一个铁棒,一头烧热另一头烫手。第一个是气体压缩与体积、温度的关系问题,第二个是热传导问题。

③ 系统状态模型:理想气体模型、准静态过程模型、不可逆过程模型。

④ 与系统有关的概念及其物理特性之间所应遵循的规律。

a. 理想气体模型

概念:温度(温标)、压力、体积、韦氏速率分布、理想气体内能。

定律:理想气体状态方程,能量均分定理。

b. 准静态过程模型

概念:功、热量、内能、定压热容量、定容热容量、热机效率、卡诺循环。

定律:热力学第一定律。

c. 不可逆过程模型

概念:可逆过程、不可逆过程、熵。

定律:热力学第二定律,包括玻尔兹曼熵增加原理和热传导定律(最好讲些边界条件)。

(4) 振动

振动是物体运动的一种特殊形式,它只在其平衡位置附过作往复运动而不离开。伴随着振动必然产生波,振动是以波的形式传递着能量。振动是一种很普遍的现象,宏观物体振动,微观物体也振动,如分子、原子、电子、质子等都在不停地振动。然而,振动有时对我们有利(如利用振动原理制造的振动打桩机,利用超声波诊病、探伤),振动有时对我们有害(如地震、噪声)。对于机械电子工程专业来说,我们不希望所设计的广义执行子系统产生振动,更不希望有噪声。同时,又希望检测控制子系统稳定不失控。因此,必须研究振动这种运动形式的特点及其遵循的规律。

① 振动产生的一些现象:当你向平静的湖面扔一颗石子湖面会碧波涟漪、环心荡漾;当你弹拨琴弦,它会发出动听悦耳的乐章并在音乐厅内回响。前者说明振动会产生波;后者说明,琴箱会产生共振,声波会发生反射与交混(干涉)。

② 振动分析的模型:简谐振动、周期振动、随机振动(平稳过程、随机过程)。

③ 简谐振动模型分析(其他模型专业课再讲)。

a. 概念:频率、振幅、相位初始条件(初位移、初速度)、弹性恢复力、弹簧刚度、阻尼系数、自由振动、阻尼振动、受迫振动。

b. 定律(原理):牛顿第二定律、振动叠加原理。

c. 能力:能利用 $F=ma$ 建立原点振动动力学方程,会用高等数学中解微分方程的方法求解;明白动力学方程的物理意义;能对受迫振动方程的解作物理现象解释(静态解、稳态解、零状态响应、零输入响应)

会计算谐振动能量,理解受迫振动方程中每一项的物理意义及它们在能量交换中的作用,理解频率与能量交换次数的关系;振幅与初始能量(势能——初位移,动能——初速度)的关系。

会用叠加原理和旋转矢量法将同方向、同频率的简谐振动合成在一起(同平面的或互相垂直的)。

(5) 波动

前已述及,振动引起波动,波动在传递着振动引起的运动与能量。物体振动产生机械波,电子振荡产生电磁波(包括光波),我们生活在波的包围之中。按频率分,波有次声波、声波、超声波、光波、电磁波。这些波都对我们做出了贡献,次声波帮我们了解大地,电磁波帮我们了解天空(宇宙),声波帮我们传递话语和音乐,超声波帮我们查病又探伤,光波送给我们温暖,普照着大地,促万物生长,使人类绵延久长。波对我们太重要了,我们必须研究它的特性与规律,更好地为人类服务。

机械波振动方向和传播方向都比较明确,而光波杂乱无章,本部分只介绍机械波。(光波在光学部分介绍)

① 波动与振动的区别

振动:质点的位移只与时间有关。

波动:波传播方向上各质点的位移不仅与时间有关,还与它所在空间位置有关。即不同的点在同一个时刻的位移是不同的。

② 波动产生的一些现象

阳光传递热量,炮声能震破耳膜,说明波能传递能量。在山谷喊话,会听到回声,说明波能发生反射。有时近处听不清,远一点反倒听得清,说明波有干涉。

③ 波的分类

a. 按频率(或说按波长)分:次声波、声波、超声波、光波、电磁波。

b. 按振动方式分:纵波和横波。

④ 波传播的特点

独立性：即不同频率的波在传播过程中互相独立，各传各的。如在同一房间几个人同时说话，彼此都能听得清，就是证明。这是波叠加原理的依据(也说明不同频率的波具有正交性)。

⑤ 波动的模型——简谐波

a. 概念：频率、波长、波速、波幅、波相、波的干涉、驻波、半波损失、能量密度、能波密度、多普勒效应、色散。

b. 原理(定律)：惠更斯原理、波的叠加原理。

c. 能力：会建平面谐振波的运动学方程，求出波的频率、波长、波相等。会用波叠加原理解释波干涉现象(波振面上的现象)、驻波现象(波传播方向上的现象)；要特别记住波的干涉条件。

⑥ 波的应用

a. 次声波：用于研究检测火山爆发、地震、陨石落地、大气湍流、雷暴、磁暴等。

b. 超声波：B超(医学检查)，无损探伤(工件内部裂纹、沙眼)，声呐(深海探测潜艇、鱼群、海流)，测速(利用多普勒效应)。

(6) 光学

前已述及，光波是波的一种，对光波的研究，无论从丰富波动理论还是增加波的应用，都有很重要的意义。光纤是通信中必选的传输通道，光栅是控制零件加工精度必选的检测元件，光纤传感器用途也很广，光干涉测量技术在机械工程中广泛应用。对机械电子工程专业来说，光测技术是非常重要的。鉴于波动理论在波动部分已基本介绍，在光学部分应当偏重于光波的应用。

① 光波的特点

波的特点体现在它的频率、波长、波速、波动方向、传播方向等几个方面。频率、波长、波动方向、传播方向由振源决定，而波速不仅与振源有关，还与媒质(折射率)有关。

机械波由于其振源比较明确，所以它的频率、波动方向、传播方向都容易确定，而且只要振源不停，它就是一个无限长的波，因此分析机械波的相干性比较容易。

而光波是由原子从高能级跃迁到低能级而产生的(量子物理部分讲)，这一跃迁是杂乱无章的，所以波的上述特点不易明确。首先，表现在光波的频带很宽(由 3.9×10^{14} Hz 到 8.6×10^{14} Hz)，每个原子跃迁时发出光波的频率不能确切地说是多少，只能说在这个频带内；其次，波动方向(振动平面)不确定；再者，每次跃迁时间极短(约为 10^{-8} 秒)，引起的波只呈有限长的波列状态。因此，分析光的相干性就需抓住光的这些特点。

② 光的干涉

a. 概念：光程、光程差、双缝干涉、薄膜干涉、时间相干、偏振光、波晶片、光的双折射现象。

b. 原理：马吕斯定律、布儒斯特定律。

c. 能力：掌握获得相干光和偏振光的方法，会用迈克耳孙干涉仪。

③ 光的衍射

原理：惠更斯-菲涅耳原理、菲涅耳半波带法、夫琅和费单缝衍射原理、光栅衍射、X射线衍射与布拉格公式、仪器的分辨率。

④ 干涉与衍射的异同

干涉：是同一个点光源发出的波列被分成两部分，经过几乎相等的光程，在相干长度内合成,形成的干涉条纹,该条纹在光场内分布明暗比较均匀。

衍射:是波阵面上无穷多子波发出的光波相叠加的干涉条纹,该条纹在光场内分布明暗不均。中央零级亮条最亮,其紧邻的第一级亮条的光强仅为零级亮条光强的5%,可见其能量主要集中在中央。

知道上述区别以后,在利用该二现象进行检测时,应清楚用哪一个原理。

⑤ 光测技术(在机械电子工程中的应用)

a. 测微小位移:光栅检测和薄膜干涉。

b. 测表面平行度:薄膜干涉。

c. 测表面光洁度:薄膜干涉。

d. 无损探伤:超声波探伤。

e. 测绘应力场:光弹性检测技术(用偏振光)。

⑥ 旋光现象及其在检测技术中的应用(通过实验定性描述即可)

(7) 狭义相对论

这是近代物理的内容,可开成讲座形式介绍以下内容:

伽利略变换,力学相对性原理,狭义相对论的两个基本假设,同时相对性,时间膨胀,长度收缩,相对论动量、动能、能量及其关系。

(8) 量子物理基础

这也是近代物理内容,可开成讲座形式介绍以下内容:

普朗克量子假说、爱因斯坦光子理论、光电效应、康普顿效应、氢原子光谱实验规律、玻尔理论、德布洛意假说、电子衍射、实物粒子波粒二相性、波函数和不确定关系、薛定谔方程介绍、一维无限深势阱、电子自旋、四个量子数、激光简介。

(9) 在机电专业的应用

在机电产品(系统)设计时,主要应用于概念设计阶段。由物理学所揭示的自然界的物理规律是概念设计阶段方案构思的理论依据。同时,物理也是后续各门课的理论基础。

2. 大学物理实验

大学物理实验非常重要,它是培养学生“从现象到本质、从实践到理论”的科学思维方法的重要途径。同学们一定要认真做实验,理解物理原理与定律的本质。

** 建议大学物理实验开成三类实验。

① 表演实验

物理是实践性很强的课程,有许多物理现象和物理定律就是通过大量实验发现的,因此,在讲那些物理现象和物理定律之前,应当先做表演实验,或边做边讲,先给学生以感性认识,然后再提高到理性。这样符合认识规律,道理也容易讲明白。这些实验要任课教师亲自去做,或亲自指导学生去做,避免实验与课堂教学脱节,也避免流于形式。

② 综合实验

这些实验是培养学生综合能力、创新能力和系统分析能力的动脑又动手的实验。比如激光全息检测系统实验,可以以微位移或微振动检测为例,使学生掌握光测系统所涉及的基本理论与基本方法;另外,这个检测系统几乎把许多光学元件都用上,对学生将来工作也很有好处。又比如,还可以开一些探索性实验,目前开的有关混沌理论的探索实验就很好。这类实验可以老师出题也可以学生自己选题,主要目的是发挥学生的独立性和创新性。

③ 材料性质实验(这是“固体物理”的内容)

因为机电一体化系统(产品)中经常要用各种各样的传感器,在专业课里只教学生怎么选用,基本原理有的做简单介绍，有的不介绍。而传感器大多是利用材料的某些特性（电学特性、光学特性、热特性、磁特性、力学特性）制成的，若开一些材料物理特性的实验，将其与传感器结合起来，不仅对学生了解传感器的原理有好处，更重要的是可以启发学生利用材料的某些特性去开发新的传感器。

4.2.4 “工业设计导论”

这是一门新设置的课，其目的是让学生一入学就了解一些产品设计和工业设计方面的知识。让学生明白，真正好的产品不只在于计算，而在于创意。

随着科学技术和市场经济的高速发展，产品设计与销售已不再是设计者说了算，而是最终用户说了算，过去那种模仿设计和只注重使用功能的设计已不再适用，代之而起的是创新设计；要想创新就必须具有创新（创意）的思维和创新的方法。思维与方法都来源于社会实践，一个合格的设计人员必须具有渊博的人文和科技知识，具有丰富的生产和生活经验，二者缺一不可。因此，要让学生明白，要搞好产品设计，尤其是创新设计，只学好数理化是不行的，必须从入学开始就注重培养自己的创新思维能力。创新在于书本知识和实践知识的积累，在于自己的灵感，永远不要被书本束缚，也永远不要被老师讲课束缚。

本门课程的知识要点如下。

1. 产品设计方面的知识

（1）产品（系统）的三要素（物质流、能量流、信息流）及其特点。

（2）产品（系统）设计的三阶段（识别机会、理解机会、概念设计）。

2. 工业设计方面的知识

（1）什么是工业设计？工业设计与机电一体化产品设计的异同。

（2）设计的目的、特征和设计师的素质。

（3）设计与文化，文化与传统。

（4）设计创意的思维、功能与形态，美的含义，设计思维训练。

（5）工业设计与市场，工业设计与附加值，工业设计在企业中的地位。

3. 产品设计的流程和设计方法

这部分内容在《机械电子工程导论》一书第 2 章中已详细讲过，此处不重点讲解。

4. 设计训练

（1）观察训练（看实物、看照片、看录像）。

（2）综合训练（部分设计环节训练，完整产品设计训练；重点在创意、概念设计）。

5. 设计史（可选讲）

主要用图片介绍。

本门课应开成讲座形式，分几个单元，以参观、幻灯、录像等方式进行介绍。同时要注意实践练习，开成实践课的形式，边讲边练。

6. 在机电系统中的应用

在机电产品概念设计阶段，用于产品的造形设计（几何形状、尺寸、色彩），产品中各部分之间的搭配设计、协调设计。

4.2.5 “工程图学与CAD”

“工程图学与CAD”是机械电子工程专业的基础课。工程图是工程师的语言。在我们设计机电一体化系统(产品)的过程中,无论是在概念设计阶段的方案构思,还是在详细设计阶段的成果呈现,都是以工程图的形式表现的,离开图就说不清楚所设计的方案。绘制工程图是工程师的看家本领之一。“工程图学与CAD”就是介绍我们绘制原理图与施工图的理论基础和标准方法。

本门课的知识要点如下。

1. 基本知识

(1) 制图国家标准。

(2) 绘图工具及其使用方法。

(3) 平面图形的画法。

2. 基本原理

(1) 正投影原理

①简单图形的正投影(点、线、面、体的投影);②简单图形交线的投影(直线与平面相交、平面与平面相交、平面与立体相交、立体与立体相交);③组合体的投影(三视图表达原理、组合体中各简单图形之间的连接关系及其交线的表达方法、尺寸标注规定)。

(2) 轴测(投影)原理

①轴测投影的概念;②正等轴测图的画法与尺寸标注;③斜二轴测图的画法与尺寸标注。

3. 基本方法

(1) 机件的各种表达方法

①视图;②剖视图;③断面图;④其他方法(局部放大、局部剖视等)。

(2) 标准件与常用件的表达方法

①螺纹和螺纹紧固件;②键;③销;④滚动轴承;⑤弹簧;⑥齿轮。

(3) 零件工作图的表达方法

①零件图的作用和内容;②零件图表达方案的选择;③零件图尺寸标注;④零件的工艺结构;⑤零件的技术要求;⑥零件测绘;⑦零件图的画法。

(4) 装配图的表达方法

①装配图的内容;②装配图的尺寸标注;③装配图的编号与明细栏;④装配图的画法;⑤由装配图拆画零件图。

(5) 图的阅读

①读装配图的方法与步骤;②读零件图的方法与步骤(注意两类图对照读)。

4. 计算机绘图技术

(1) 计算机绘图概述

(2) 二维图形的计算机绘制

①简单图形库;②二维图形的编辑;③图形的显示与精确绘制;④图层、线型、线宽和颜色的设置;⑤文字的设置与输入;⑥尺寸标注。

(3) 三维图形计算机绘制

①三维造型概述;②草图的创建;③草图编辑;④零件三维模型创建;⑤三维装配设计;⑥工程图(也称施工图)。

5. 在机电系统中的应用

(1) 在概念设计阶段,绘制机电产品方案草图和造型草图。

(2) 在详细设计阶段:

① 绘制机电产品的造型图;注意各部分布局合理、协调。

② 绘制机电产品的施工图,包括总装图、部件图和零件图。

4.2.6 工程力学模块

从现在开始,介绍广义执行子系统的设计理论、技术和方法。工程力学模块是机械设计模块和机械制造模块的基础,所以先来介绍它。

具体来说,在机电一体化系统(产品)设计中,需对广义执行子系统中的机构及其中的零件进行运动分析、动力分析和工作能力分析,工程力学就是作上述三种分析的理论基础。运动分析和动力分析主要还是依据物理中讲的牛顿三定律和能量原理,只不过更切合工程实际。工作能力分析主要对广义执行子系统中的机构及其零件进行强度、刚度和振动分析,是考虑构件弹性变形的受力行为,在物理中没有学过,这里将从头讲起。

该模块开出两门课,一门为刚体力学——“理论力学”;另一门为弹性力学——“弹性力学与有限元解法”。“理论力学”主要讲广义执行子系统及其零件的运动分析和动力分析;“弹性力学与有限元解法”主要讲广义执行子系统及其零件的工作能力分析。

在此要强调指出,“刚体”与“弹性体”是人们为了使问题简化而人为地建立的两类物理模型,绝对刚体(不变形的)是没有的。在人们对物体作运动、动力分析时,因为其弹性变形引起的位移与刚体位移相比可以忽略,所以人们往往只考虑刚性位移而忽略弹性位移,将物体视为不变形的“刚体”;而到分析其内部受力状态时,则必须再将其视为“弹性体”。

从本专业的角度讲,工程力学是本专业重中之重的基础理论课,老师应当按四个层次讲透它。四个层次是:基本概念与基本理论、基本方法、典型物理模型(即力学模型)和工程应用,切忌讲成满篇数学公式;学生应当学好它,切实理解每一个原理的内涵(物理意义),并能利用这些力学原理给实际工程问题建立力学模型和数学模型,进而求解数学模型,对解进行物理解释,以解决实际问题,切忌死背公式。这样不仅给学生学习专业知识打下良好的理论基础,而且还会使学生受益终身。

下面分别介绍两门课的核心内容及其要求。

1. “理论力学”

“理论力学”是机械电子工程专业的基础课,是一门很成熟的课程,它已形成了静力学、运动学和动力学这样一个完整的体系,每部分都在独立地讲许多定理,显得内容很多,让人觉得烦琐。学生觉得容易听懂,但不易做题,究其原因,是对理论力学所讲内容分析不够、悟性不够。现将理论力学的内容按上面提到的四个层次加以介绍,希望同学们学习时,重点抓住基本原理与物理模型两个核心内容,然后再掌握它们的具体应用。

本门课的知识要点如下。

(1) 静力学(研究物体的静力平衡条件)

① 基本概念:质点、刚体、桁架、力、力偶、力矩、力系、约束、约束反力、重心、弹性力、滑动摩擦、滑动摩擦力、摩擦角、自锁、滚动摩擦、滚动摩阻、虚位移、虚功。

② 基本原理:静力学公理、静力平衡条件和静力平衡方程式(平面、空间、有摩擦力三种)、虚位移原理。

③ 基本方法:矢量法(力系简化、合成),解析法(矢量坐标投影)。

④ 物理模型:

a. 物体的模型:质点、刚体、桁架。

b. 力(力偶)的模型:力、力偶、力系(平面力系、空间力系)。

c. 约束模型及约束反力:柔索、链条或皮带(单向位移约束;沿约束方向的拉力);刚性杆(双向位移约束;沿杆方向的拉力或压力);具有光滑表面的接触(单向位移约束;约束反力作用于接触点,且垂直于光滑表面);平面铰链(双向位移约束;沿两个坐标方向,可拉,可压);球铰(三向位移约束,沿三个坐标轴方向,可拉、可压);两块光滑平板(三向约束,一个位移约束,有垂直于光滑平面的约束反力;两个转动约束,有绕平面内互相垂直的两个轴的转动力矩);导轨(五个方向约束,两个互相垂直坐标轴方向的位移约束和与它们对应的反作用力;绕三个互相垂直坐标轴的转动约束和与它们对应的反力矩)。

d. 参考系模型:直角坐标、广义坐标。

⑤ 基本运算:矢量运算(矢量加减法、矢量投影),标量运算(代数运算)。

⑥ 解决实际问题的步骤。

a. 选原理:根据问题难易选静力平衡条件(较易)或虚位移原理(较难)。

b. 建立物理模型并求解:

选静力平衡条件者:取分离体(物体模型),画受力图(主动力模型、解除约束后的约束力模型),选直角坐标(参考系模型),建立平衡方程式(矢量法,力向一点简化;解析法,力在坐标轴上投影),运算求解(矢量法:矢量运算,解析法:标量运算)。

选虚位移原理者:取物体模型(一般为整体),画受力图(只画主动力模型,不解除约束,无约束反力),选广义坐标(参考系模型),建立虚功方程运算求解(标量运算)。

**说明:分析静力学问题,有力作用原理和能量原理两个独立的原理。

力作用原理就是静力平衡条件(主矢、主矩均为零)。它是用矢量法直接去分析力的相互作用,从而判断物体是否处于静力平衡状态下。然而这个平衡条件只是必要的,并不是充分的,就像倒立摆一样,它可以倒立平衡,但稍有干扰,它就会失去暂时的平衡而恢复到它真正的平衡状态(即躺在地上)。

能量原理就是虚位移原理,它所给的静力平衡条件既必要又充分。虚位移原理的实质是,有一个物体它处于平衡状态,外界给它一个干扰(虚位移),如果它处于稳定的平衡状态下,那么作用在该物体上的所有主动力在它对应的虚位移干扰上所做虚功之和为零。这就像一个圆球,它在一个凹窑里,不管怎么干扰它,它总是回到凹窑底部。因此,满足该原理的平衡条件是充分的。在具体运算时会发现,将建立的虚功方程中每一项的虚位移都提出来,其前面的系数都是力,虚功方程就变为所有主动力之和与虚位移的乘积,由于虚位移是任意的不可能为零,所以必有所有主动力之和为零(若为了求约束反力,可将约束反力看成主动力),这就是静力平衡方程式。因为计算的是功为标量,比力作用原理要简单得多。

可见,力作用原理与虚位移原理是两个独立的原理,用任何一个原理都能得到同样的结果。过去将虚位原理作为方法来讲是不对的,由于对复杂的结构与机构的静力分析虚位移原理很方便,所以在这里特别将它突出出来，以引起师生们的注意。

(2) 运动学(研究物体运动的几何性质，如运动轨迹方程、速度、加速度)

① 基本概念：平动、线位移、转动、角位移、线速度、角速度、线加速度、角加速度、切向加速度、法向加速度、哥氏加速度、复合运动、平面运动、空间运动。

② 基本原理：运动学方程(据已知运动轨迹和几何关系去建立)、速度合成定理、加速度合成定理。

③ 基本方法：矢量法、解析法、自然法。

④ 物理模型。

a. 物体模型：与静力学相同。

b. 运动形式模型：质点运动(只移动，不转动)、刚体平动、刚体绕定轴转动、刚体平面运动、刚体绕定点转动、自由刚体运动、冲击与碰撞、振动。

c. 参考系模型：直角坐标、柱坐标、球坐标、自然坐标。

⑤ 基本运算：矢量运算(矢量加减法、矢量点积、矢量叉积、矢量微分)、微积分运算、坐标变换(动坐标与静坐标间的变换、直角坐标与其他各类坐标间的变换)。

⑥ 解决实际问题步骤。

a. 建立物理模型：即将实际问题加以抽象，与上面讲的已有模型进行对照，选合适的拿来建立该实际问题的物体模型、运动形式模型(根据具体问题选质点、平面，还是空间模型)和参考系模型。

b. 建立运动学方程：根据物体的已知运动轨迹，给出位移随时间变化的函数关系式，此即运动方程。

c. 求速度与加速度：利用速度合成定理和加速度合成定理选择合适的方法(基点法、瞬心法或速度投影法)去求解。

** 说明：由运动方程求速度，可知物体运动的方向与快慢；求加速度，可知应给该物体加什么样的惯性力(大小、方向)。还可由机构(或杆件)的运动方程检查相邻机构是否互相干扰，或找出它们之间运动的传递规律。

(3) 动力学(研究物体机械运动与作用力和能量之间关系的科学)

① 基本概念：惯性力、广义力、动量、冲量、动量矩、碰撞、撞击、恢复系数、撞击中心、功、能、动能、势能、功率、机械效率、临界转速、隔振、自由度、质量、转动惯量。

② 基本原理：力作用与传递原理(惯性定律、牛顿第二定律、作用与反作用定律、达朗贝尔原理)，动量作用与传递原理(动量定理、动量矩定理、质心运动定理)，能量转换与传递原理(能量守恒定律、动能定理、动力学普遍方程、第二类拉格朗日方程、第一类拉格朗日方程、哈密尔顿原理)。

③ 基本方法：矢量法、解析法、自然法。

④ 物理模型：物体的模型、力的模型、约束及其反力的模型该三者与静力学相同；运动形式模型、参考系模型二者与运动学相同。

⑤ 基本运算：与运动学相同，另外加上变分运算。

⑥ 解决实际问题步骤：

a. 首先根据实际问题的复杂程度和受力情况，初步确定用三类原理中的哪类基本原理去求解；

b. 据初步确定的基本原理确定“物理模型”(物体模型、主动力模型、约束及其反力模型、参考系模型、运动形式模型等);

c. 建立相应的数学模型(数学方程式)求解(可看《理论力学》书上的例子);

d. 对所得解答进行分析,并给出合理的物理解释,看它们是否满足设计要求。

(4)在机电系统中的应用

理论力学的基本原理在产品(系统)设计的概念设计阶段(制订总体方案)和详细设计阶段都要应用,具体应用如下。

① 选择驱动装置

在选择驱动装置的过程中,与理论力学有关的指标是输出功率〔包括转数与输出力(矩)〕,所依据的原理是功能转换原理和能量守恒定律。选功率的思路是驱动装置所输出的功率应等于负载功率与传动系统所消耗的功率之和;同时还要考虑过载或功耗波动余量和机械传动效率的影响。具体选择方法将在“机械设计”课中介绍。(这里强调的是能量原理的应用)。

② 控制物体的运动状态

物体的运动状态是由其所受之外力的变化而改变的;而力对运动的影响始终遵循三大基本原理(即力作用与传递原理、动量作用与传递原理和能量转换与传递原理),在这三个原理中可将力视为输入,而将位移(速度、加速度)视为输出,则可通过改变输入的力(力矩)的大小与方向而改变被控物体的运动状态(如控制火箭运动)。

③ 对广义执行子系统作运动、动力分析

a. 运动分析

一般情况下,执行机构的运动轨迹(位移)和运动速度是已知的,所以可以从执行机构至传动机构再到驱动装置依次对它们进行运动分析,计算每一个构件的位移、速度和加速度(包括移动和转动),以备下面分析计算之应用。

• 检查构件间是否干扰

由上面计算出的每个构件的位移(尤其是控制点的)检查各构件之间是否有干扰现象。

• 找出最不利工况

最不利工况是指广义执行子系统或其中的构件,在运动过程中处于受力最大或变形最大或振动最厉害的工作状况。最不利工况与负载有关,与系统内的机构在运动过程中所呈现的几何拓朴形状有关,还与受力分析的目的(如一般受力分析还是振动分析)有关。通常最不利工况不止一个,需要分析比较。

b. 受力分析

在最不利工况下对每一个机构都要进行受力分析〔取机构或其构件作为物体模型,画上主动力、惯性力和构件间的相互作用力(未知力),由达朗贝尔原理建立瞬时平衡方程式并求解出未知力〕,将所得结果保存起来,以备应用弹性理论对构件进行工作能力分析时使用。

④ 为整个广义执行子系统建立传递函数

在自动控制系统中,被控对象就是广义执行子系统,其输入是控制驱动装置动作的信号,一般是电信号,而输出一般是位移和速度,因此,它是一个机电参数混合的系统(即在同一个微分方程中既有电参数又有机参数),该系统的传递函数将在“电力拖动与控制”课程中介绍;但其中的机械参数是一个假想的、简单的“虚拟机械系统”的物理参数(如转动惯量),

该参数是由广义执行子系统中每个机构的物理参数换算而得，这个换算的理论依据是能量守恒定律，即“虚拟机械系统”所具有的动能应当等于系统传动链中每个机构所具有动能的总和。(这里强调的是能量传递过程中的能量守恒定律)。

** 说明：在这里还是要强调能量原理的问题。上面提到的几个能量原理与力作用与传递原理，动量作用与传递原理是相互独立的。从理论上可以论证，由能量原理都可以导出力作用与传递原理的公式，因此，可以直接用能量原理去求任何动力学问题，而且是越复杂的就越显得该原理的优势性(在解决复杂机器人的动力学问题时往往用能量原理)，故不要再认为它是一个方法，要认真理解能量原理的内涵，掌握它，用好它。

2. “弹性力学与有限元解法”

“弹性力学与有限元解法”是机械电子工程专业的基础课。“材料力学”“弹性力学”与“有限元法”都是很成熟的课程，它们是对机构进行工作能力分析的理论基础和求解方法，现将它们合并成一门课，同学们要认真学好它。

** 过去机电类专业只开“材料力学”课，现在建议改开“弹性力学与有限元解法”，并建议编一本新教材。理由如下：

其一，机构设计中所遇到的强度、刚度问题几乎都是弹性力学的问题，而材料力学几乎是不能解决的。如齿轮设计中齿面的接触与磨损问题是弹性力学中的接触问题；而齿根的强度问题是弹性力学的尖劈问题，根本不是什么悬臂梁。还有轴的设计，按材料力学中的梁的模型去算是不正确的，因为物体模型就不对。在材料力学中所谓梁的定义是由杆长与其横截面的尺寸比决定的，只有横截面尺寸小于梁长的十分之一才能按梁的模型去算，否则计算结果是不正确的。在机构设计中，构件尺寸与材料是由其刚度控制的，不可能有细长杆，故只讲材料力学是不够的。况且现在《机械设计手册》中机械强度、刚度计算公式都是以工程经验为依据的经验公式，不是材料力学中原原本本的公式。

其二，过去机电专业不讲弹性力学也是由于数学问题，现在有了有限元法，又用计算机去计算，应当说给学生讲弹性力学不会成为问题。只要学生学了有关数学的一些概念和基本运算即可，这样既不难学，又不难懂。另外，现在各校机电类专业都给学生开了“有限元法”选修课(因为它是工程师资格必备条件)，由于学时少，大多只介绍有限元程序应用，这样显得太缺乏理论基础。

鉴于上述两点，建议将“材料力学”“弹性力学”“有限元法”中对机械设计有用的内容有机地结合起来，编一本新教材《弹性力学与有限元解法》。

新编《弹性力学与有限元解法》这本书的指导思想是：弹性力学(包括材料力学)中的概念与理论部分照讲，只是在计算方法上多采用有限元解法(即基于“能量原理”用“位移法”求解，而不是用基于“力作用原理”的“力法”)。这样既可以省出讲“力法”的时间去讲基本原理，又可以让学生掌握现代的计算方法，适应毕业后工作的要求。

“弹性力学与有限元解法”的知识要点如下。

(1) 基本概念

杆、梁、桁架、刚架、平面(平面应力问题、平面应变问题)、板、壳、块体；内力、拉力、压力、剪力、扭矩、弯短、应力(正应力、剪应力)、应变(正应变、剪应变)；弹性内能(应变能)；应力状态、应变状态；物理方程(虎克定律、广义虎克定律)；强度、强度条件、许用应力、刚度、刚度条件，允许位移、允许转角；强度理论、断裂、屈服；弹性稳定、失稳；静定、超静定、力法、位移法、位移连续条件；单元位移(插值)函数、节点、刚度矩阵、质量矩阵、阻尼矩阵、荷载列阵、刚度集成法。

(2) 基本原理

力作用原理：惯性定律、牛顿第二定律、作用反作用定律、达朗贝尔原理、圣维南原理。

能量原理:最小势能原理、最小余能原理、虚位移原理、功互等定理、虚功等效定理。

材料力学性质定律:虎克定律(单向、平面、空间)。

强度理论:第一、第二、第三、第四强度理论。

(3) 基本方法

力法、位移法。

(4) 物理模型

① 物体模型

杆、梁、桁架、刚架、平面问题(平面应力、平面应变)、薄板、薄壳、块体。

② 力与应力模型

外力(集中力、分布力、力矩、扭矩);内力(轴力、剪力、弯矩、扭矩);应力(正应力、剪应力);应力分布规律(杆与平面问题横截面上拉压正应力均匀分布,轴(杆)横截面上剪应力线性分布,梁与板横截面上弯曲正应力线性分布,刚架横截面上应力分布为杆、梁组合,薄壳横截面上应力分布为平面问题与板的组合)。

③ 约束及其反力模型

a. 固定边界(限制边界处所有位移与转角)

b. 简支边界(限制边界处所有位移与两个转角)

c. 自由边界(所有位移、转角都不限制)

④ 物体材料性质模型

线性弹性材料、非线性材料。

⑤ 物体变形模型

伸长、缩短、弯曲、扭转、剪切。复杂变形由这些典型变形叠加(组合)而成,条件是都为微小变形(线弹性范围内,物理非线性除外)。另外还有大变形(几何非线性)不能叠加。

⑥ 参考系模型

直角坐标、曲线坐标。

(5) 基本运算

代数运算、几何运算、微积分运算、变分运算。

(6) 求解各类物理模型的思路

① 求杆、梁横截面上内力用的是力作用原理。与静力学相似,不过取的"分离体"为杆、梁的一段小微元;由外力(主动力)与内力平衡,求出杆、梁横截面上的内力;然后由横截面上的应力分布规律模型求出应力。

② 求平面问题和板横截面上的内力用的是能量原理和有限元方法。该方法是将平面或板用网格分成单元,先求出单元节点上的位移,然后用插值函数求出单元内各点的弹性变形(位移或应变),由虎克定律求出各点内力或应力。有限元法处理边界条件很方便,可以求解各类工程问题。

③ 求刚架和薄壳横截面内力也很方便。对线性问题由叠加原理杆、梁单元就组成刚架单元,平面单元与板单元就组成壳单元,然后按有限元法的求解程序去解,非常容易。

④ 求块体应力与变形也容易,只要求出块体的单元刚度矩阵,然后用有限元程序去求解即可。

这样我们就可以用有限元法分析计算任何形状和材质的机构或构件的工作能力(强度

与刚度）。

(7) 在机电系统中的应用

弹性力学的基本理论，不仅应用于产品（系统）设计的概念设计（制订总体方案）和详细设计阶段，而且还应用于运行维护过程中。

① 构件工作能力分析

构件的工作能力要从强度、刚度、振动、稳定四个方面去分析。在机电产品的设计中有正反两个方面的应用，一个是先由产品（系统）的结构要求确定各构件的几何形状、尺寸和材质，然后校核它们是否满足强度、刚度、振动、稳定条件的限制；另一个是直接根据产品（系统）的需求，依强度、刚度、振动、稳定条件的要求去设计产品及其构件的几何形状、尺寸并选材。上述两方面的工作都需要注意以下几个问题。

a. 要选对物理模型

物理模型有杆、梁、轴、桁架、刚架、平面、薄板、壳和块体，它们是由构件的几何形状、尺寸和变形状态（受力状况）决定的。比如，杆、梁、轴其几何形状都是细长杆，只是由于它们受力不同、变形不同而取三类不同的物理模型。

b. 要会选用评判条件

对于强度、刚度、振动、稳定四类评判条件，由于构件几何特性和受力状况不同又细分了许多不同的具体条款，在处理具体问题时，一定要注意选用哪一个。

(a) 强度条件选择

• 注意区分物理线性与非线性。一般情况下，机电产品总是要求其变形极小（眼看几乎觉察不到），所以应当用物理线性模型。但有些构件是经过塑性变形后制成的（如绕制弹簧），在设计这类构件时，应按物理非线性模型去计算。

• 注意区分静荷载（加载时很慢，无加速度）与动载荷（加载时很快，有加速度）。书中讲的强度条件一般是针对静荷载的；其强度条件中的“许用应力”是由静载拉压实验的极限应力决定的，当然工作应力也应当是在静载下产生的。对于动载构件（如旋转构件、受冲击、碰撞构件、振动构件等）是采用把静载应力加大（乘以一个大于1的动荷系数）的办法再去与静载实验的极限应力作比较。

• 注意是否为复杂应力状态。当构件中某些点处既有正应力又有剪应力时就属于复杂应力状态（如压弯组合、弯扭组合变形等）。在这种状态下建立强度条件时要用“相当应力”与“许用应力”作比较。这是因为对材料进行力学实验时只能做单向拉压实验（双向或三向受力实验，力之间的比例是无限的，无法实现），所以许用应力只能用单向拉压极限应力。而复杂应力状态下，一点处的主应力可能有二个或三个（都是互相垂直的），故必须借助于强度理论求出一个单向的“相当应力”去与单向拉压实验而得的“许用应力”作比较。

求相当应力的思路是：首先找出系统（产品）在运行过程中的最不利工况（受力最大或消耗功最大的工况）；接着在最不利工况下分析出构件内的危险点（应力最大的点），计算出危险点处的正应力与剪应力；然后应用应力状态理论计算出该点处的主应力（1～3个），最后依强度理论求出该点的“相当应力”。对于塑性材料应用第三（最大剪应力理论）和第四（歪形能理论）强度理论，对于脆性材料应用第一（最大拉应力理论）强度理论。莫尔理论两类材料均可应用。

• 注意是否为交变应力。像旋转轴、弹簧等构件它们都是承受交变应力的。对于受交变应力的构件,其强度条件是重新建立的,其中的极限应力是由材料的疲劳实验测得的,而强度条件考虑因素太多,表达式很复杂,在“机械设计”课详细介绍。在此只要记住千万不要用静载公式,也不用动荷公式,交变应力有专门的公式。

• 注意对应力流线的分析。构件受力后力在构件内的传递是以“应力流”的方式进行的,就像水在河中流一样,同样具有流线,这个流线的方向(切线方向)就是主应力方向。流线及其方向可由应力状态理论算出,也可由实验(光弹性实验)找到。

构件若有孔或小裂纹,流线会绕过去走,就像河水遇到桥墩一样,这样孔或裂纹近旁流线就加密,说明应力增大,这就出现了“应力集中”现象,此处很容易发生断裂,所以设计时应尽量避免孔洞和台阶尖角。

还有在设计钢筋混凝土结构时,钢筋应沿拉应力线布置,以使其更好地承载。对于薄板或薄管,沿压应力线会产生皱褶现象,设计时可沿压应力线方向加筋条,避免其局部失稳而皱褶。

(b) 刚度条件的选择

• 注意是限制位移还是限制转角(或扭角)。一般情况下,如果是限制位移,如车间内的桥式吊车的梁,是限制其中点的挠度。一般的轴是限制转角,如机床的轴,安装轴承的轴颈处和安装齿轮的位置都必须限制其转角,以保证加工精度,也可减小振动和噪声。而像图 2-2 的龙门架,则既要限制上梁中点的挠度,又要限制门肩处的转角。

• 注意静载还是动载。要是动载在求变形时要加惯性力或加动荷系数。

(c) 对振动分析的选择

机电产品(系统)多由金属材料制成,工作时肯定振动,在设计时要区分产品对振动的要求(即减振、激振或传递信号)。

• 减振。一般的机电产品都要求振动特别微小、平稳(振动稳定性)、无噪声。减振方法有三:其一,设计时使外加力的频率远离系统(产品)的固有频率;其二,增加阻尼吸收掉振动能量;其三,朝振型反方向加干扰力抑制其振动(叫主动控振)。

• 激振。有些机电产品(系统)是利用振动而工作的。这就要利用激振原理(外力的频率逼近或等于系统的固有频率)使系统工作在某一固有频率附近,从而使系统以该频率振动完成它的工作。如振动运输机、振动台、振动打桩机、振动清砂机等。

• 传递信号。在机电一体化系统内,广义执行子系统不仅要传递能量(力)去完成产品所赋予的工作;而且作为被控对象还要传递着运动信号(位移、速度等),所以在对自动控制系统进行分析时,需要建立广义执行子系统的传递函数。在理论力学中已建立过,但没有考虑构件的弹性影响,是不完全的。在这里应当利用系统的振动(运动)方程(输入为驱动力,输出为位移或速度)和电动机的动力学方程(输入为电压是控制信号,输出为电机给广义执行子系统的驱动力)去建立传递函数。注意,因为系统在运动中,作为振动系统,此时广义执行子系统的位姿应当是运动到发出控制信号那一刻的。

(d) 稳定评判条件

失稳是一种受压杆在它承受的压应力还远远小于它的许用应力时突然发生弯曲的现象。失稳只发生在受压构件中,受压构件的强度一般由是否失稳来判定。评判指标是构件能承受的力(叫临界力)而不是应力。

构件的力学模型不同,其评判条件不同,注意以下两点。

• 对于杆件模型，分细长杆、中长杆和短杆三个不同的评判条件。

• 对于桁架、刚架、平板、薄壳类模型，存在整体失稳和局部失稳之分，要选其所对应的条件。

② 产品在使用中应注意的问题

a. 松弛

人们知道，调准的琴弦过了较长一段时间以后，琴弦松了，再弹时音调已不准。这种现象在拉紧的金属材料中也存在，称为应力松弛。它的特点是构件长度没变，应力变小了。例如，通信铁塔的固定拉线、法兰盘的固定螺栓、紧配合上的轮毂，都会产生应力松弛现象。对这类构件要定期检查，发现松动及时紧固。

b. 蠕变

在高温下受到恒定轴向荷载作用下的构件，其变形将随着时间的延长而慢慢地增加，这种现象叫蠕变。因此，对长期工作在高温下的热机构件要定期检查(如燃气轮机的叶片)，看它们是否增长了，以防止刮碰。

c. 断裂

由于应力集中的作用，对于交变应力作用下的构件和在加工过程中不慎造成微细裂纹(如热处理或酸腐蚀)的构件，在突发力的作用下会突然断裂，毫无预兆。例如，车轴、减振弹簧等，经常会出现这种脆断现象，必须经常检查(可用探伤仪或锤击)，以免造成事故。

附录：

“弹性力学与有限元解法”教学大纲。(5～6学分)

第1章　绪论

§1.1　弹性力学的任务(对弹性体的工作能力(强度、刚度、承载)进行分析与校核)

§1.2　弹性力学的基本模型(物体模型、力与应力模型、约束及其约束反力模型、材料性质模型、物体变形模型、参考系模型)

§1.3　弹性力学的基本假设(材质假设:连续性、各向同性、均匀性、完全弹性;变形假设:微小形变)

第2章　杆的拉伸与压缩

§2.1　杆拉伸、压缩的概念和实例

§2.2　杆件受轴向拉(压)时横截面上的内力与应力(正应力分布规律模型、圣维南原理)

§2.3　杆件受轴向拉(压)时斜截面上的应力(引出一点应力状态的概念)

§2.4　材料在拉(压)时的机械特性(拉伸虎克定律、失效分析、许用应力)

§2.5　拉(压)杆的强度校核

§2.6　拉(压)杆的变形计算与刚度校核

§2.7　拉(压)变形应变能(即弹性能)

第3章　轴(杆)的扭转

§3.1　圆轴扭转应力(剪应力分布模型)

§3.2　圆轴扭转强度校核与动力传递

§3.3　圆轴扭转变形与刚度校核(扭转虎克定律、扭转变形)

§3.4　剪切应变能

第4章　梁的弯曲

§4.1　梁弯曲的概念和实例

§4.2　梁弯曲横截面上的内力及其沿梁轴线的分布规律(剪力、弯矩图)

§4.3　梁弯曲横截面上的正应力(正应力分布模型、计算公式)

§4.4 梁弯曲横截面上的剪应力(剪应力分布规律、计算公式)

§4.5 梁的强度条件与合理强度设计

§4.6 梁变形基本方程及挠度与转角计算(包括叠加法)

§4.7 梁的刚度条件与合理刚度设计

§4.8 梁的拉(压)弯组合变形与截面核心(选讲)

第5章 应力状态与应变状态分析(同一点的应力在不同方向截面上的表现)

§5.1 平面应力状态分析(极值应力与主应力、应力圆)

§5.2 三向应力状态的最大应力

§5.3 平面应变状态分析

§5.4 各向同性材料的应力,应变关系(广义虎克定律或叫物理方程)

第6章 复杂应力状态的强度分析

§6.1 关于断裂破坏的强度理论(第一、第二强度理论)

§6.2 关于屈服破坏的强度理论(第三、第四强度理论)

§6.3 弯扭组合变形和拉弯组合变形的强度条件

第7章 超静定梁的分析

§7.1 力法解两端固定梁(重点是变形连续条件)

§7.2 位移法解两端固定梁(求出梁端的力与位移的关系式为有限元法打基础)

§7.3 位移法求解超静定刚架

第8章 刚架分析的有限元法(用位移法解超静定杆、梁结构)

§8.1 有限元法的思路(离散、集成)

§8.2 单元刚度矩阵(以单元节点位移表示的节点力)

§8.3 坐标变换(不同坐标系中的力都变到同一坐标中,以便计算)

§8.4 等效节点荷载

§8.5 建立节点平衡方程式(刚度集成法)

§8.6 解方程求单元内力、最大应力及强度校核

§8.7 有限元法的步骤(是有限元法解题程序,只要有不同物体模型的单元刚度矩阵,则按该程序去做,都能求解,后面几章的重点就是讲单元刚度矩阵和等效节点荷载列阵怎么求)

§8.8 例题及程序

第9章 弹性力学的能量原理

§9.1 最小势能原理(先讲原理,然后用该原理求出刚架的单元刚度矩阵)

§9.2 虚位移原理(先讲原理,然后用该原理求出刚架的单元刚度矩阵)

§9.3 最小余能原理(选讲)

§9.4 功互等定理(选讲)

第10章 平面问题的有限元法(从本章以后都用能量原理和位移法求解)

§10.1 两类平面问题

§10.2 单元划分原则

§10.3 三角单元的刚度矩阵(位移函数、单元刚度矩阵)

§10.4 三角单元的等效节点荷载列阵

§10.5 求单元应力、主应力和主方向

§10.6 例题及程序(齿轮、齿牙强度分析可作一个例题或习题)

§10.7 矩形单元刚度矩阵

第11章 空间问题的有限元法

§11.1 等参元的概念与曲线坐标变换

§11.2 20节点空间等参元的单元刚度矩阵(位移函数、单元刚度矩阵)

§11.3 20节点等参元的等效节点荷载列阵

§11.4 求应力、主应力及主方向(进行强度校核)

§11.5 例题(按触问题、箱体分析计算等)

第12章 结构振动分析有限元法

§12.1 振动方程(可选一机构某工位为例,求单元刚度矩阵、质量矩阵、阻尼矩阵,等效节点荷载列阵,建立振动方程)

§12.2 求固有频率和主振型(叠代法、子空间迭代法)

§12.3 求动力响应(振型叠加法)

§12.4 例题:标准机柜刚架模型的动态特性分析,机架、箱体振动分析等。

第13章 非线性问题的有限元法

§13.1 几何非线性问题(弹性结构失稳问题,或大变形问题)

§13.2 物理非线性问题(非线弹性材料问题,适用于大部分材料)

第14章 温度场的有限元法及热应力分析

§14.1 温度场分析的有限元法

§14.2 温度场内热应力分析

4.2.7 机械设计模块

有了工程图学和工程力学的基础以后,就可以介绍机械设计的知识了。机械设计模块的基本理论和基本技术,既能指导我们进行概念设计,更是我们进行详细设计的依据。在广义执行子系统的设计中,机械设计模块不仅指导我们设计原理图,还指导我们出施工图。

由第3章图3-3可知,广义执行子系统方案设计有六步,即功能原理方案设计、运动规律设计、机构型式设计、执行系统协调设计、机构尺度及选材设计和驱动装置选择。这六步就是由机械设计模块解决的。可以说本模块是各种机械设计的理论基础与技术基础。

这六个步骤所包含的内容有:选什么样的驱动装置,配什么样的机构,来完成功能方案设计;方案确定以后,将驱动装置与机构都具体化。因此根据常用的驱动装置应当开设“电力拖动与控制”“流体传动与控制”两门课。因为“电力拖动与控制”属电类课,将它归到“电工电路”模块中。关于机构的设计问题一般分为两门课:一门为“机械原理”及其实践课“机械原理课程设计”;另一门为“机械设计”及其实践课“机械设计课程设计”。两门实践课以后再介绍,下面分别介绍“机械原理”“机械设计”与“流体传动与控制”三门课的核心内容。

1. “机械原理”

“机械原理”是机械电子工程专业中研究机械原理性问题的一门主干专业技术基础课,它的任务是确定功能原理方案的机构与驱动装置,上述六个设计步骤中,除了机构尺度及选材设计外,其他五步基本都由本门课解决,因此本门课介绍了学生应当掌握的机构学和机械运动学、动力学的基本概念、基本原理和基本技能。

本门课的知识要点如下。

(1) 基本概念

构件、运动副、运动链、机构、自由度、机构组成、机构运动简图,连杆、凸轮、齿轮三大机构及其他常用机构,机械速度波动、飞轮、机械的平衡。

(2) 基本原理

机构组成原理、三心定理、反转法、罗伯特定理、齿廓啮合基本定律;运动分析与动力分析基本原理与理论力学相同(先修课为理论力学)。

(3) 基本方法

解析法、图解法、软件专家系统、实验法。

(4) 物理模型

与理论力学相同(先修课为理论力学)。

① 典型机构模型:连杆机构(平面、空间)、凸轮机构(盘式、圆柱式)、齿轮机构(齿轮、不完全齿轮、非圆齿轮、尺条、蜗杆)、棘轮机构、槽轮机构、螺旋机构(丝杠、滚珠丝杠)、万向节(单万向节、双万向节)。

② 典型运动副模型:空间点高副、空间线高副、球面副、平面副、球销副、圆柱副、平面高副、转动(回转)副、移动副(棱柱副)、螺旋副。

③ 物体(构件)模型、力模型、运动形式模型、参考系模型都与理论力学相同;约束与约束反力模型由运动副模型确定。

(5) 基本运算

与理论力学相同。

(6) 基本技能

① 根据功能模块的功能需求确定执行机构、传动机构的形式(由典型机构模型中去选或自己独创)和驱动装置的类型。

② 依理论力学中的运动学原理对所确定的机构进行运动分析:其一,由运动轨迹求运动方程式,再由运动方程式求速度与加速度,以控制机构的运动速度和加速度,避免惯性冲击力太大;其二,对相关的机构(或构件)关键点的运动轨迹进行检查,避免机构间的空间干扰。

③ 依理论力学中的动力学原理对所确定的机构进行动力分析,解决三个问题:其一,由动力分析确定整个机构(广义执行子系统)的最不利工况(受力最大、耗能最多的工作状况),以备选取驱动装置和对机构进行工作能力校核;其二,按照最不利工况根据能量守恒定律,由负荷(工作对象)所需功率和执行机构、传动机构所消耗的功率之总和求出驱动装置所需的输出功率;其三,根据力作用原理和能量定理由上面求出的负载和驱动装置的功率(速度)逐件地求出执行机构和传动机构中每一个构件的受力情况,以备校核构件工作能力时用。

④ 能绘制机构运动简图,完成机构的原理设计。

⑤ 掌握常用机构的设计计算方法:

a. 掌握一般平面机构的组成、自由度计算。

b. 重点了解和掌握平面连杆机构、凸轮机构、齿轮机构等最常用机构的分析与综合方法。

• 掌握速度瞬心概念及其求法、瞬心在平面机构速度分析中的应用、用图解法和解析法进行机构的速度和加速度分析。

• 掌握运动副中摩擦的计算、考虑摩擦时机构的受力分析、机械的效率、机械的静力分析、动力分析、机械的自锁的计算。

• 对连杆机构，了解平面四杆机构类型、应用及其传动特点，掌握给定连杆三位置和连架杆三对应位置设计平面四杆机构的方法。

• 对于凸轮机构，了解凸轮机构的应用和分类、推杆的运动规律及其特点，能够进行凸轮轮廓曲线的设计，确定凸轮机构的基本尺寸。

• 对于齿轮机构，掌握渐开线的形成及其特性、渐开线齿廓的啮合特点及计算、标准齿轮参数及啮合的计算。了解齿轮加工方法，根切、变位。了解斜齿轮端面、法面参数意义及其计算。了解蜗杆传动、锥齿轮传动及其计算。对于轮系，掌握定轴轮系、周转轮系、复合轮系的传动比计算。了解行星轮系的效率特点及设计的基本知识。

• 对其他常用机构有所了解，例如棘轮机构、槽轮机构、不完全齿轮机构、非圆齿轮机构、螺旋机构、万向节、组合机构等机构的特点及应用领域。

c. 了解机器的速度波动及其调节方法，会计算飞轮矩。

d. 掌握转子静平衡、动平衡的方法及其配重的计算，了解四杆机构的常用平衡方法。

⑥ 初步掌握机械运动参数的测量方法、机械效率的测定方法、齿轮范成法和动平衡测量方法等。

⑦ 能对已有的机构进行测绘、拆、装。

(7) 在机电系统中的应用

① 用于概念设计阶段

a. 对执行系统进行功能原理设计和运动规律设计，这两者是反复进行的，具体作法如下：先依据产品的功能需求，确定实现其功能的原理及据该原理提出的工艺要求，再据工艺要求和运动学原理将工作对象的运动分解为简单动作(移动或转动)的组合(分解方案和组合方案都不止一个)；然后根据不同的驱动原理(电动、液动、气动、微动等)和不同机构的运动特性构思出多个执行系统方案，并画出运动简图，备用。

b. 对传动系统进行选型和总体布置设计。如果在驱动装置和执行系统间需要传动系统，则要作传动系统设计，具体作法是：先选择传动机构类型(如摩擦、带、链、齿轮、蜗杆、螺旋等传动)，使其与驱动装置和执行系统相匹配，同时要考虑传动系统的总体布置(串联、并联、混联)，设计完了给出运动简图备用。传动系统的方案也不止一个。

② 用于详细设计阶段

a. 求出驱动装置的输出功率和输出力(矩)。

b. 求出各构件的受力状况，以备进行工作能力校核。

2. “机械设计”

“机械设计”是机械电子工程专业中研究机械设计性问题的一门主干专业技术基础课，它讲的是机械设计的通用知识，它的任务是：机械的方案设计(具体到本专业就是执行系统和传动系统的设计)，机械零部件的结构设计和机械零部件的工作能力设计。通过上述工作，将机械原理性设计的机构具体化，变为设计图纸上的东西，以备加工。因此本门课介绍了学生应当掌握的机械设计的基本概念、基本原理(或准则)、基本方法、基本技能。

本门课的知识要点如下。

(1) 基本概念

机械零件(在机械原理中叫构件)、零件结构、零件强度(屈服强度、断裂强度、疲劳强度、体积强度、表面强度、静强度)、刚度、柔度、摩擦、磨损、润滑、寿命、可靠性、安全性、经济性、热平衡、冲击(振动)、稳定性、等强度、强度条件、许用应力、安全系数、刚度条件、零件工艺性、预应力、零件失效。

(2) 基本原理

① 机械零件工作能力设计的基本准则(强度准则、刚度准则、稳定性准则(控振性)、耐热性准则、可靠性准则、工艺性准则)。

② 机械零件结构设计的基本原则(任务分配原则、自助原则、力与变形原则、可制造原则)。

③ 机构零件设计选材原则(性能选材法、成本选材法)

④ 摩擦学设计(磨损及其控制,润滑及润滑设计)

⑤ 模块化、标准化原则(部件模块化,常用件标准化、系列化)。

⑥ 进行工作能力设计所用力学原理与“理论力学”和“弹性力学与有限元解法”相同。

(3) 基本方法

与“理论力学”和“弹性力学与有限元解法”相同。

(4) 物理模型

与“理论力学”“弹性力学与有限元解法”“机械原理”相同。

(5) 基本技能

① 掌握机械零件工作能力设计的一般准则(按照六项基本准则去做)。

② 掌握机械零件结构设计的一般原则(按照四项基本原则去做)

③ 掌握机械零件选材方法(按照两种方法去做)。

④ 掌握机械的润滑设计原则(按照两个原则去做)。

⑤ 掌握典型机械零件的工作能力设计方法(学会建立零件的物理数学模型和计算方法)。

a. 连接设计:螺纹连接、键和花键连接、过盈连接。

b. 传动设计:螺旋传动、带传动、链传动、齿轮传动、蜗杆传动。

c. 支承设计:轴、滚动轴承、滑动轴承(包括润滑设计)、框架或箱体设计。

d. 联轴器、离合器、制动器的选用或设计。

e. 弹簧的设计。

⑥ 掌握某些典型机械零件的结构设计方法(尺寸变换、形状变换、数量变换、位置变换、顺序变换)。

a. 连杆类零件结构设计。

b. 轴类和轮类零件的结构设计。

c. 机架、箱体和导轨的结构设计。

⑦ 会机械方案的设计(功能原理方案设计、运动规律设计、机构型式设计、执行系统协调设计、机构尺寸与选材设计、驱动装置选择)。

a. 机械执行系统方案设计。

b. 机械传动系统方案设计。

c. 广义执行子系统总体方案设计(六个步骤)。

⑧ 具有运用标准、规范、手册、图册等有关技术资料的能力,最后将上述设计方案变成

施工图。(机械零件图和装配图)

(6) 在机电系统中的应用

① 概念设计阶段

先将机械原理中所设计的执行系统与传动系统的许多方案按不同的驱动原理加以组合,构成若干个总体方案,然后对所有的总体方案进行分析评价选最优者,作为最终方案,并给出运动简图(原理图)。

② 详细设计阶段

这个阶段是将上述最终方案加以具体化,通过一系列的分析计算,给出施工图。

a. 整体造型设计。

在实现原理图的基础上,由工业设计知识和人机工程知识给产品设计几个造型,并给出形状、尺寸、外装材料和颜色;然后与用户一起确定一个作为最终方案。在造型设计时应考虑产品中驱动装置、传动系统、执行系统、控制系统和其他辅助系统之间的协调布置。

b. 执行系统设计:

(a) 结构设计。给出执行系统中各构件的几何形状、尺寸和材料。

(b) 协调设计。解决以下问题:一是满足工艺过程动作先后顺序要求;二是满足系统循环工作的要求,确定工作循环周期并画出运动循环图;三是满足系统中各执行机构位置上的要求,保证不互相干扰;四是满足生产率要求;五是系统中能量分配要合理。

c. 传动系统设计:

(a) 结构设计。给出传动系统中各构件的几何形状、尺寸和材料(或选用现有的合适的传动机构)。

(b) 运动和动力匹配设计。根据执行系统的负载特性和工作状况选择(设计)合适的传动系统,使驱动装置(机械特性)、传动系统、执行系统(负载动力特性)三者在动力上相匹配,以使产品能有良好的工作状态。

(c) 传动比设计。根据执行系统的运动要求和驱动装置的运动特性,给传动系统设计合适的传动比。

d. 找出广义执行子系统中运动传递路线和力传递路线:

(a) 由驱动装置经传动系统到执行系统找出力传递路线,并计算出每一个构件所受的力,以便对构件进行工作能力校核。

(b) 由驱动装置经传动系统到执行系统找出运动传递路线,分析每个构件的运动状态(位移、速度、加速度),一方面为布置传感器做准备,另一方面为建立传递函数做准备。

e. 工作能力校核。

由每个构件所受的力和运动状态,对它们进行工作能力校核(利用弹性力学原理和本门课所讲的强度、刚度条件)。

f. 建立广义执行子系统的传递函数。

根据运动传递路线、力传递路线和弹性力学原理为被控对象广义执行子系统(包括驱动装置、传动系统和执行系统)建立传递函数,以备建立产品(机电一体化系统)的自动控制系统的传递函数时用。

g. 绘制产品(系统)的总装图、部件图、零件图并编写设计说明书,交付生产。

3. “流体传动与控制”

“流体传动与控制”是机械电子工程专业中介绍流体传动技术的一门专业技术基础课。它的任务是:为执行机构设计一套流体传动系统,其中包括流体传动(流动)线路的设计,动作控制线路的设计和构成系统的元件(气动元件或液压元件)的选择。本门课对机械电子工程专业来说虽然着眼于介绍流体传动技术,但为了使学生具有设计传动系统的能力,还应当介绍有关流体力学的基本原理。本门课在内容安排方面应遵循以下原则:以流体力学为基础,以传动为主线,以设计系统为目的,以气压和液压回路为基本框架,以实验教学为手段,使学生掌握系统设计的技能和正确选择气动、液压元件构成传动系统回路的技能。

本门课的知识要点如下。

(1) 基本概念

流体、液压、气动、流体传动(气压传动,液压传动)、液压系统、气动系统、液压元件、气动元件、液压传动回路、气动回路。

(2) 基本原理

液体静力学:静压力基本方程、帕斯卡定律。

液体动力学:流量连续性方程(质量守恒)、伯努利方程(能量守恒)、动量方程。

气体静力学:理想气体状态方程。

空气动力学:气体流动的基本方程(连续性方程、动量方程、伯努利方程(解法))。

(3) 基本方法

解析法、实测法。

(4) 物理模型

① 物体模型:

a. 液压油。密度均匀一定,不可压缩(不能有空气)、有黏度、稳定流动。

b. 空气。密度均匀,可压缩(低速运动时可认为不可压缩),一般不考虑黏度(不能有湿气),稳定流动。

② 力模型:只有压力(分布压强)。

③ 约束及其反力:流体都以水头损失的形式考虑阻力影响,它们的反作用力都垂直于容器壁。

④ 材料性质模型:低速时液、气都视为不可压缩,故无弹性。

⑤ 参考系:直角坐标。

(5) 基本运算

代数、微积分。

(6) 基本技能

① 掌握液压与气动元件的工作原理、结构特点及正确选择的方法。

a. 气压与液压传动的动力元件(空气压缩机、液压泵)。

b. 气压与液压传动的执行元件(气马达、气缸、液马达、液压缸)。

c. 气压与液压传动的控制调节元件(控制阀、方向阀、压力控制阀、流量控制阀)。

d. 辅件(蓄能器、过滤器、油箱、热交换器、压力表、气液转换器、消声器、管件、管接头、密封件)。

② 掌握液压与气动系统基本回路的性能，并能根据系统要求正确选用。

a. 方向控制回路(液：换向、锁紧、制动；气：气缸换向、马达换向)。

b. 压力控制回路(液：调压、卸载、减压、增压、平衡、保压、泄压；气：压力、力)。

c. 速度控制回路(液：调速，快速、速度换接；气：气阀调速、气液连动速度控制)。

d. 液压多执行元件控制回路(顺序动作、同步、互不干扰、多路换向阀控制)。

e. 气动其他回路(逻辑、安全保护、多位缸位置控制、同步动作、冲击气缸、真空吸附)。

③ 能正确分析和设计液压与气动系统为广义执行子系统服务。

a. 典型液压系统分析。

b. 液压系统设计计算。

c. 典型气动系统分析。

d. 气动系统设计计算。

(7) 在机电系统中的应用

① 在概念设计阶段：供功能原理选择之用(液动或气动)。

② 在详细设计阶段：根据执行机构动作要求选择马达或缸；根据控制要求选择阀，并设计流路；同时要选配辅助设备或元件。另外还要为该液压系统建立传递函数。

4.2.8　机械制造模块

本模块介绍将机械施工图纸变成产品的过程。在这一过程中，首先进行机械零件加工；然后经质量检验合格后，进行总装，按装配图将所有零件组装到一起构成设计方案所要的机械，对本专业来说，就是执行系统或传动系统；最后将所选的驱动装置与组装好的传动系统和执行系统由机架组合在一起，就构成了广义执行子系统，实现了由图纸到产品的过程。

“机械制造”所包含的内容非常多，所涉及的学科也很广，不仅讲技术，也要讲许多基本原理；然而由于机械电子工程专业，机电并重，不能像纯机械类专业那样给许多学时去讲机械制造，只能讲一些机械设计中必须知道的机械制造的主要内容。

同学们一定要注意，不是说机械制造不重要，是不得已而为之。况且机械制造是实践性很强的课程，它讲了许多工程实践经验和技术，不是书本说说即可，只要有理论基础，在工作中学习更方便。希望同学们在校期间初步掌握机械制造的基本原理与技术，将来在工作中再继续深化，继续充实自己的机械制造知识，以真正能够胜任机电工程师的工作。

根据机械电子工程专业机械设计的需要，再考虑传统的课程设置，本模块设置三门课，一门是“工程材料”；另一门是“机械制造基础”及其实践课“金工实习”“机制工艺实习”和“机制工艺课程设计”；第三门是“互换性与技术测量”。下面分别介绍这三门课，它们的实践课以后再介绍。

1. “工程材料”

“工程材料”是机械电子工程专业的基础课。在设计机械零件的时候要考虑该零件选用什么材料合适，加工过程中要对材质进行处理，这些都与材料的性质有关，材料性质又与材料的结构有关。因此本门课的任务是：介绍各种工程材料的性质、处理方法和选用原则。

本门课的知识要点如下。

(1) 基本概念

工程材料(金属材料、高分子材料、陶瓷材料、纳米材料)、组织结构(晶体、非晶体)、材料特性(力学性能、物理性能、化学性能、工艺性能)、热处理、塑性加工、表面技术。

(2) 基本原理

① 晶体结构理论(金属的结晶、结晶在固态下的转变、合金的相结构、铁碳合金相图、利用相图对铁碳合金结晶过程进行分析、碳含量对合金平衡组织和性能的影响)。

② 热处理理论(铁碳合金平衡图、钢在加热时的转变、钢在冷却时的转变、钢在回火时的转变)。

(3) 基本知识

① 工程材料

a. 金属材料(钢、铸铁、有色金属)。

钢:碳素结构钢、碳素工具钢、合金结构钢、低合金结构钢、合金渗碳钢、合金调质钢、合金弹簧钢、滚珠轴承钢、合金工具钢、不锈钢、耐热钢、高温合金钢、耐磨钢、低温钢、铸钢。

铸铁:灰铸铁、球墨铸铁、可锻铸铁、蠕墨铸铁、合金铸铁。

有色金属:铝及铝合金(铸铝、防锈铝合金、硬铝合金、超硬铝合金、锻铝合金)、铜及铜合金(工业纯铜、单相黄铜、双相黄铜、铝黄铜、锰黄铜、锰铁黄铜、锡青铜、铝青铜、低铝青铜、铍青铜)。

b. 高分子材料(热塑性工程塑料、热固性工程塑料)。

热塑性工程塑料:聚酰胺(尼龙)、聚甲醛、聚碳酸脂、ABS塑料、聚四氯已烯。

热固性工程塑料:酚醛塑料、环氧塑料。

c. 陶瓷材料(氧化铝陶瓷、氮化硅陶瓷、碳化硅陶瓷、氮化硼陶瓷、金属陶瓷)

② 材料特性(力学性能、物理性能、化学性能、工艺性能)

a. 力学性能:硬度指标、强度指标、塑性指标、冲击韧性指标、疲劳强度、弹性模量。

b. 物理性能:密度、熔点、热膨胀性、导电性、导热性、磁性。

c. 化学性能:抗化学作用能力和抗腐蚀能力。

d. 工艺性能:铸造性能、压力加工性能、焊接性能、机械加工切削性能、热处理性能。

③ 金属的热处理工艺(钢、铸铁、铝合金、铜合金)

a. 钢的热处理:整体(或称常规)热处理(退火、正火、淬火、回火)、表面热处理(火焰淬火、感应加热淬火)、化学热处理(渗碳、碳氮共渗、渗氮)。

b. 铸铁热处理:灰铸铁热处理(退火、正火、表面淬火)、可锻铸铁热处理(退火)、球墨铸铁热处理(退火、正火、调质、淬火)、合金铸铁热处理(淬火)。

c. 铝合金热处理:变形铝合金热处理(退火、淬火、时效)、铸造铝合金热处理(退火、淬火)。

d. 铜合金热处理(淬火、时效、强化、淬火回火、淬火回火强化、淬火时效)。

④ 选择材料准则(使用性、工艺性、经济性)

a. 据使用性能选材:由零件的工作条件和失效分析确定零件的使用性能,然后提出对材料性能(力学、物理、化学)的要求。

b. 据工艺性能选材:由零件加工工艺(铸造、压力加工、机械加工、焊接、锻压、热处理)的需要,选择适合上述工艺过程的材料。

c. 据材料的经济性选材:由材料价格最低和制造完零件总成本最低综合最优选材。

(4) 基本技能

① 熟悉工程材料(尤其是金属材料)的种类、牌号、性能(尤其是力学特性)和用途。

② 掌握钢的热处理原理，熟悉常用金属材料的热处理技术、方法，并会选用。

③ 熟悉选择材料的准则，能正确地为零件（轴、齿轮、箱体、弹簧等）选择合适的材料。

④ 掌握金属材料常用的实验方法（拉力实验、扭转实验、冲击实验、硬度实验），会使用四类试验机。

⑤ 掌握金相分析方法（原材料缺陷的低倍检验、断口分析、显微组织检验）会使用金相显微镜。

（5）在机电系统中的应用

① 在整个设计过程中为产品或构件选材。

② 在详细设计阶段标明对钢铁构件的热处理。

2．"机械制造基础"

"机械制造基础"是机械电子工程专业的专业技术基础课。当广义执行子系统被设计好以后，首先要将零件图变成零件，然后再按装配图将所有零件组装到一起构成系统（产品）。"机械制造基础"的任务是介绍将图纸变成产品的制造技术和制造过程。

本课程的知识要点如下。

（1）基本概念与基本知识

① 生产过程（制造过程）：原材料、毛坯制造、加工零件、装配成品、检验、试运行、涂装与包装。

② 工艺过程：机械加工、铸造、锻造、冲压、焊接、热处理、钳工、装配等工艺的过程。

③ 机械加工工艺过程：工序（安装、工位、工步、走刀，切削用量、加工余量）。

④ 机械加工工艺规程（工艺规程）：工艺规程设计（图样分析、毛坯制造、工艺路线、定位基准、工序设计、工艺规程文件）。

⑤ 产品结构工艺性（产品及零部件）：可加工性、可装配性、可维修性、经济性。

⑥ 工艺尺寸链：工艺尺寸链组成环（工序尺寸）、工艺尺寸链封闭环（设计尺寸、加工余量）、基本工艺尺寸链（设计尺寸尺寸链、加工余量尺寸链）、综合工艺尺寸链。

⑦ 工艺方案技术经济分析：评价原则（成本指标、投资指标、追加投资回收期）、分析比较（工艺成本比较、工艺路线优化）。

⑧ 工艺装备：

a. 机加工：各类冷加工机床及其刀具、夹具、辅具、检验仪表（量具）、工具。

b. 装配：刮削工具、装配工具、平衡校正工具、形位误差检测工具与装置。

c. 铸造：样模、模板、芯盒、砂箱、木模、金属模、消失模。

d. 压力加工：各种冲压机床及所用模具（冲压模、热锻模、挤压模、冷拨模、自由锻模、快速经济模）。

e. 焊接：焊接机、焊接夹具、焊接用工具及辅助装置。

f. 特种加工：各类特种加工机械及电火花成形工具电极，各类特种加工的工具、磨轮等。

⑨ 装配工艺过程：分装配（合件、组件、部件）、总装（产品）。

⑩ 装配工艺规程：工艺规程制定（装配图分析、验收技术标准、装配顺序、装配系统图、装配工序、检测和试验规范）。

（2）基本理论

① 切削原理：金属切削过程和剪切角、切削力、切削热、切削液、刀具角度，磨损与使用寿命，切削用量的选择。

② 磨削原理:磨削加工的基本规律、砂轮的修正和耐用度、磨削用量的选择。

③ 加工精度分析:理论误差和工艺系统几何误差、工艺系统受力变形引起的加工误差、工艺系统受热变形引起的加工误差、误差的综合分析。

(3) 基本技术与方法

① 车削技术

a. 常用车削方式:车外圆(圆柱面、椭圆柱面、斜面、球面)、车端面、车内孔、车螺纹、成形车、切槽。

b. 车床类型:普通卧式车床、数控卧式车床(单轴、多轴)、立式多轴半自动车床、转塔车床、仿形车床。

c. 新的车削技术:加热车削、超声振动车削、超精车削、硬态车削。

② 铣削技术

a. 常用铣削方式:周铣(顺铣、逆铣)、端铣(对称、不对称逆、不对称顺)、兼有周铣与端铣(铣平面、铣沟槽、铣曲面、铣螺旋、铣花键、铣凸轮、铣齿轮)。

b. 铣床类型:立铣、卧铣、龙门铣。

c. 介绍上述三种铣削方式所用的刀具、夹具、量具和工具。

③ 磨削技术

a. 常用磨削方式:纵磨、横磨、综合磨(磨外圆、磨平面、磨曲面(锥、球)、磨曲轴、磨内孔)。

b. 磨床类型:外圆磨床、内圆磨床、无心外圆磨床、成型磨床。

c. 要介绍上述三种磨削方式所用的磨具、夹具、量具和工具。

④ 数控机床

数控车床、数控铣床、加工中心简介。

⑤ 铸造技术

砂型铸、金属型铸、压铸、熔模铸。

⑥ 压力加工技术

a. 锻造(自由锻、模锻、辊锻、粉末锻、电镦等)。

b. 冲压(冲裁、弯曲、成型、拉深、翻边等)。

c. 介绍上述五种冲压成形所用的模具。

⑦ 特种加工技术

电火花、线切割、激光加工、超声加工、电子束加工、离子束加工、光化学加工。

⑧ 表现处理技术:喷丸、喷砂、发兰、磷化、涂装、热喷涂、电镀。

(4) 基本技能

① 了解常用的机械制造技术,知道各种机床的用途以及它所需要的刀具、夹具、量具和工具,会选择定位基准,会计算切削用量和加工余量。

② 熟悉产品和零件的结构工艺性,在详细设计阶段会应用这些知识去设计。

③ 了解表面处理技术,知道每种技术的用途。

④ 熟悉机械加工工艺过程,具有编写工艺规程的初步能力。

⑤ 熟悉装配工艺过程,具有编写装配工艺规程的初步能力。

⑥ 了解数控车床(或铣床)的加工过程,针对具体零件会编写加工程序。

⑦ 了解 CAD/CAPP/CAM 的基本原理和工作流程。

(5) 在机电系统中的应用

① 在详细设计阶段,根据所学工艺知识,保证所设计的构件(零件)能够制造出来,即具有良好的结构工艺性。同时给零件标注表面处理工艺。

② 在样机试制阶段,根据零件图编制工艺规程文件和工艺卡片;根据部件图和总装图编制装配工艺规程文件。

3. "互换性与技术测量"

"互换性与技术测量"是机械电子工程专业的专业技术基础课。在制造机械零件时,误差是不可避免的,因此,不同类型的零件都有一个误差允许范围(公差);另外,在大批生产的情况下,希望所加工出来的零件基本上都能通用(即可互换),这样就需要对零件加工有个标准。本门课程就是要向学生介绍公差、配合的国家标准,它们的符号及如何在图纸上标记。另一个内容是技术测量,即介绍怎么样去检验已加工好的零件的尺度,以保证零件能用。

本门课的知识要点如下。

(1) 基本概念

互换性、公差与配合、优先数、优先数系、极限与配合、公差带与配合、未注公差、尺寸传递、尺寸链、形状公差、位置公差、表面粗糙度。

(2) 基本知识

极限与配合的国家标准,国家标准规定的公差带与配合公差的标注和选择,形位公差的标注与形位公差的选择。滚动轴承的公差与配合、花键的公差与配合、标准推荐的螺纹公差带及其选用、齿轮副误差及其评定指标、渐开线圆柱齿轮精度标准、渐开线圆柱齿轮新国家标准、表面粗糙度参数的选择、长度测量方法及仪器、形位误差检测方法及仪器、表面粗糙度的检测方法及仪器。

(3) 基本技能

① 会选择和使用国家有关的标准规定去标注零件图上的公差和形位公差。

② 会选择和使用测量仪器去检测零件的长度误差、形位误差。

③ 掌握滚动轴承与轴和外壳孔的配合标准并会应用。

④ 掌握螺纹的检验方法。

⑤ 掌握齿轮加工误差的检验方法。

⑥ 掌握解装配尺寸链的方法。

⑦ 了解或会使用以下测量工具和仪器(机械工程师资格考试指导书要求的)。

a. 长度测量器具:游标尺、千分尺、千分表、电子测微仪、气动量仪、万能测长仪、工具显微镜、三坐标测量机。

b. 角度测量器具:分度头、分度台和测角仪,水平仪,自准直仪和激光干涉仪。

c. 形状测量器具:测矩形用的矩形角尺或角度测量仪;测圆形度用的圆度测量仪;测圆柱用的圆度测量仪或三坐标测量机;测直线度或平面度用的平尺、水平仪和自准直仪;测表面粗糙度用的激光干涉仪、针描测微仪;测波纹度用的针描测微仪;测螺纹用的螺纹量规、工具显微镜和万能测长仪;测齿轮用的公法线千分尺、万能测齿仪、手提式基节仪、单面啮合仪、双面啮合仪。

(4) 在机电系统中的应用

① 在详细设计阶段注意系统中全系统或部件、零件之间的尺寸链和配合关系，并给零件标上尺寸公差、形位公差和表面粗糙度。

② 在样机试制阶段要注意对零件和产品(系统)的质量检验。

4.2.9　电工电路模块

机电一体化系统由两个子系统构成，前面我们已经介绍了广义执行子系统的设计与制造，但留下了"电力拖动与控制"课没有讲，另外检测控制子系统的设计与制造还没介绍；从现在起开始重点介绍检测控制子系统的设计与制造知识，在有了电路基础的知识以后，顺便将"电力拖动与控制"课介绍一下。

要设计和制造检测控制子系统必须先掌撑电路分析的原理和方法，了解各种典型电路的特性、用途和设计方法，会选择合适的元器件去搭建电路。设立电工电路模块的课程，就是为检测控制子系统的设计与制造打基础。

由上述目的，本模块拟设置四门课，即"电路分析基础""模拟电子技术""数字电子技术"和"电力拖动与控制"。下面简单介绍它们的内容。

1. "电路分析基础"

"电路分析基础"是机械电子工程专业的一门重要的基础课。它的任务是为检测控制子系统的设计制造打下理论基础。它的内容分为三部分：其一，电路分析的基本理论与方法；其二，主要电路元件特性介绍；其三，典型电路的模型及分析方法。

本门课的知识要点如下。

(1) 基本概念

① 电路：电路模型(集总电路、直流电路、交流电路、三相交流电路)、电路线图。

② 电路元件：电源、电阻元件、电容元件、电感元件、受控源、导线、开关、插接件。

③ 电路物理量：电压、电流、电阻、电容、电感、阻抗、容抗、感抗、导纳、电功率、电能。

④ 电路参数：电阻值、电容值、电感值、电压值、电流值。

(2) 基本原理

① 物理定律：欧姆定律(材料的电学性质)、柯希霍夫第一定律(电流流量守恒)、柯希霍夫第二定律(电流能量守恒)、特勒根定理。

② 分析网络用定理：叠加原理(线性电路)、等效原理(电阻电路的等效变换、替代定理、戴维南定理、诺顿定理)、互易定理、对偶定理。

(3) 物理模型

① 电路元件模型

a. 电阻：认为电阻值是不随时间(或温度)变化的常数。

b. 电容：认为电容值是不随时间变化的常数。

c. 电感：认为电感值是不随时间变化的常数。

d. 电压源：认为电源两端的电压永远保持定值，无论它流过多少电流，如电池。

e. 电流源：认为电源两端的电流永远保持定值，无论它的端电压是多少，如光电池、放大器输出电流等。

f. 受控源：认为这种电源的输出电压或电流受其他支路电压或电流控制，如放大器、变压器等电路的输出或电子器件、芯片的输出都是受输入电压或电流控制的，这些电路器件可看成受控源。

② 电路模型

a. 集总电路：将电路中电阻、电容、电感等效应都集中到一起，用一个符号代表，就像把一个物体的重量集中到重心一样。我们平常画的电路图都是集总电路。

b. 直流电路：认为电路中的电流的大小与方向永不改变，就是物理中的稳恒电流，不会产生电磁场。

c. 交流电路：认为电路中的电流的大小和方向都是随时间规律变化的。这种电路会产生电磁场。

d. 三相交流电路：特意为发电机和电动机及电器建立的电路模型。该电路中的电流随时间为余弦变化，频率 50 Hz，每一相之间的相位都相差 120°，接线为 Y 形成△形。

e. 含受控源的直流电路：直流电路中有电子器件（如三极管、芯片等）的电路模型。

f. 二端网络：一个网络只有两个端钮与外电路相连，如万用表。

g. T 形、Π 形网络：一个网络有三个端钮与外电路相连，如三相交流电动机。

h. 双口网络：一个网络有四个端钮，两个钮为输入端，电流值相同；另两个钮为输出端，电流值也相同；但输入与输出端电流不同，如变压器、滤波器、放大器等。

i. 一阶电路：含有一个电阻、一个电容（或一个电感）的电路（*RC* 电路、*RL* 电路）。

j. 二阶电路：含有一个电阻、一个电容、一个电感的电路（*RLC* 电路）。

k. 谐振电路：特殊的 *RLC* 电路。

③ 约束模型

a. 拓朴约束：据柯希霍夫第一定律所建立的方程（组）和柯希霍夫第二定律所建立的方程（组）。

b. 元件约束：据欧姆定律建立的方程（组）。

④ 电流模型

a. 直流：阶跃电流（电流方向，从正极到负极）。

b. 交流：平均值为零。

c. 随机连续电流：电流强度随时间变化，有平稳和非平稳之分。

d. 脉冲电流：有周期脉冲和任意脉冲。

(4) 基本方法

① 大规模电路分析方法（这是用计算机程序计算的方法，必须掌握，以后工作中要用）

a. 节点分析法：以电路网络节点电压为未知数建立的方程（依柯希霍夫第一定律），与有限元法中解刚架问题位移法相似。

b. 回路分析法：以电路网络基本回路电流为未知数建立的方程（依柯希霍夫第二定律），与有限元法中解刚架问题的力法相似。

② 通用方法（这是过去用手算常用的方法，对这些方法有所了解即可）

a. 网孔分析法：以网孔电流为独立变量建立的方程组去求解。

b. 节点分析法：与大规模电路相同。

c. 回路分析法：与大规模电路相同。

d. 割集分析法:这是节点法的推广,将若干个节点用一个封闭曲面(或闭曲线)包围起来看作一个“节点”,流进该闭曲面的电流等于流出的电流。

(5) 基本运算

矢量法(复数表示)、代数法和微积分方法。

(6) 基本技能

① 能将实际电路中的各个部分正确地抽象成电路元件模型。

② 能给一个实际的电路系统建立一个正确的物理模型(电路模型)。

③ 会选用合适的方法对已有电路模型进行分析与计算。

④ 精通对一阶、二阶电路的分析与计算,彻底明白以下内容:(进行系统分析时要用)

a. 方程的物理意义,方程中每一项的物理意义;与高等数学中常微分方程对照做解释。

b. 方程的解法:零输入解(齐次方程)和零状态解(非齐次方程),然后再分为瞬态解和稳态解。

c. 方程解的物理解释(可与实验结果对照解释瞬态解、稳态解、零输入解、零状态解的物理意义),解的频率和相角与方程中电路的物理参数的关系,欲改变频率和相角如何调整参数。

d. 从能量角度对方程的物理意义进行解释,振幅与初始能量(电压)的关系。

e. 分析二阶电路谐振的条件,如何调整谐振频率。(发射电磁波与接收电磁波用。)

⑤ 熟悉常用电路计算:

a. 熟悉有受控源(电子器件、芯片等)电路的计算。

b. 会计算三相交流电的电路并熟悉 Y 与△接法的不同算法。

c. 熟悉变压器电路的分析与计算。

⑥ 会使用电子测量仪表(电源、变压器、示波器、万用表、电流计等)。

(7) 在机电系统中的应用

主要是用于详细设计阶段。

① 利用电子元器件(电阻、电容、电感和各类器件)和各类典型电路的特性去搭建检测控制系统中的单元电路,并能组成系统(包括选元器件、焊装和调试)。

② 对单元电路或系统进行分析与计算,并对解算结果给予物理解释。

③ 建立一阶、二阶电路的传递函数,以备自动控制系统分析之用。

④ 利用三相交流电的特性去设计电动机的控制电路。

** 建议:将“电路的瞬态分析”“正弦稳态电路分析”“非正弦周期性激励(或说冲激函数)稳态电路分析”“电路的频率响应”等章节集中在一起讲。因为它们的区别有的是运算方法不同,有的是激励荷载形式不同,有的是应用目的不同,但基本原理都是一个“二阶电路分析”。分几处去讲显得重复又太乱,给学生的印象好像是在分析不同的电路,其实是同一类电路在做不同的分析与应用。

2. “模拟电子技术”

“模拟电子技术”是机械电子工程专业的一门基础课。本门课的任务是教会学生看懂模拟电路图;会选择元器件按电路图搭建成电路,使学生掌握设计测控系统单元电路的基本能力。

(1) 基本原理与方法

在“电路分析基础”课都已讲过,这里只是应用。

(2) 基本知识

① 各类半导体器件(芯片)的用途、功能、结构、原理、符号、标记、管脚功能(包括二级

管、三极管、场效应管和其他的常用芯片)。

② 各类典型电路的用途、结构、原理、功能特性(如输入/输出特性、动态特性等);常用典型电路的电路图;对典型电路进行定性分析和估算(包括下列典型电路)。

a. 放大器:集成运算放大器、仪表放大器、电荷放大器、隔离放大器、功率放大器、反馈放大器。

b. 信号发生器:正弦波振荡电路和非正弦波振荡电路(尤其是脉冲信号发生器)。

c. 运算电路:加法器、乘法器、微积分电路、指数对数电路、常用特征值运算电路。

d. 信号处理与转换电路:常用滤波器、电压比较器、采样保持电路、电压-频率转换电路、电压-电流转换电路、信号细分与辨向电路〔直流细分、平衡补偿或细分(相位跟踪、幅值跟踪、脉冲调宽型幅值跟踪、锁相环)〕、抗干扰技术、信号调制解调电路、检波电路。

e. 电源电路:电容滤波和稳压二极管稳压电路、串联型稳压电路。

(3) 基本技能

① 能看懂本专业典型电子设备、仪表和检测、控制系统模拟电路的原理图,了解各部分的组成及工作原理。

② 能对上述原理图中各环节的工作特性进行定性或定量分析、估算。

③ 对检测、控制系统的单元电路能够给出具体方案,会选用有关元器件,并会按电路图安装调试。

④ 会使用示波器、信号发生器、功率放大器和电源。

(4) 在机电系统中的应用

主要用于详细设计阶段。

① 将本门课介绍的典型电路或器件(如二极管、三极管、光电三极管、场效应管、晶闸管、波形发生器、仪表放大器、电荷放大器、隔离放大器、功率放大器、加法器、乘法器、电压比较器、滤波器、锁相环等)用于检测控制系统中。

② 熟悉典型电路(器件)的动态特性(尤其是传递函数),以便在系统分析时用。

3. “数字电子技术”

“数字电子技术”是机械电子工程专业的一门基础课。其任务是,教会学生看懂数字电路图;明白数字逻辑电路的设计原理,并会设计检测控制子系统的单元电路;了解数字电路用的器件及芯片,能正确地选用它们搭建所设计的数字电路,为设计检测控制子系统打下基础。

本门课的知识要点如下。

(1) 基本原理

① 数制与编码

a. 数制及各种数制之间的转换方法。

b. 码制及 BCD 编码。

② 逻辑代数

a. 三种基本运算:或、与、非。

b. 基本公式和定理:九条基本定理、三条基本规则和五个常用公式。

c. 逻辑函数的表示方法:逻辑问题的描述方法(真值表、函数式、逻辑图、卡诺图)及其相互转换;最大项和最小项标准表达式。

d. 逻辑函数的化简:代数化简法和卡诺图化简法;最简与或式、最简或与式的表示方式及任意项的使用。

(2) 门电路〔这是实现数字逻辑电路的基本(电路)元件,先介绍〕

① 二极管门电路:与、或、非门。

② CMOS 门电路(与、或、非门、OD 门、三态门、传输门)。

a. 上述几种 CMOS 门电路的结构、原理、功能、用途。

b. CMOS 反相器的静态特性与动态特性。

③ TTL 门电路(含 OC 门和三态门)

a. TTL 门电路的结构、工作原理、输入/输出特性、带负载能力、抗干扰能力、主要参数和使用方法。

b. TTL 电路与 CMOS 电路的接口,互相驱动的方法。

(3) 组合逻辑电路设计

① 组合逻辑电路的特点及分析方法(给出电路图、写出表达式、分析逻辑功能)。

② 组合逻辑电路的设计方法(包括与、或、非电路,与非-与非电路,或非-或非电路)。

③ 组合逻辑电路中的竞争-冒险的概念,竞争-冒险的判断与消除方法。

④ 几个常用集成组合逻辑器件的电路分析、功能和应用,介绍(编码器、译码器、数据选择器、加法器、数值比较器)这些器件的级连方法,及用它们构成各种组合逻辑电路的设计方法。

(4) 常用的几个逻辑器件的介绍。

① 名称。

a. 触发器:*RS* 触发器、钟控触发器、TTL 集成主控触发器、集成边沿触发器、CMOS 触发器。

b. 时序逻辑电路:计数器、移存器、序列信号发生器。

c. 存储器:ROM(掩模型、E^2PROM、闪存型)、RAM(DRAM、SRAM)。

d. 可编程逻辑器件:RLA、RAL、CPLD、FPGA(现场可编程门阵列)。

e. 脉冲波形发生器:施密特触发器、单稳态触发器、多谐振荡器、555 定时器。

f. 模/数、数/模转换器:AD(双积分型、逐次比较型、并行比较型)、DA(电阻型、R-2R 网络型)。

② 介绍内容:基本结构、功能原理、动作特点、动态特性、设计方法、用途、使用方法等。

(5) 基本技能

① 掌握逻辑代数部分所介绍的全部内容,并能用于逻辑电路的设计。

② 了解常用芯片、器件的型号用途、管脚的接法。

③ 掌握组合逻辑电路的分析、设计方法,对检测控制系统中的单元电路能给出具体方案,会选用有关器件和芯片构成功能模块,并会安装调试,保证能用。

④ 能看懂本专业典型电子设备、仪表和检测、控制系统数字电路的原理图,了解各部分的组成和工作原理。

⑤ 会使用常用仪表:计数器、逻辑分析仪等。

(6) 在机电系统中的应用

主要用于详细设计阶段。

① 用逻辑代数去简化控制逻辑序列,以设计数字控制器。

② 选用合适的逻辑器件(门电路、编码器、译码器、数据选择器、加法器、数值比较器、计数器、时序脉冲发生器、时序信号发生器、振荡器、定时器、触发器、寄存器)构成检测控制子系统的单元电路或系统,并焊装、调试。

4. “电力拖动与控制”

“电力拖动与控制”是机械电子工程专业的一门专业技术基础课。电动机与电磁铁是最方便、最清洁、用得最广的驱动装置,学生必须具有选用合适的电动机或电磁铁去准确地驱动执行机构的能力。因此学生必须掌握以下知识:其一,知道电动机的工作原理及其机械特性,负载(如执行机构)的转矩特性,并能依据二者的匹配要求去选择合适的电动机;其二,知道电动机启动、制动、调速的原理,并能用于控制电路;其三,熟悉常用低压电器元件的特性,并能选用它们去设计、搭建电动机的可控供电电路;其四,熟悉电力拖动系统的动力方程和运动方程,为检测控制子系统提供被控对象(广义执行子系统)的传递函数;其五,了解电磁铁的机械特性,会选用电磁铁。

本门课的知识要点如下。

(1) 电动机简介

① 电动机的类型:直流伺服电动机、交流伺服电动机、步进电动机、永磁无刷电动机。

② 简介内容:结构及工作原理、运动方程、转矩电压方程(动力方程)、机械特性、控制技术与方法、主要技术指标与选用。

(2) 测速电机简介

① 测速发电机类型:直流测速发电机和交流测速发电机。

② 简介内容:结构与工作原理、输入/输出特性和主要技术指标与选用。

(3) 自整角机简介

① 自整角机类型:力矩式自整角机和控制式自整角机。

② 简介内容:结构与工作原理,主要技术指标与选用。

(4) 旋转变压器简介

① 旋转变压器类型:正余弦旋转变压器、线性旋转变压器、多极和双通道旋转变压器。

② 简介内容:结构及工作原理,主要技术指标与选用。

(5) 电磁铁简介

① 电磁铁的类型:牵引电磁铁、制动电磁铁、起重电磁铁、电磁离合器、电磁阀。

② 简介内容:结构及工作原理,主要技术指标与选用。

(6) 常用电器元件简介

① 电器元件类型:接触器、继电器、配电器、主令电器。

② 简介内容:结构及工作原理、在工作中的用途、工作制及正常工作条件、主要技术指标与选用。

(7) 电动机的几种典型控制电路简介

① 典型控制电路名称:单向运行、正反向运行电气控制电路(启动、制动、调速),连锁控制电路,多点控制电路,机器人控制电路实例,分拣系统控制电路实例。

② 简介内容:一般设计原理与方法。

(8) 学生应具有的能力

① 根据广义执行子系统的需要,合理地选用电动机(或电磁铁等)作为驱动装置。

② 熟悉各种电气元件的功能,能根据电动机的特性设计并搭建供电控制电路。

③ 能建立电动机或电磁铁的转矩(或力)电压方程和运动方程,为建立传递函数做准备。

(9) 在机电系统中的应用

① 概念设计阶段

本门课的知识是机电系统选择电动(电动机、电磁铁)原理的依据。

② 详细设计阶段

a. 选择电动机或电磁铁的型号〔依据:执行机构(包括传动机构)的工作(动力)特性、工作制和运行状况;电动机的机械特性〕。

b. 设计电动机(电磁铁)的电器控制电路(包括电气原理图和电气安装图),并选择合适的电器元件,制作控制电路板、安装、调试。

c. 建立电动机(电磁铁)的传递函数〔输入电压,输出位移(转角)或力(矩)〕。

4.2.10 检测控制模块

前已述及,机械电子工程专业的学生必须有设计制作检测控制子系统的能力,因此,学生必须掌握以下知识:

第一,信号分析和系统分析的基本理论。学生只有掌握了上述理论,他们所设计制作的检测、控制系统才可能具有稳定性、安全性(超调小);具有定点跟踪能力(稳态误差小),保证信号不失真,这在下面系统分析中要讲。

第二,熟悉检测控制系统中各典型环节的动态特性、传递函数,以及它们所对应的工程实例。

第三,能将一个实际的控制系统(工程系统),建立成物理模型和数学模型;并能将复杂的数学模型分解为典型环节的数学模型,以便进行分析计算;或已知一个系统是由几个典型环节构成,能由典型环节的传递函数去构成整个系统的传递函数。

第四,会对复杂系统的数学模型进行可观性、可控性分析,利用计算机控制技术设计控制器。

第五,掌握设计制作检测、控制系统的技术,能选择合适的芯片按照设计图纸组装成可实用的检测、控制系统。

根据以上需求,本模块拟设置四门课,即“信号分析与线性系统”“检测技术与信号处理”“控制工程”和“计算机控制技术”。

** 课程设置的几点说明:

第一,因为以前开的“检测技术与信号处理”和“控制工程基础”都要先对信号与系统的特性作些介绍,才能进入其课程的内容,说明无论是分析检测系统还是控制系统都需要信号和系统分析的理论作为基础,所以从加强基础理论教学的观点出发,也为了去除“检测”与“控制”两门课中的重复部分,决定增加“信号分析与线性系统”这门课,把信号与系统的理论讲深、讲透。

第二,既然加了“信号分析与线性系统”这门课,那么原来在“检测”与“控制”课中的相应内容就应去掉,不再重复讲解,讲“检测”与“控制”课的教师必须重新组织教材。

第三,因为计算机技术的发展,控制系统的建模与分析计算已不是什么难事,所以“近代控制论”已被广泛采用,学生应当掌握。因此,设置了“控制工程”这门课,它涵盖了过去的“控制工程基础”和“现代控制论”的主要内容。

第四,由于目前的控制系统几乎都是由计算机(单片机、DSP、ARM、工控机)控制的,所以学生必须掌握计算机控制技术，以便毕业后从事测控系统的设计时，尽快进入角色。故在此设置"计算机控制技术"这门课。

下面分别介绍这四门课应当讲的内容。

1. "信号分析与线性系统"(结合检测控制系统讲)

"信号分析与线性系统"是机械电子工程专业的一门基础理论课。本门课的中心任务是让学生懂得，要想让信号通过系统以后得到理想的结果，"系统必须是稳定的，信号与系统必须是匹配的"。要达到这个目的，必须做两件事：一是对信号进行分析，二是对系统进行分析。对信号进行分析的目的是，看它由哪些频率的信号组成，哪个频段的信号幅值大(即承载的能量大)，系统必须把该频段的信号传过去。对系统进行分析的目的是了解该系统的动态特性〔如稳定性、安全性(瞬态超调量要小)、稳态误差(定点跟踪能力)、通频带等〕以及这些特性与系统物理参数的关系。若已知信号(如声音、图像)，则可根据信号的主频段，选择合适的系统参数构成与信号匹配的系统；若已知系统(如仪器、仪表)，则可知道什么样的信号可以正常(不失真)地通过。

本门课的知识要点如下。

(1) 基本概念

信号(模拟信号、数字信号、连续信号、离散信号、确定信号、随机信号、周期信号、非周期信号、抽样信号、原发信号)、输入、输出、系统(线性系统、非线性系统、连续时间系统、离散时间系统、时变系统、非时变系统)、系统参数、传递函数、信号分析、系统分析、动态特性、时域、频域、复频域。

(2) 基本原理

① 三角函数的正交性(正弦、余弦函数集为正交函数集)。

② 抽样定理(描述抽样脉冲的频率与原信号频率关系的定理)。

③ 信号传输不失真条件。

④ 系统稳定性条件。

(3) 基本分析方法

时域分析法、频域分析法、复频域分析法。

(4) 基本运算

三角级数展开、微积分、复变函数、微分方程、差分方程、傅氏变换、拉氏变换、Z变换。

(5) 信号分析

① 信号时域特征：将已知信号(时间函数)用傅氏级数展开(数字处理)，将它分解为无穷多个谐波的叠加，从而知道该信号的组成成分，且知道每个谐波的振幅、频率、初相位。

② 信号的频域特征：将已知信号用傅氏变换从时域变到频域(信号处理)，由幅频特性曲线可知哪个频段的能量大(幅值大者)，是必须保证传过去的信号主频段；由相频特性曲线可知不同频率成分有不同的初相角。这是找到一个复杂信号通过一个线性系统不失真条件的依据(条件：信号通过系统后振幅成比例，相角随频率线性增加)。

(6) 系统分析

① 连续时间系统的分析

a. 连续时间系统时域分析

以"电路分析基础"课中讲过的二阶电路(二阶系统)为例对瞬态解和稳态解作详细

分析：

当阶跃信号(相当于突加一个直流信号)输入到二阶系统(RLC 电路)时其输入信号与输出信号如图 4-4 所示。输出信号包含了系统的瞬态(解)响应和稳态(解)响应。

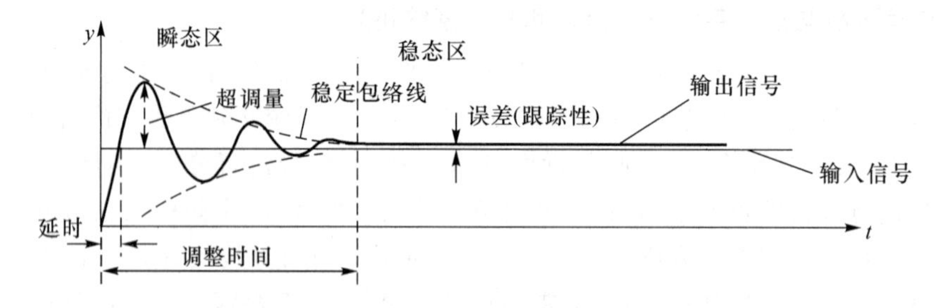

图 4-4 模拟系统输入信号与输出信号比较图

根据图 4-4 所示，我们可以对系统输出的信号针对瞬态解和稳态解做如下分析。

瞬态解分析：由瞬态解(瞬态区曲线)，即输出信号的振幅随时间的变化规律，引出如下物理概念，即延时、最大峰值(超调量)、调整时间和振幅发散(系统不稳定)或是收敛(系统稳定)(由瞬态解振幅中 e^{st} 函数决定系统稳定性)。

稳态解分析：由稳态解(稳态区曲线)随时间的变化规律引出如下概念，即输出信号与输入信号比是否有失真，误差有多大(定点跟踪能力)。

b. 连续时间系统的频域分析

将系统变到频域求解不只是为求解简单，更重要的是便于分析传输过程中的物理现象：其一，通过输出解(响应)与输入信号的傅氏变换相比较，看二者的频率成分是否相同，若相同，信号基本上没有失真；其二，由系统传递函数的模是否为常数和传递函数的幅角与频率是否成正比，确认信号是否失真。

c. 连续时间系统的复频域分析

这是将系统时域的数学模型利用拉普拉斯变换变换到复平面域($s=\delta\pm j\omega$)求解的方法。因为在时域中判断系统解的收敛性是由 e^{st} 中的 s 值决定的，s 中的 δ 为"+"，解发散(系统不稳定)，δ 为"−"，解收敛(系统稳定)。那么我们将数学模型由时域变换到复平面域(s 平面)直接求解 s，岂不是更方便。在复频域分析中要解决以下问题：

(a) 求出复频域中的系统函数(即传递函数)$H(s)$。

(b) 画系统函数的模拟框图和信号流图(将复杂系统分解为几个典型环节，或将几个典型环节合并为一个复杂系统)。

(c) 求出系统函数的特性曲线(幅频图、相频图)。

(d) 求出系统函数的零、极点图。

(e) 对系统的稳定性进行分析(利用零、极点图)。

(f) 由稳定性条件设计控制器(频率法和根轨迹法)。

② 离散时间系统的分析

a. 离散时间系统的时域分析

(a) 连续系统与输入信号的离散

输入信号离散：用抽样信号将输入信号变为抽样函数(抽样信号的频率由抽样定理确定)。

数学模型的离散：将数学模型的“微分方程”变为“差分方程”，并以框图模拟。

(b) 离散时间系统的时域解

零输入时离散时间系统的时域解：输出 $y(k)=\sum_{i=1}^{k}c_i v^k$，当 $0<v<1$ 时，$y(k)$ 收敛（系统稳定）。

零状态时离散时间系统的时域解：与输入有关的时间的离散函数。

b. 离散时间系统的复频域分析

(a) Z 变换。Z 变换仍然是将系统的差分方程和输入信号由时域变换到复数域的一种方法。在连续时间系统的时域解中，决定其收敛性（即系统稳定性）的是振幅中 e^{st} 函数中的 s，而 $s=\delta\pm j\omega$，所以将时域变换复域时，复数 s 取直角坐标（δ 为横轴，$j\omega$ 为竖轴）运算方便。而离散时间系统的时域解中，v^k 项中的 v 为连乘运算，所以将时域变为复数域时，复数取极坐标 $Z=e^{j\omega t}$ 运算方便。s 平面与 Z 平面都是复数平面，只不过一个是直角标，一个是极坐标。

(b) 离散时间系统的复频域解：

- 零输入离散时间系统的复频域解。
- 零状态离散时间系统的复频域解。

(c) 离散时间系统复频域的系统函数 $H(z)$（传递函数）及其特性。

(d) 离散时间系统复频域内稳定性判断条件〔$H(z)$ 的极点在 Z 平面单位圆内时系统稳定〕。

(e) 离散时间系统设计（主要是稳定性设计）。

(7) 在机电系统中的应用

① 概念设计阶段

用本门课的原理去构思机电一体化系统（产品）的自动控制方案（如图 3-2 所示）。

② 详细设计阶段

调整、完善机电一体化系统（产品）中自动控制系统的传递函数，以使其达到整体最优，符合设计指标的要求。具体做法如下：

首先将机械设计中建立的广义执行子系统的传递函数与后续“检测技术与信号处理”“控制工程”所建立的检测控制子系统的传递函数组合在一起，构成如图 3-2 所示的“自动控制系统”，然后利用该自动控制系统的稳定性条件和信号不失真条件（抑制“超调”“延时”，缩短“调整时间”，限制输出“误差”）去调整完善该自动控制系统中的物理参数，以使自动控制系统的指标达到最优，符合设计要求。调整方法如下。

a. 如果自动控制系统输出的信号与预期相差不大，则可修改该系统中的某些参数，使其达到设计要求。修改物理参数时，可以单独修改广义执行子系统的，也可以单独修改检测控制子系统的，还可以同时修改两个子系统的，到底怎么办？首先凭经验抓住主要因素去修改它的参数，其次应考虑方便修改。

b. 如果自动控制系统输出的控制信号与预期相差较大，则应改变控制策略（体现在控制技术和控制器上），重新设计后再调试，直至达到设计要求。

2. “检测技术与信号处理”

“检测技术与信号处理”是机械电子工程专业的一门专业技术基础课。大学生职业资格鉴定培训教材规定，本专业学生必须掌握机械故障诊断技术，这就要求学生掌握检测技术和信号处理的知识。本门课的任务是，教会学生设计、搭建或集成一个检测系统。该系统可能单独作为检测之用，也可能作为控制系统的信号采集与处理模块。具体要求是，熟悉传感器(或信号采集模块)、测量电路、前置放大器、编码器、调制解调器、检波器、滤波器、信号处理器、显示器等元件、器件、芯片的功能特性和用途，能应用检测系统构成原理选用合适的元器件和芯片组成一个实用的检测系统，并能将微处理器技术应用于检测系统中。

本门课的知识要点如下。

(1) 基本原理

“信号分析与线性系统”的基本原理，前面的课程已讲过。

(2) 检测系统模型

检测系统结构模型如图4-5所示。

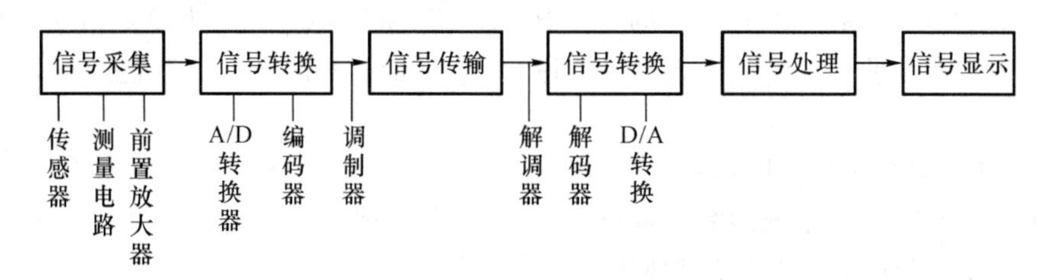

图4-5　检测系统结构模型图

(3) 基本知识

① 传感器(或信号采集模块)的功能原理、技术指标、用途和选用方法。(传感器有测力传感器、测位移传感器、测速度传感器、测加速度传感器、测温度传感器、测湿度传感器、测压力传感器、测流量传感器等)

② 信号处理模块的功能原理、技术指标、用途和选用方法(信息处理模块有编码、解码器，A/D、D/A转换器，调制、解调器，检波器，滤波器)。若信息处理部分由单片机或DSP搭建，则应掌握编写接口程序和信息处理理程序的技能。

** 注意：这里提到的许多模块在“模拟电子技术”和“数字电子技术”课中讲过，这里不必重复，只提醒一下即可。

③ 消除干扰的方法(屏蔽、接地)。

④ 减小误差的方法。

(4) 基本技能

① 掌握检测系统结构模型中各模块的组成原理、技术指标、用途和选用方法。

② 利用信号在系统中传输所应遵循的原理，搞清楚构建一个检测系统应当解决哪些问题。(“信号分析与线性系统”课已讲)

③ 能根据工程检测的需要或控制系统的需求，设计或集成一个实用的检测系统。

④ 能排除环境对信号和系统的干扰。

(5) 在机电系统中的应用

① 概念设计阶段

构思检测系统，初步确定应检测的信号，初步选择传感器并确定其应布置的位置。

② 详细设计阶段

a. 确定检测系统方案(要与控制系统配合考虑)，并选择合适的元器件(如传感器、测量电路、前置放大器、A/D 转换器、编解码器、调制解调器、检测器、滤波器、信号处理器等）组成检测系统。该检测系统输入是传感器采集的信号，输出的是给控制器的反馈信号。

b. 焊装检测系统的试验板，并进行调试。

c. 建立检测系统的传递函数并进行参数修正，以保证检测到的信号不失真地传给控制系统；同时也为建立检测控制系统的传递函数做准备。

③ 样机试制阶段

在做产品质量检验使用电子仪器时，注意所选用的电子仪器的通频带与被测信号的频率成分要相适应。（由仪器的传递函数确定）

3. “控制工程”

“控制工程”是机械电子工程专业的一门专业技术基础课，它主要讲的是控制理论和控制技术与方法。本门课的任务是，教会学生设计、搭建或集成一个控制系统；能找到控制系统的传递函数〔由执行系统（被控对象）传递函数、采样保持器传递函数，求出控制器传递函数〕，掌握设计、制作模拟控制器和数字控制器的原理和方法。要达到上述目的，由图 4-4 可见，必须解决两个问题。一个是必须保证系统是稳定的，输出信号中瞬态响应消失后，稳态响应是正常的（不失真）。这对通信系统和检测系统来说已达到了技术要求。然而对于控制系统来说，还必须解决第二个问题，即输出信号的延时、瞬态响应引起的超调（冲击峰值）以及到达稳态的调整时间。

** 关于所介绍的内容前面已提及由两部分构成：一部分是“控制工程基础”的内容；另一部分是“现代控制论”的内容。由于已开设“信号分析与线性系统”课程，以前在控制课中讲的系统动态特性分析的内容（如系统的传递函数、系统的稳定性、瞬态响应、稳态响应、延时、超调、调整时间、误差、失真等）都不用再讲，可只讲与控制有关的内容。内容安排可做如下考虑：以两三个单输入单输出的控制系统为例，讲清楚模拟控制器的设计原理（基本是控制工程基础的内容）；然后以一两个多输入多输出的控制系统为例，讲清楚数字控制器的设计原理（基本是现代控制论的内容）。

本门课的知识要点如下。

（1）基本概念

控制系统、典型控制环节、能控性、能观性、运动方程、状态方程。

（2）基本原理

① 在“信号分析与线性系统”中已讲过的信号在系统中传输的原理。

② 以状态方程为基础的多输入多输出控制系统的分析原理。

（3）控制系统模型（见图 4-6）

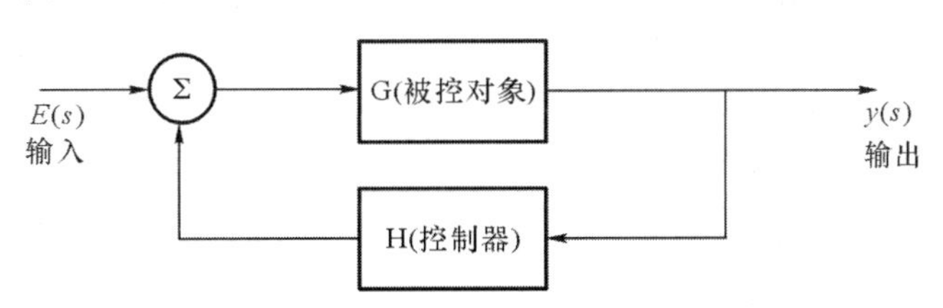

图 4-6　控制系统模型图

（4）典型控制环节所对应的实例及传递函数

典型环节为：比例、惯性、延时、微分、积分、振荡。

（5）复杂控制系统（传递函数）的分解、传递函数的简化

串联环节简化、并联环节简化。

(6) 结合一个单输入单输出控制系统实例,介绍反馈(模拟)控制器设计

① 模拟系统的数学模型(微分方程)。

② 复习系统动态特性分析〔稳定性、延时、超调量、调整时间、误差(失真或说跟踪性)〕,如图4-4所示。控制器的作用就是控制系统的上述动态特性。

③ 控制器设计的一些方法。

简单介绍PID控制器、校正网络(Bode图超前滞后法、根轨迹超前滞后法)、带前置滤波器的反馈控制器。

(7) 多输入多输出控制系统的数学模型(状态方程)、传递函数矩阵

介绍离散系统的数字描述、线性变换、组合系统数学描述等内容。

(8) 多输入、多输出控制系统分析

① 运动分析

a. 线性定常系统齐次状态方程的解,状态转移矩阵(相当传递函数)。

b. 线性定常系统非齐次状态方程的解。

c. 线性时变系统的运动分析。

d. 线性系统脉冲响应矩阵。

e. 线性连续系统方程的离散化。

f. 线性离散系统的运动分析。

② 能控性与能观性分析

a. 能控性及其判据,能观性及其判据。

b. 离散系统的能控性与能观性。

c. 对偶定理。

d. 能控标准形和能观标准形。

e. 能控性、能观性与传递函数的关系。

f. 系统的结构分解。

g. 实现问题。

③ 稳定性分析

a. 李雅普诺夫稳定性定义。

b. 李雅普诺夫第二法。

c. 线性连续系统的稳定性。

d. 线性定常离散系统的稳定性。

e. 有界输入和有界输出稳定。

(9) 线性定常系统的综合

① 状态反馈和输出反馈。

② 状态反馈系统的能控性和能观性。

③ 极点配置。

④ 镇定问题。

⑤ 状态重构和状态观测器。

⑥ 降阶观测器。

⑦ 带状态观测器的状态反馈系统。

⑧ 渐近跟踪与干扰抑制问题。

⑨ 解耦问题。

** 本课程的计算，凡能用 Matlab 软件进行计算的一律使用该软件。应教会学生应用现有程序的计算方法。

“控制工程”的重点在于对控制系统的定性分析（主要是验证系统是稳定的），制订方案时用；下面的“计算机控制技术”课才真正教学生设计制作数字控制器。

(10) 在机电系统中的应用

在机电一体化系统的设计过程中，其核心问题是自动控制系统的设计。尽管前面花了太多时间介绍了广义执行子系统的设计，但在自动控制系统中，它只是一个被控对象，决定自动控制系统好坏的，依然是检测控制子系统，尤其是控制策略。

本专业的教学内容所以安排成机类、电类（包括计算机）的内容并重，主要为适应机电一体化的机电（参数）融合和并行设计的需要。机电一体化系统传递函数的特性是由机类参数（广义执行子系统）和电类参数（检测控制子系统）共同决定的；采用仿真技术同时调整机、电参数使机电一体化系统的性能达到最优，这才是机电一体化思想的初衷。

如前所述，对一个机电一体化系统（产品）而言，起上层统领作用的是控制策略，控制策略好，则所设计的控制器就好，系统（产品）的性能则优；否则性能则劣。可以认为，如何设计广义执行子系统和检测控制子系统都是为实现控制策略服务的。可见控制工程（包括计算机控制技术）在机电系统中的重要性。

① 在概念设计阶段

在该阶段主要是决定机电一体化系统（产品）的控制策略。思路如下。

控制系统分为三类：第一类是“白箱”问题，即在系统的传递函数中所有的物理参数都是已知的；第二类是“黑箱”问题，即系统没有白箱问题那样的传递函数，或有传递函数其中的物理参数全然不知；第三类是“灰箱”问题，即只知道传递函数中一部分物理参数。

如果所设计的机电一体化系统的所有的物理参数都是非常明确的，则属于“白箱”问题。可以用“信号分析与线性系统”和“控制工程”所讲过的原理去构思自动控制系统。如果所设计的机电一体化系统的物理参数都不明确，则属于“黑箱”问题，可以利用模糊控制技术、神经网络控制技术和基于遗传算法的控制技术去构思自动控制系统。如果所设计的机电一体化系统只有一部分物理参数是非常明确的，则属于“灰箱”问题，这时有两个思路去构建自动控制系统：一个是用参数识别方法（实验方法）将不明确的物理参数识别出来，然后用“白箱”问题的思路去构思；另一个是在物理参数很难识别的情况下，采用“黑箱”问题的思路去构思自动控制系统。

② 详细设计阶段

中心工作是设计控制器，有了控制器以后将它放到自动控制系统里，然后再按控制工程原理去调试（先仿真，后实物）。

a. 对于“白箱”问题一般采用 PID 控制器和数字调节器。

b. 对“黑箱”问题一般采用模糊控制器和神经网络控制器。

4. “计算机控制技术”

“计算机控制技术”是机械电子工程专业的一门专业课。本门课的任务是，以“控制工程”的理论为指导,教给学生设计控制器的技术与方法。

本门课的知识要点如下。

(1) 微机控制系统构成(见图4-7)

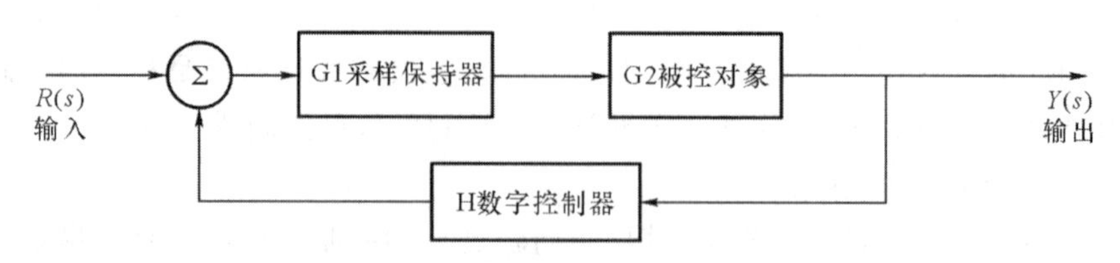

图4-7 微机控制系统结构模型图

(2) 各种控制技术的基本原理(有些在“控制工程”中已讲过,这里注意应用)及基于这些原理的控制器的设计

① 数字PID控制器设计;

② 数字调节器直接设计;

③ 模糊控制技术及控制器设计;

④ 神经网络控制技术及控制器设计;

⑤ 基于遗传算法的控制技术及控制器设计。

(3) 微机控制系统设计

要求学生能用单片机、DSP、ARM或工控机搭建一个计算机控制系统。

(4) 基本技能

根据工程问题的需要,设计一个计算机控制系统〔也可以利用(3)中的结果〕;自己做一个数字控制器,搭建成系统以后并调试好。

(5) 在机电系统中的应用

在“控制工程”中已述,概念设计阶段和详细设计阶段都要应用。

4.2.11 计算机类模块

掌握计算机技术,具有使用计算机(包括微处理器)解决实际问题的能力,是机械电子工程专业的学生必备的。根据设计制造机电一体化系统的需求,学生应当掌握以下知识。

第一,会使用计算机及计算机网络处理日常工作(查资料、在校园网上的教学活动和社会上的办公活动等)。

第二,会选用合适的微处理器(单片机、DSP、ARM、PLC等)构成检测或控制系统的硬件系统,并会编写它们的接口驱动程序。

第三,能组建测控网(如现场总线、局域无线网、远程公网接入),实现集中式测控、分布式测控和远程遥测遥控。

第四,掌握高级程序语言(C或C++),会应用现有程序(如CAD、CAE、CAM,MATLAB、pSpice等)解决机械设计和电路设计问题;会设计、编写应用程序(如数据处理程序、控制算法程序等)。

为了达到上述目的,本模块拟开设九门课程,即“大学计算机基础”“C语言程序设计”“微机原理与测控接口技术”“数据结构与程序设计方法”“计算机网络”“数据库技术与应用”“单片机原理与PLC”“嵌入式系统设计与应用”“DSP原理与应用”。

** 本专业不是计算机专业，开设这么多计算机类的课程主要是为了解决机电一体化系统的测控问题，重点在于应用，因此，大多数课程应当以边讲边练的形式讲授。其中“大学计算机基础”“数据库技术与应用”“单片机原理与PLC”“嵌入式系统设计与应用”“DSP原理与应用”应开成实验课，少讲多练，以培养学生使用计算机（或微理器）的能力。

下面分别介绍这九门课的主要内容。

1. “大学计算机基础”

这是引导学生使用计算机的一门入门的课程，如果对下面所列内容学生已掌握，可通过考试免修。另外，本门课就是教学生怎么使用计算机，实际操作性很强，因此将本门课开成实验课，边讲边操作。

本门课的知识要点如下。

(1) 计算机基础知识

计算机的发展概况；计算机信息表示与存储；微机的基本结构；微机的硬件组成；微机的技术指标；微机的应用。

(2) 操作系统基础

操作系统的基本知识；Windows XP操作系统及使用方法；其他常用的操作系统简介。

(3) 网络基础及Internet

计算机网络基础知识；网上浏览；电子邮件；常用工具软件；搜索引擎。

(4) 文字编辑软件

中文Word 2010的基本知识；文档的基本操作；文档的编辑与修饰；图形功能；Word 2010的其他功能；其他常用的文字编辑软件简介。

(5) 制作演示文档软件

Power Point 2010的基本知识；制作演示文稿；动画与切换效果；演示文稿的高级应用与综合应用。

(6) 电子表格软件制作

Excel 2010基本操作；Excel 2010工作表中的数据处理；网络功能。

(7) 多媒体技术基础

多媒体信息基础知识；多媒体的关键技术；声音文件处理技术；图形、图像文件处理技术。

(8) 网络信息安全

信息保密技术；信息认证技术；网络安全技术；信息安全管理。

2. “C语言程序设计”

“C语言程序设计”是机械电子工程专业的一门计算机技术课。本门课的任务是，向学生介绍C语言的基本概念、基本语法和程序设计的基本原理，使学生初步具有应用程序的设计与编写能力。

** 在介绍课程内容之前，有关程序设计问题向同学们提醒一下，那就是人机要互相适应。人们处理问题往往想一些巧妙的办法，尽量避免大量重复的工作；而计算机恰恰相反，它不会脑筋急转弯，它不怕大量重复工作，就怕工作无规律。因此，想让计算机代替人工作，就必须充分了解计算机工作的特点，与人们思考处理问题的异同。将人们处理问题的思路与计算机工作的规律有机地结合起来，就必然会设计出好用的应用程序。

本门课的知识要点如下。

(1) 基本概念

程序、程序设计、算法、数据类型、运算符、表达式、语法、赋值语句、复合语句、数据输入、数据输出、格式、顺序存储、函数、形参、实参、文件、开发环境、编辑、编译、连接、执行。

(2) 基本知识

① 程序=数据结构+算法公式。

② 程序设计方法:面向对象方法、结构化设计方法。

③ 程序上机过程:编辑、编译、连接、执行。

④ C程序的三种基本结构:顺序、选择、循环。

⑤ 数据类型:整型数、实型数、字符、变量、数组、指针、结构体、共用体、枚举。

⑥ 算法及其表达式:算术运算符、常量、算术表达式;赋值运算符、赋值表达式;逗号运算符、逗号表达式;关系运算符、关系表达式;逻辑运算符、逻辑表达式。

⑦ 输入与输出:赋值语句、格式输入、格式输出、字符输入、字符输出。

(3) 简单程序设计

① 顺序结构程序设计:程序的基本结构、赋值操作、输入/输出操作。

② 选择结构程序设计:if语句、switch语句、嵌套结构。

③ 循环结构程序设计:goto语句、while语句、do-while语句、for语句、breah语句、continue语句。

④ 用函数实现模块化程序设计:函数意义、函数的参数和函数的值;函数的调用;函数的嵌套调用;函数的逆归调用;局部变量、全局变量;动态存储变量与静态存储变量。

(4) 几个专题

① 指针的应用:指针变量、数组与指针、字符串与指针、函数与指针、指针数组和二级指针。

② 结构体与共用体的应用:结构体数组、结构体指针、共用体、枚举。

③ 预编译和文件:预编译、文件类型指针、文件的读写。

(5) 基本技能

① 熟练掌握C语言的开发环境,掌握编辑、编译、连接、执行的过程和方法。

② 具备设计和编写简单的应用程序的能力,并能调试成功。

③ 具备应用计算机解决一些实际问题的能力。

(6) 在机电系统中的应用

在详细设计阶段编写数据处理程序和控制程序(包括通过自学能使用现有与专业有关的应用程序)。

3. “微机原理与测控接口技术”

“微机原理与测控接口技术”是机械电子工程专业的一门计算机技术课,是所有微处理器应用的基础。本门课的任务是,介绍微处理器的组成和工作原理,它能替人们工作的指令(动作),以及能让这些指令按人们的思路去动作的汇编程序,还有就是人机信息交互和工作对象与微处理器信息(指令)交互的接口技术。本门课的目的是教学生掌握使用微处理器的技术和方法,将其用在检测控制子系统中。

本门课的知识要点如下。

（1）基本知识

① 微处理器的硬件组成（以8088/8086为例）：CPU（核心处理器）、半导体存储器（随机读写存储器、只读存储器）、总线（地址总线、数据总线、控制总线）、管脚（对应地址总线、数据总线和控制总线（控制总线又包括CPU控制、CPU总线控制和系统总线））。

② 介绍微处理器硬件组成，各部分的功能作用（顺便介绍一下类型特性）和微处理器的工作原理。

③ 微处理器指令系统：导址方式、CPU指令（运算指令、逻辑指令、控制指令）。

④ 微处理器的应用程序设计：汇编语言、源程序格式、语句格式、伪指令；常用DOS功能调用；基本结构程序设计方法；宏汇编语言的应用程序的设计。

⑤ 中断：概念、实现中断的方法、中断系统；可编程中断控制器8259的结构、工作原理与编程方法。

（2）测控接口技术

① 几种常用接口：读、写接口，定时/计数器（8253），并行接口（8255），串行接口（8250或8251）；另外，I/O口的传递方式，I/O读写技术也要介绍一下。

② 接口的任务：控制信号处理、地址译码、串/并转换、显示结果、电平转换、A/D、D/A转换、多路转换、信息暂存、脉冲计数等。

③ 接口功能：传递控制信号、传递数据、编码、译码、数据缓冲、计数器操作、逻辑操作、运算寄存、信号多路转换、信号整形、电平变换、信号转换、信号放大、信号滤波等。

（3）基本技能

① 熟悉微处理器的组成和工作原理，掌握汇编语言（CPU指令），会用它编写应用程序，为单片机、DSP、ARM、PLC等的学习打好基础。

② 掌握接口技术，能正确地使用各种接口去完成检测控制系统的任务。

（4）在机电系统中的应用

① 概念设计阶段

依据微机原理和接口技术去构思检测控制子系统。

② 详细设计阶段

设计自动控制系统中的各类接口，并编写接口驱动程序。

4.“数据结构与程序设计方法”

“数据结构与程序设计方法”是机械电子工程专业的一门计算机技术课。本门课的主要任务就是介绍程序设计的思路和方法，使学生能够读懂已有的大型程序，并且能设计本专业的应用程序。

“程序”像机电一体化系统一样，是一个借助于计算机硬件和操作系统为人们进行数据处理的“信息处理系统”。既然是系统，它就应该有系统的全部特性。在这里就与本课程有关的提出两点：第一，在进行程序设计的时候，像机电一体化系统（产品）设计一样，应遵循3.1.1小节所讲的系统（产品）创新设计的思路（这在后面要重点讲）。第二，像机电一体化系统一样，程序也应当有“工作对象”“执行者”“操控者”，也应当有“物质流”“能量流”和“信息流。”

信息系统（程序）的“工作对象”就是“数据”，“物质流”就是“数据流”；“执行者”就是用高级语言编写的“程序”，该程序不停地对“数据”（工作对象）进行“处理”与“变换”；程序语句从头执行到尾就是“能量流”驱动的结果;“操控者”就是“计算机操作系统”和程序中的“控制语句”,它们传递的控制信息就是“信息流”。

根据系统工程的思想,系统是动态的,体现在三个“流”上。我们现在只说“数据流”(物质流)。“数据流”的运动过程是:数据输入,数据处理(变换)和数据输出。那么,输入数据从哪里来?是从我们要解决的实际(工程)问题中来。为了让计算机帮我们解决问题,只能适应计算机工作的特点,即它只认“数”。因此,不管什么问题都必须用“数据”去描述(即把空间位置、物体形状、时间、物理特性等都变成数据)。把上述“数据”输入给计算机程序以后,它才能替人们进行数据处理(变换),然后再将结果输出来,使问题得以解决。

然而,这些“数据”不是随便输入的,也不是把这些“数据”输进去就可以,而是必须将这些“数据”很好地组织起来;不仅要给“数据”值的大小,还要给出各个“数据”之间的关系,以及这些数据在输入过程中如何存储,如何修改(比如:删除、插入、检索、更新等)的算法。用专业术语说就是要给出这些“数据”的“数据结构”。否则,“数据”像一堆乱码,无法处理。

有位专家说:程序=算法+数据结构,因此,本课程先讲“数据结构”,然后再讲如何进行程序设计(即算法)。

本门课的知识要点如下。

(1) 数据结构

① 基本概念:数据结构、逻辑结构、存储结构;算法、算法评价、算法分析;线性表、数组、栈、队列、树、二叉树、图、有向图、无向图、子图、查找、内部排序、文件、外部排序、算法分析、设计技术。

② 基本知识。

a. 数据结构:逻辑结构、存储结构和相应的操作(算法)。

b. 逻辑结构:集合结构、线性结构、树形结构、图结构。

c. 存储结构:顺序存储、链接存储、索引存储、散列存储。

d. 操作(算法):建立、设置当前元素,检索、修改、插入、删除、取消当前元素和序号等。

e. 算法评价:正确性、简明性、节省性、快速性、最优性、健壮性。

f. 算法分析:工作量(时间多少)、存储空间用量(占空间大小)。

③ 存储方法。

a. 线性表:定义(元素、结构、操作)、顺序存储、链接存储、索引存储。

b. 数组:定义(元素、结构、操作)、顺序存储(特殊矩阵、稀疏矩阵)。

c. 栈:定义(元素、结构、操作)、数组实现的栈、链表实现的栈。

d. 队列:定义(元素、结构、操作)、循环数组实现的队列、链表实现的循环队列。

e. 树:二叉树的定义及相关术语;二叉树的相关性质;二叉树的各种存储结构;二叉树的遍历及其应用;树、森林与二叉树的相互转换;哈夫曼树及应用。

f. 图:图的定义及相关术语;图的各种存储结构;图的遍历及其应用;求最小代价生成树的 Prim 算法和 Kruscal 算法;有向无环图的拓朴排序算法,求最短路径的 Dijkstra 算法。

④ 查找:顺序查找、二叉排序树及其性能分析、哈希表查找。

⑤ 排序:直接插入排序、希尔排序、冒泡排序、快速排序、简单选择排序、堆排序、归并排序。

⑥ 文件：文件的定义、顺序文件、散列文件、索引文件、关键字文件。

(2) 程序设计

在软件工程中，把软件（程序）设计是当作"工程项目"对待的，所以程序（信息处理系统）的设计思路与3.1.1小节介绍的机电一体化系统设计的思路是完全一样的，在学习的过程中，一定要比较着学习，以便加深理解。

① 程序设计步骤如图4-8所示。

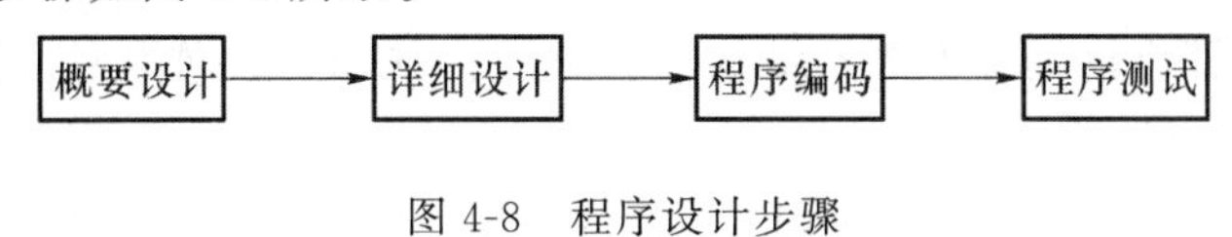

图4-8　程序设计步骤

② 程序设计阶段的说明。（以结构化设计方法为例对设计步骤加以说明）

a. 概要设计

程序"概要设计"与机电一体化系统设计的"概念设计"相似，它的结果是根据程序的功能、数据和行为的需求，给出一个程序的"总体结构框架方案"。

(a) 设计步骤

制定设计规范；系统总体结构设计；处理方式设计（算法评价）；数据结构设计；可靠性设计；编写概要设计文档；概要设计方案评审。

(b) 系统总体结构设计（概要设计阶段只介绍这一步）

详细阅读"客户需求文件"并与客户直接交流，充分理解"客户需求"；然后将"客户需求"变为程序的"功能需求"，并将"功能需求"划分为"功能模块"（建立了"功能模块"与"功能需求"间的对应关系，"功能模块"就成了"功能需求"的载体）。

明确各功能模块间的数据传递关系和各模块间的调用（协调）关系，并按调用关系将功能模块分成层，画出树型结构的系统总体结构图。该图的顶层模块是主控制模块，用来协调各功能模块之间的通信与运行。主控模块少做具体的处理工作，而下级模块是实际输入、计算（处理、变换）和输出的执行者。二四层的划分原则仍然如此，第三层模块如果是具体执行者，那么第二层的模块依然主要起控制作用，这样一直分下去就构成了结构化的系统总体结构框图。当然在分层时，一定要注意数据的流向和控制信息的流向，当总体结构框图画完之后，也就明确了框图中的"数据流图"与"控制流图"。同时，在图中要标明每个模块的名字、功能及输入/输出端口。

在画总体结构框图的过程中，是要进行方案比较的，对每个功能模块的算法和总体结构都会给出不同方案，最后要选其优。

最后要针对最优方案编写出概要设计文档，供方案评审之用。

b. 详细设计

详细设计与机电一体化系统设计的"详细设计"阶段一样，将上述最优的系统总体结构框图中的各功能模块再进一步细化，给出一个可以施工（编码实现）的"程序流程图"。

(a) 设计步骤

模块分析；建立"程序流程图"；设计输入的数据结构；设计界面；编写设计文档。

(b) 具体设计（只介绍前四步）

• 模块分析：对每个功能模块内算法的逻辑关系进行分析，设计出全部必要的过程细节，并给予清晰的表达。

• 建立“程序流程图”:根据上面的分析结果,对总体结构框图中的模块再进行细化,用五种标准的基本控制结构(顺序型、选择型、先判定型循环、后判定型循环和多情况选择型)将总体结构框图变为“程序流程图”。(注:不用程序流程图还可用N-S图、PDA图、判定表等方法指导编写程序)

• 设计输入数据结构:我们要解决的实际问题,必须用数据描述才能被计算机处理,那么这些数据不能杂乱无章,必须有一定的组织形式,即“逻辑结构”。在建立这些数据结构时尽量用“数据结构”课中讲的标准逻辑结构,或程序语言中的“数据类型”;复杂的可以自己定义(如何定义程序设计中有规定)。

• 设计界面:包括三种界面,即软件、构件之间的接口,与外部实体的接口和人机界面。人机界面设计的原则是:置于用户控制之下,减少用户记忆负担,保持界面一致。

c. 程序编码

“编码”与机电一体化系统设计中的“样机试制”阶段类似,它是选择一种合适的程序语言和开发环境,把“程序流程图”变为“可执行的程序”。

(a) 设计步骤

选择程序语言,选择集成开发环境、编码实现,编写说明文档。

(b) 具体设计

• 选择程序语言:程序语言有多种(如机器语言、汇编语言、高级程序语言、面向问题的程序设计语言)。可以根据以下条件去选,即程序应用领域,用户要求、程序员水平,现有开发环境及其成本,可移置性。

• 选择集成开发环境:目前集成开发环境有多种(如微软Visual Studio,形成Java环境Eclipse;Borland公司的Delphi、C++ Builaer、Jbuilder等),可以根据以下原则选择,即程序员的熟悉程度,集成开发环境的费用、易用性、成熟度和规模,以及它与别的软件的配合能力。

• 编码实现:这是一个将“程序流程图”变为“可执行程序”的过程,只要熟悉程序语言就没有什么问题。但在编写过程中应注意以下几个问题:第一,源程序文档化(标示符命名,程序注释,源程序的布局)。第二,数据说明(顺序规范、简明、清晰)。第三,语句结构(简单、直接、明晰、一行一句等30多条建议)。第四,输入和输出(有效性、合理性、简单、直接、方便查看等9条建议)。第五,错误处理(返回错误代码、调用错误处理函数、显示错误信息、记录日记、退出程序等)。第六,程序效率(能简单最好,但不要为追求效率而表达不清,要特别注意算法(处理或变换过程)所占空间与时间的影响,存储方案和输入/输出方案的影响)。

• 编码说明文档:对所编程序开头、分段与关键部分都要加上注释,然后打印存档备查。

d. 程序测试

“程序测试”与机电一体化系统设计中“样机功能与性能测试”相似,“通过”测试则交出一个好产品,可以成批生产了。对于程序来说就是可以复制推广应用了。

(a) 测试步骤

单元测试、集成测试、确认测试、系统测试、测试报告。

(b) 具体工作

• 单元测试:是指对用源代码实现的一个程序模块进行测试,检查它是否实现了规定的功能。由程序员在编写该模块以后完成。

• 集成测试：是指将单元测试合格的程序模块集成到一起以后，检查集成组装这个环节是否正确。这项测试由专门的人员或小组完成。

• 确认测试：是检查已实现的程序是否满足规格说明中的各项需求，满足了则确认。

• 系统测试：将已通过确认的程序纳入实际环境中运行，与其他系统成分组合在一起进行测试，看其是否满足要求。

• 测试报告：各项测试都通过了，编写一个测试报告，程序设计工作宣告结束。后面是正常的维护工作。

(3) 基本能力

掌握结构化程序设计方法，能按程序设计的步骤设计一个应用程序。在设计过程中，要特别注意应用所学的“数据结构”知识去建立问题的数据模型；用 C 语言去编码，还要会查阅“软件工程”的相关资料去指导程序设计。

(4) 在机电系统中的应用

主要用于详细设计阶段。

① 用软件工程的思路为检测、控制模块编写应用程序(数据处理或自动控制)。

② 将机电一体化系统“数字化”(即用数据去描述机电一体化系统的几何形状、尺寸和各类物理参数)，并用合适的“数据结构”将这些数据有机地组织在一起，供计算机仿真和计算用。

5. “计算机网络”

“计算机网络”是机械电子工程专业的一门计算机技术课。本门课的任务是教学生掌握应用计算机网络的能力。从专业角度讲，本专业更侧重于测控网；测控网过去主要有“现场总线”技术，而现在倾向于将整个企业或工厂的各种业务功能都整合在一起组建综合网，测控信号也在 Internet 上传输。因此，“计算机网络”不仅用于通信，而且用于测控系统。

本专业的学生没有学习“数字通信原理”，因此，在讲计算机网时要先讲一些数字通信原理的内容。对于网络课本身应当讲两方面内容：其一是硬件系统构成，包括网络拓朴结构、连接器、路由器、网桥和网关。其二是数据传输技术，重点讲网络通信中的协议，尤其讲清楚为什么要有协议以及协议的用处。

本门课的知识要点如下。

(1) 基本概念

计算机网络、网络应用、网络结构、体系结构、协议、OSI 参考模型、网络标准化。

(2) 基本原理

数据通信原理。

(3) 基本知识

① 网络的硬件系统：网络拓朴结构、网络设备(网线、连接器、路由器、网桥、网关、交换机)。

② OSI 参考模型

a. 物理层：传输介质、模拟传输、数据传输、交换方式、物理层模型。

b. 介质访问层：局域网、ALOHA 协议、CSMA 和 CSMA/CD、IEEE802 标准、高速以太网、透明网桥原理。

c. 数据链路层：数据链路层模型、成帧方法、差错控制、停止等待协议、滑动窗口协议、连续 ARQ 协议、协议的性能分析、HDLC 协议举例。

d. 网络层:网络层模型、路由算法、流量控制、拥塞控制、网络互联、IP协议举例。

e. 传输层:传输层模型、连接管理和三次握手、流量控制、TCP协议及有关算法。

f. 会话层:会话层模型、远程过程调用、会话层实例。

g. 表示层:表示层设计、抽象语法表示法、各种数据压缩技术、加密。

h. 应用层:应用层设计、文件传输、访问和管理、电子邮件、虚终端。

(4) 基本技能

① 掌握计算机网络体系结构和典型网络协议并会应用。

② 掌握网络系统分析的基本原理和方法并会应用。

(5) 在机电系统中的应用

① 概念设计阶段

根据网络拓朴结构模型为机电一体化系统构思局域测控网或广域遥测遥控网(包括无线网)。

② 详细设计阶段

a. 选用合适的网络设备(如网线、连接器、路由器、网桥、网关、交换机等)去组建上面所构思的局域网或广域网。

b. 选用合适的协议保证测控信息在网上迅速、可靠地传输。

③ 样机试制阶段

用所学网络知识,调通测控网,并使其正常、可靠地运行。

6. "数据库技术与应用"

"数据库技术与应用"是机械电子工程专业的一门计算机技术课。本门课的任务是教会学生如何选择合适的数据库,又如何使用数据库。这是因为本专业用的许多大型的专业程序与资料都存在数据库中;我们在构建检测控制子系统时,也要用到数据库技术;因此,同学们必须掌握它。对本专业来说重点在于应用,因此开成实验性质的课程,选一个常用的数据库,举几个实例,教给学生怎么使用。然后再简单介绍一下其他数据库的特点,教学生如何选用。

本门课的知识要点如下。

(1) 基本知识

① 数据库系统简介:数据管理技术的发展过程、数据库技术的主要特点、数据库系统的组成、数据库管理系统的功能。

② 关系数据库标准语言SQL:SQL数据定义、SQL数据查询、SQL数据更新、SQL数据控制、数据库索引。

③ 数据库操作:视图的应用、存储过程、用户自定义函数、触发器。

④ 数据库保护:事务和数据库的完整性、数据库的安全性。

⑤ 关系数据模型:关系模型特点、关系的性质及数学描述、关系完整性、基本关系代数操作;数据依赖、关系模式的形象化定义、函数依赖与存储异常;范式(1NF、2NF、3NF)、关系模式的规范化。

(2) 数据库设计

① 数据库设计的内容和特点。

② 数据库设计:E-R图表示方法,使用ER模型进行数据库设计。

(3) 基本技能

① 掌握数据库语言 SQL、开发工具的使用(MySQL 的安装、数据库及表的创建与维护)。

② 掌握问题分析与归纳抽象的方法(会建立关系数据模型 E-R 图)。

③ 掌握数据库的设计过程和对数据库的操作(MySQL 数据库查询)。

(4) 在机电系统中的应用

在详细设计阶段为大量的检测数据建立数据库。

7. "单片机原理及 PLC"

"单片机原理及 PLC"是机械电子工程专业的一门计算机技术课。单片机与 PLC 是测控系统中常用的微处理器,尤其是单片机,小到手表、助听器,大到高速列车和航天器,到处都有它的身影,它已经像螺丝钉一样,应用于各种工业产品中,因此,同学们必须会使用它。本课程将开成实验课,边讲边练。

本门课的知识要点如下。

(1) 可编程控制器(PLC)的选用与使用方法

① 可编程控制器硬件介绍:种类、型号、内部结构、组成、工作原理、技术指标。

② 可编程控制器的指令系统:常用指令、功能指令、数据处理指令、其他指令。

③ 可编程控制器程序设计:编程语言、梯形图、程序设计的内容及编写的基本方法、程序编写的技巧、常用控制电路梯形图的设计、用顺序设计法去设计并编写梯形图程序。

④ 技能:将程序装入硬件系统中调试、运行。(以交通信号灯、电梯、物流分拣、智能家居等为例)

(2) 单片机的选择和使用

① 单片机硬件介绍:种类、型号、内部结构、外部引脚、内部程序存储器、内部数据存储器、I/O 口电路、时钟、工作模式。

② 单片机指令系统:单片机的寻址方式、指令格式、指令详解。

③ 单片机程序设计:汇编语言、单片机开发系统与开发环境、程序结构形式、程序编写格式、规范、伪指令、编译、汇编。

④ 单片机控制:中断系统、定时计数器。

⑤ 单片机与外界通信:串行通信基础知识、RS-232 总线标准、串行口与控制使用。

⑥ 单片机 I/O 口扩展技术:技术与方法、常用 I/O 扩展芯片的控制使用方法、键盘子系统(输入口)的扩展、显示子系统(输出口)的扩展。

⑦ 技能:将程序装入单片机中调试、运行。(仍以交通信号灯、电梯、智能家居为例)

(3) 在机电系统中的应用

主要用于详细设计阶段。

① 单片机作为数据处理器用于检测模块中。

② 单片机作为控制器用于机电一体化系统的简单控制中。

③ PLC 作为控制器用于机床、汽车等复杂的机电一体化系统中。

8. "嵌入式系统设计与应用"

"嵌入式系统设计与应用"是机械电子工程专业的一门计算机技术课。因为嵌入式芯片可有双内核,内存大,速度快,体积小,有自己的操作系统,大有代替微机的趋势;与单片机相比功能强大得多,价钱又不贵,所以目前非常风行。因此,同学们必须掌握嵌入式技术。本门课也将开成实验课,边讲边练,达到会使用即可。

本门课的知识要点如下。

(1) 基本知识

① 嵌入式处理器(ARM)硬件介绍:种类、型号、内部结构、功能原理、用途(管脚功能)、与单片机和DSP的区别。

② ARM指令简介。

③ 开发板:三星S3C2440开发板简介。

④ 编程环境:Linux常用工具、Makefile、GCC编译器、GDB调试器。

⑤ 开发环境:(在微机上开发ARM应用软件,然后再移置到ARM内)交叉环境介绍、主机开发环境配置、应用程序的远程交叉调试。

⑥ 嵌入式系统的引导装入程序:Bootloader、vivi概述、U-Boot概述。

(2) 开发工作

① 嵌入式Linux内核配置(在微机上):嵌入式Linux内核概述、配置编译内核源码、内核配置选项。

② 嵌入式Linux内核移置(将裁剪好的Linux操作系统由微机上移置到ARM内):移置内核源码和Linux内核启动过程分析。

③ 制作Linux根文件系统:根文件系统目录结构、init系统初始化过程、制作文件系统。

(3) 基本技能

① 具有基于Redhat Linux 9.0的开发环境搭建能力。

② 能利用MINI 2440实验板编写LED控制程序、按键程序和UDP网络程序。

③ 熟练掌握利用MINI 2440实验板进行嵌入式Linux驱动程序设计的方法。

④ 能利用MINI 2440实验板进行Yaffs根文件系统映射制作。

(4) 在机电系统中的应用

① 在概念设计阶段

用于构思机电一体化系统的测控网(有线或无线)。

② 在详细设计阶段

用于机电一体化系统的单机控制或组网控制。

9. "DSP原理与应用"

"DSP原理与应用"是机械电子工程专业的一门计算机技术课。DSP的CPU相当于有"双内核",对程序和数据可同时进行并行处理,因此对数字信号的处理速度极快,已广泛应用于通信、自动控制、航空航天、军事、医疗等领域。本门课的任务是,介绍DSP芯片的基本结构、工作原理和开发流程,培养学生具有开发使用DSP的能力。本门课也开成实验课,边讲边练,学生会使用即可。

本门课的知识要点如下。

(1) 基本知识

① 硬件系统介绍:

a. TMS320C6000系列CPU结构,工作原理(流水线)。

b. TMS320C62××/C64××/C67××公共指令集与TMS320C67××浮点运算指令。

c. 中断控制。

d. TMS320C6000 系统接口(管脚)(片内存储器、外部存储器接口,直接存储器访问接口,主机接口)与集成外设(定时器、中断器、掉电逻辑、通用 I/O 设置)。

e. 实时 DSP 系统构成。

② 开发环境:

a. 软件开发工具。

b. 集成开发环境 CCS。

③ 开发语言:C 语言、线性汇编语言。

④ 数字信号处理方法:快速傅里叶变换和数字滤波器的原理与方法。

(2) TMS 320C6000 软件开发流程(先在微机上开发,然后再移置到 DSP 上)

① TMS 320C6000 的 C 语言编程及优化。

② 通过线性汇编优化汇编代码。

(3) 基本能力

① 会使用集成开发环境 CCS。

② 会使用集成外设:定时器、数字 I/O、同步动态随机存储器。

③ 掌握快速傅里叶变换方法和数字滤波方法。

(4) 在机电一体化系统中的应用

主要用于详细设计阶段:选用 DSP 作为数据处理或控制芯片。

** 关于"计算机类模块"课程设置的建议

对于机械电子工程专业来说,计算机类的课程是由于机电一体化技术发展的需要而逐步由选修课开设出来的。目前看起来课程门数和总学时都不少,但存在两个缺陷:一个是内容零乱不系统;另一个是内容不深、不透,只停留在表面。究其原因,是思想认识问题,认为机电专业的学生会用计算机即可,无需深入了解。随着"中国制造 2025"纲要的实施,正如"工业 4.0"所预示的那样,不久的将来,计算机(科学)在智能机电系统(产品)中所占的比重将达到百分之五十左右(机械占 20%,电子占 30%),嵌入式软件充满整个智能机电系统(产品)内(不仅有接口驱动程序、控制程序,还有复杂的智能程序),另外还有复杂庞大的工具软件系统可以建造产品的虚拟原型,用以设计、测试顾客喜欢的任何东西,可说软件将决定未来产品的几乎所有功能(例如,使产品具有判断推理、逻辑思维、自主决策的功能和远程监测、维护功能)。为了适应这样的需求,学生必须熟练地掌握计算机科学的软硬件知识,以适应以后的工作。当然本专业的学生没有必要像计算机专业的学生那样去学习,但是总要让学生系统扼要地掌握计算机软硬件的基本概念和核心知识。在此做如下建议。

1. 开设课程

可以开设五门课,即"微机原理与接口技术""算法语言与程序设计""数据结构及其应用""计算机网"和"数据库技术与应用"。

2. 每门课的主要内容

(1) "微机原理与接口技术"(3 学分讲课,4 学分实验)

本课程可以 ARM 为例去介绍微机的硬件系统和它的工作原理,可以仿照"计算机组成与结构"的思路去编排内容,但要采用概述性的讲述方法去介绍基本概念、基本构件和解决问题的基本思路。

① 构成:先介绍微机的组成,然后分别介绍中央处理器 CPU、主存储器、辅助存储器、输入输出与外设接口、总线、指令系统的构成和每部分(模块)的作用。

② 工作原理:结合上述组成微机的硬件结构,依照数据从输入到输出在微机内的数据流和控制信息流简单介绍微机是如何工作的。

③ 主要指标如下。

a. 技术指标:主频(标示计算机的运算速度)。

b. 管理指标:耗费机时少,利用空间多。

④ 运行中要解决的几个问题如下。

a. 时钟与节拍:控制数据(数字或文字的编码)在微机内协调运行。

b. 高速CPU与低速外设的匹配:在接口处设缓存器、寄存器,在CPU内设寄存器、锁存器等,以解决CPU与主存储器、辅助存储器和各类外设之间传输速度不同的问题。

c. 提高CPU利用率:(a)利用"流水线"的思路,使CPU内的指令部件和执行部件同时工作,避免CPU某些部件空闲,以提高运算速度。(b)利用中断机制使CPU处理完接口输入、输出动作后马上回来工作,省去了等待时间。

⑤ 几种微处理器比较:从构成、主频、开发语言、开发环境等几个方面分析单片机、ARM、DSP、PLC几种微处理器的异同,并说明它们各自的特点与用途。

⑥ 开设单片机、ARM、DSP、PLC四类实验,每个实验1学分。

(2)"算法语言与程序设计"(4学分,包括学生上机实习)

先讲算法语言,后讲程序设计,算法语言是为程序设计服务的。本课程主要内容如下。

① 算法语言

选C++,采用边讲边练的方式进行教学。(C++可适用"结构化"和"面向对象"两种设计思想)

② 程序设计

按软件工程的思路,概要性地介绍软件的设计步骤、方案构思和方案实现。

a. 设计步骤〔比照机电一体化系统创新设计步骤(图3-1)去讲〕

概要设计──→详细设计──→程序编码──→程序测试

(a) 概要设计——构思总体方案(架构)

思路:先将用户需求经需求分析转变为程序的功能需求,然后将功能需求分解、综合为功能模块〔或事件(对象)〕,最后根据图论(数据结构)的原理将功能模块再组合起来,构思出程序的总体方案(架构)。

在进行程序架构的构思时,可将程序的字符视为数据的集合,由数据结构(或图论)可知,程序各模块之间的关系可选择树形结构(叫结构化设计),也可以选网状结构(叫面向对象设计)。若选树形结构,则架构中的各模块分层次按树形排列,枝杈末端模块之间的联系要经过一条复杂的"路径";若选网状结构,则各模块〔事件(对象)〕之间可以直接联系,省去了"路径"。因此,大型复杂的程序一般选网状结构。

一个应用程序无论是树形架构还是网状架构都不会只有一个方案,设计时总是将不同的总体架构进行比较,取其最优者作为最终方案。

(b) 详细设计——将总体方案具体化

虽然结构化设计和面向对象设计方法是不同的,但它们的思路是相同的。即它们都必须有明确的数据流(输入数据是沿什么路径输出的)和控制信息流〔按什么顺序去控制软件中各个模块(事件)的工作,使数据流完成任务〕,这样就可以很方便地找出结构化设计中的不同模块,并把它们放到不同的层次中,或找出面向对象设计中的不同事件(对象),并确定它们之间的连接关系(网络节点间的连线)。

(c) 程序编码——程序实现

先选一种合适的语言,然后去编写。

(d) 程序测试——质量检验

按单元测试、集成测试、确认测试和系统测试的顺序进行检测,然后给出测试报告,将程序投放市场使用。

b. 实例

结合一个实例分别用两种不同架构去设计程序并编码实现。

(3)"数据结构及其应用"(2学分)

本课程的目的是将数据集合并通过不同的数据结构模型组织到一起,以达到运算速度快(时间利用率)、内存储存多(空间利用率)的效果。具体介绍三方面的内容。

① 操作算法设计

建立清除、插入、删除、排序、检索、判定、求长等经常用的操作,其语言必须非常精炼。

② 存储形式设计

在微机系统中,数据不断地在缓存器、寄存器、锁存器、主存、辅存间运作,设计高速、灵活的存取策略是计算高效的保证。应介绍线性表(顺序存储、链接存储、索引存储、动态存储)、数组、栈、队列、文件等存取策略的特点及其应用。

③ 实物数据描述形式设计

在用计算机解决实际问题时,实物的形状、尺寸、物理参数总要先数字化,这就要进行数据描述形式设计。描述用数据模型有常量、变量、数组、文件等,可以结合刚架或电路计算去讲。

(4)"计算机网络"和"数据库技术与应用"这两门课的内容仍按本节原来的介绍去讲。

4.2.12　专业课模块

前面已按照图4-1(机械电子工程专业课程体系图)分别介绍了设计广义执行子系统和检测控制子系统所需要的课程与知识;专业课的任务是把两个子系统集成与融合。因此专业课的内容将按图3-1〔机电一体化系统(产品)创新设计思路图〕所讲的设计步骤去安排。尤其在概念设计阶段,在总体方案的设计论证过程中将突出系统分析与机电融合的思想,突出创新意识,启发学生灵活地运用所掌握的各种知识去构思,去比较、选定方案。在详细设计阶段将突出并行设计的思想,注意对所设计的结果进行仿真优化,这样才真正显示出了机电一体化的优越性。

本模块拟开四门课:第一门"机电一体化系统设计",第二门"工业机器人",第三门"物流自动存储分拣系统",第四门"电子设备结构设计"。设这四门课的想法是:第一门综合性地讲机电一体化系统设计的一般步骤和方法;第二门结合具体的工业机器人讲"单机自动化"的机电一体化产品设计;第三门结合物流自动存储分拣系统讲"系统自动化"的机电一体化系统设计;第四门是哪个系统都离不开的控制箱或控制柜设计。这样专业知识就比较全面了。

下面分别介绍四门课的内容。

1."机电一体化系统设计"

"机电一体化系统设计"是机械电子工程专业的一门专业课,前面设置的许多课都是为本门课做准备的。本门课的任务是,教给学生如何灵活地、创造性地应用前面所学的知识去设计出一个崭新的、实用的机电一体化产品(系统)。

** 在讲课时,对于如何去制订方案最好多讲一些实用的经验,采用照片或录像放给同学们,以便毕业后工作时参考,增强解决实际问题的能力。

本门课的知识要点如下。

(1) 机电一体化系统设计简介

① 机电一体化系统的涵义:机电一体化、系统、机电一体化系统的涵义(复习本书第2章内容)。

② 机电一体化系统的构成:工作对象、广义执行子系统、检测控制子系统、输入、输出(物质流、能量流、信息流)和环境(复习本书第2章内容)。

③ 设计类型确认:创新开发性设计、适应性设计、变型性设计。

④ 设计应遵循的基本原则与基本法规如下。

a. 基本原则:需求原则(应满足市场需求)、信息原则(充分了解市场信息、技术信息、同行信息)、创新与继承原则、优化与简化原则、广义原则(既考虑技术,也考虑人文)。

b. 基本法规:标准化(国标、行标)、国家法律、法规、政策(专利法、知识产权法、合同法、环境保护法等)。

⑤ 创新设计的设计步骤:产品(系统)策划、概念设计、详细设计、样机试制、改进设计。(可参考本书第3章图3-1)

⑥ 设计任务:

a. 产品策划阶段完成"产品设计任务书"。

b. 概念设计阶段完成"最优方案的原理图和初始选型图",包括:

(a) 总体布局(确定动力系统、传动系统、执行系统、操纵系统、测控系统和其他辅助系统之间的相互位置关系)。

(b) 机械系统(广义执行子系统)的运动简图、液压流图、气压流图(初步的设想图)。

(c) 测控子系统的信息流图(初步的设想图)。

c. 详细设计阶段完成"产品设计说明书和全套图纸",包括:

(a) 机械系统的运动简图、运动循环图。

(b) 总装图、部件装配图、零件图;液压系统、气压系统、电气系统和测控系统的原理图和安装图。

(c) 说明书:主要技术参数〔尺寸参数、材料物理参数(密度、弹性模量、弹性极限等)、运动参数、动力参数、环境参数、控制参数(指标)〕,运动分析、动力分析、工作能力校核和驱动装置选择的计算步骤、结果和必要的说明。

d. 样机试制阶段完成"定型产品",包括:

(a) 试制样机,然后做性能测试、功能测试、产品鉴定,通过鉴定后试销。

(b) 试销的目的是看市场的反映,一是看市场对产品的需求情况,二是听市场对产品性能的反馈意见,以便改进产品质量,更适合人们的需要。

e. 改进设计阶段完成"产品的改型"。经过一段时间的销售以后,广泛地听取了经销商、消费者的意见,再考虑新技术,做一次"适应性设计"。

(2) 机电一体化系统的总体方案设计

下面按"创新开发性设计"介绍,若为"适应性设计"和"变型性设计"则不需要那么多步骤(请参看第3章)。

① 产品策划(依客户需求给出"产品设计任务书")

由"客户需求"确定产品(系统)的总"功能需求",给出"产品设计任务书",即明确所设计的产品(系统)应当对"工作对象"做什么样的"处理"或"变换"。

② 概念设计(依"产品设计任务书"给出"总体设计方案")

a. 将产品(系统)的总"功能需求"分解为"功能模块"。这项工作是在系统工程思想的指导下进行的。首先,确定该系统中的"工作对象"和对工作对象做"处理"或"变换"的"工艺流程"(确定了"工作对象"和"物质流"),继而将该"工艺流程"分解为一组"动作"的组合;然后,根据物理原理找出一组合适的"执行机构"去完成那一组"动作",同时配以合适的驱动装置供给它们能量(确定了“执行机构”与“能量流”);最后,确定“操控者”按“工艺流程”的逻辑去操控“执行机构”的“动作”(确定了“操控者”与“信息流”),完成预定的对“工作对象”的“处理”或“变换”。通过上述工作则将产品“总功能需求”分解为不同的“动作”模块(不同的“执行机构”和与之关联的“传动机构”“驱动装置”)和与该“动作”模块相对应的“操控”模块(不同的“传感检测模块”和“控制模块”)。

b. 将各功能模块组成总体方案集,进行优化评价后给出“最优”总体方案。针对“工艺流程”可以有多种“动作”分解方案,而对每一个“动作”方案又可以有多种“执行机构”的方案,从而“操控者”和“信息流”也可以有许多方案,这就可以“组合”成一个“整体方案集”,然后利用系统优化的分析方法,对这个“整体方案集”进行分析、比较、评判,最后可以选一个“最优”的作为最终方案。

c. 在上述设计总体方案的过程中,要充分发挥机械、电子和计算机的综合优势,“执行机构”不一定选传统的机械系统,而完全可以采用由计算机(软件编程)控制的简单机构去完成复杂的“动作”,这样可以使机电一体化系统的结构非常简单又轻巧。

(3) 机电一体化系统总体方案的实现——详细设计

① 广义执行子系统设计

在下面的设计中要充分利用“工程力学”“机械设计”和“机械制造”三个模块的知识。

a. 机械执行部件的设计与选择。

b. 机械传动部件的设计与选择。

c. 驱动装置的选择及其控制线路(电路、油路、气路)的设计。

d. 导向、支承部件的设计与选择。

② 检测控制子系统设计

在下面的设计中要充分利用“电工电路”“检测控制”和“计算机”三个模块的知识;同时要注意,多用“信号分析与线性系统”和“控制工程”所讲的理论去做系统的定性分析,而用“计算机控制技术”所讲的方法去设计控制器。

a. 选择合适的信息采集模块(模块中已包括传感器、前置放大器和A/D转换器)。

b. 选择合适的计算机控制技术(方法)。

c. 选择合适的微处理器(单片机、DSP、ARM或PLC)。

d. 给微处理器做接口设计。

e. 组成检测控制子系统并进行调试。

③ 系统优化

根据已设计好的广义执行子系统和检测控制子系统建立一个机电一体化自动控制系统的物理、数学模型,然后利用计算机仿真软件进行仿真,对两个子系统已确定的参数进行优化修正,最后给出一组“优化”了的参数,作为出图纸的参数。

④ 给出全部图纸和设计说明书

(4) 机电一体化系统(产品)设计实例

** 可重点介绍总体方案的制订与比较,多讲些经验,至于具体设计可以给出完整资料让同学们自己去看。

(5) 在机电系统中的应用

本门课介绍的是机电一体化系统(产品)设计的一般原则,在“产品策划”“概念设计”“详细设计”三个阶段都要应用，尤其要注意如何进行总体方案构思和平行设计。

2.《工业机器人》

《工业机器人》是典型的机电一体化系统（单机自动化的代表），是机械电子工程专业的主要研究对象之一，因此，本课程是机械电子工程专业一门很重要的专业课。机器人的设计是机电一体化系统中用数学和力学最多的系统，通过《工业机器人》的教学，同学们会发现，你们现在所学到的知识还远远不够，它会激励你们去学习更高深的数学、力学、控制方面的理论，去学习机械、电子、生物等各学科的新知识和新技术（尤其是伺服技术）。

** 建议本课程除介绍工业机器人的基本知识外，更重要的是介绍机器人的设计方案是如何制定的，多给学生讲一些制定方案的经验，这是同学们不会解决实际问题的症结所在，如果学生能够了解并掌握这些经验，将会如虎添翼，很快适应机器人的设计工作。

本课程的知识要点如下。

(1) 机器人的基本知识

① 机器人学的术语、定义及与其他学科的关系。

② 机器人的分类和组成。

③ 操作机几何学。

④ 机器人的坐标系统。

⑤ 机器人运动学：位置运动分析（正解与反解）、速度分析、轨迹控制。

⑥ 机器人动力学：动力学方程的建立与应用，力控制与柔性机器人。

⑦ 机器人中的主要技术。

⑧ 机器人控制器。

⑨ 机器人伺服系统。

⑩ 机器人的感觉技术。

(2) 机器人的设计

以一个典型的机器人为例按图3-1所讲的设计步骤介绍它的设计过程。重点是概念设计阶段的总体方案的论证和详细设计阶段的系统仿真优化，运动、动力分析和工作能力校核。

① 产品策划：如何给出“产品设计任务书”。

② 概念设计：如何建立系统模型，并通过系统分析与方案论证给出一个“最优”总体设计方案。

③ 详细设计：如何给出广义执行子系统和检测控制子系统的各类参数，又如何依据自动控制系统的物理数学模型用计算机仿真的方法最终确定系统的各类参数，体现出并行设计和系统优化的设计特点。同时，要教会学生如何进行运动分析、动力分析、工作能力校核和控制器设计、制作。

(3) 在机电系统中的应用

工业机器人是单机自动化产品的代表，本课程的知识主要用于单机自动化产品的“产品策划”“概念设计”和“详细设计各个阶段。

3.“物流自动存储分拣系统”

“物流自动存储分拣系统”是又一类典型的机电一体化系统（系统自动化的代表），也是机械电子工程专业的主要研究对象之一，因此，本课程也是机械电子工程专业的一门很重要的专业课。本课程的任务是，向学生介绍条码或电子标签等的模式识别技术、物品自动分拣与自动存储技术以及物流跟踪查询技术；至于分拣设备、立体库和存取机械手的设计，重点可放在方案制订方面，详细设计与前两门课没有区别，不必再重点讲。

本门课的知识要点如下。

(1) 物流自动存储分拣系统的基本知识

① 物流自动存储分拣系统的构成。

② 条码技术与应用。

③ 电子标签技术与应用。

④ 模式识别技术简介。

⑤ 自动分拣技术简介。

⑥ 立体库与自动存取机械手简介。

⑦ 自动导引小车。

⑧ 传送带(或其他输送设备)简介。

⑨ 自动存储分拣、测控网组网技术简介。

⑩ 物流自动查询技术(包括信息网技术简介)。

(2) 物流自动存储分拣系统设计

结合一个实例向学生介绍如何将客户需求变为系统的功能需求；又如何将功能需求分解成功能模块；在上述转变过程中要利用系统分析与优化的思想去做，多介绍一些经验。至于具体的技术设计可以不再介绍。

(3) 在机电系统中的应用

物流自动存储分拣系统是自动生产线，即分布式自动控制系统的代表，本课程的知识主要用于系统自动化的“产品策划”“概念设计”“详细设计”阶段。

4. “电子设备结构设计”

“电子设备结构设计”是机械电子工程专业的一门专业课。任何机电一体化系统都离不开控制箱或控制柜(统称“电子设备结构”)；从表面上看，对它们的设计仍属于机械结构设计，只要其外形美观，颜色和谐，能将控制电路所用的电器、电子元器件、微处理器等安装在里面即可；其实不然，实践告诉我们，电子设备结构的设计，其机械设计(强度、刚度、稳定性)已不是主要问题，而对电工、电子元器件、微处理器等的保护(即对环境的防护)变成了主要问题。这是因为电子元器件和微处理器等芯片的工作温度有一定限制，温度过高过低它们都不能正常工作；再者，这些芯片中流过的电信号都是弱电，稍有电磁干扰则会失真；还有在整个控制电路中(无论是强电还是弱电)，有许多连接件(如插拔接头、继电器、焊点)，在振动环境下，它们很容易松动，影响电路的连通性；另外环境污染(如尘土、盐雾、空气中的氯化硫、氧化磷等)会使电路中的铜、银等暴露的部分锈蚀，造成电路短路或断路，酿成事故。所以本课程的任务是，电子设备结构的散热设计、抗电磁干扰设计，减振防振设计和防腐蚀设计。

本门课的知识要点如下。

(1) 基本知识

① 散热设计

a. 散热设计的依据：温度对电子元器件工作的影响，电子设备热环境的组成要素，热设计的基本原则。

b. 散热设计的理论基础:物体自身的导热,物体边界的热交换(对流、辐射、传导)(有限元方法已讲过)。

c. 电子设备的散热传热方法:自然散热,强迫通风散热,液体冷却,蒸发冷却。

d. 热测试技术和分析软件:热测量技术(在检测课基础上深入讲)、热设计分析软件ICEPAK、FLOTHERM介绍。

② 抗电磁干扰设计

a. 抗电磁干扰设计的依据:电磁干扰三要素、电磁兼容性设计的基本要求、电磁兼容性标准规范体系。

b. 抗电磁干扰技术:电磁屏蔽(电场屏蔽、低频磁场屏蔽、电磁场屏蔽,对屏蔽体屏蔽效能的评价与测试方法)、接地与搭接(地线简介,低阻抗地线的设计和阻隔地环路干扰的措施,搭接简介)、滤波用于瞬态干扰抑制〔滤波器的选择(模拟电子技术课已讲过)、常用瞬态干扰抑制器件介绍〕、电磁兼容性测试技术简介。

③ 减振防振设计

a. 设备周围的机械环境与振动冲击对电子设备产生的危害。

b. 减振防振的理论基础:复习理论力学和有限元解法中的振动部分内容(单自由度和多自由度振动)、隔振、隔离冲击的原理、等效阻尼的概念与应用。

c. 减振防振技术:减振器设计、隔振系统设计、阻尼减振技术,防止振动与冲击对设备影响的措施和振动与冲击的测试技术(复习检测技术课相关内容,熟悉测试仪器与设备)。

④ 防腐蚀设计

a. 防腐蚀设计的依据:被腐蚀的元器件所产生的不良效应与金属材料的耐腐蚀性(金属包括铁、铜、镍、铅、镁、钛及其合金),各种环境中的腐蚀状况(大气、海洋、土壤、有机气体)。

b. 防腐蚀设计的理论基础:金属电化学腐蚀的基本原理(金属腐蚀速度的表示法、电极电位、电位—pH图、腐蚀电池及其工作历程、腐蚀速度与极化作用、析氢腐蚀与吸氧腐蚀、金属的钝化、局部腐蚀)。

c. 防腐蚀技术:金属覆盖层保护、控制环境因素、电化学保护。

(2) 基本技能

① 掌握热设计方法和热测量技术。

② 掌握抗电磁干扰的所有技术,能熟练地解决电场、磁场和电磁场的屏蔽问题,能抑制瞬态干扰;会使用电磁兼容检测仪器,能进行电磁兼容性能指标的检测。

③ 能根据电子设备的具体情况采用合适的方法(减振、隔振,增加阻尼)进行减振、防振设计;并能对电子设备进行振动测量,求其固有频率和振型。

④ 掌握防腐蚀设计的基本方法,根据电子元器件所处的具体环境和本身的材质特性,采用合适的技术(金属覆盖层、控制环境因素或电化学防护)或防腐蚀的结构设计,做好电子元器件的防腐蚀工作,延长它们的使用寿命。

(3) 在机电系统中的应用

主要用于详细设计阶段,对控制箱(柜)内的电子元器件做散热、抗电磁干扰、抗振、防腐等设计,以保证检测控制子系统能正常工作。

4.2.13　辅助专业课模块

这个模块所介绍的内容不是机电一体化系统设计所专有的，但又是不可少的，因此称它们为辅助专业课。本模块设两门课，第一门是“计算机仿真技术”，第二门是“人机工程”。第一门课的知识用于自动控制系统的仿真优化，第二门课的知识使整个系统设计更人性化。这都是机电一体化设计中不可缺少的工作。下面分别介绍这两门课的内容。

1. “计算机仿真技术”

“计算机仿真技术”对机械电子工程专业来说是一门专业基础课，但由于只想让学生学一点利用现有程序对系统优化做仿真实验的知识，并不做全面系统的介绍，所以将该课列为辅助专业课。我们欲检测实际系统的动态性能，其方法是：首先组建一个检测系统，将其输入端接到实际系统的欲测点上；然后给实际系统输入所需要处理的物质和信号；最后在检测系统的输出端观看实际系统输出量的变化状况，若输出符合设计任务书的要求，则产品（系统）是合格产品，而所做的设计，就是合格的设计；若输出结果不符合设计任务书的要求，则要推倒重来，重新设计与制造。这样做的结果，可以说是费时、费力、费材料，所以人们才想出计算机仿真的方法，由计算机的模拟实验，代替实际系统的检测试验，这样既省材料，又省时、省力，因此仿真技术发展很快。

计算机仿真需要解决四个问题：第一，要建立一个切合实际的“系统物理模型”（线性或非线性，连续或离散，时变或非时变等），这是仿真结果好坏的关键；第二，将物理模型用数学模型表示（代数方程、微分方程、其他形式的数字方程或函数）；第三，将上述数学模型转变为计算机能处理的数字模型；第四，求解、计算并输出动态结果（一般为动态变化图形）。

解决第一个问题不仅需要有扎实的理论基础，更需要系统的专业知识和丰富的解决实际工程问题的经验；第二个问题在基础课和专业基础课中已经解决；第三个问题在计算数学和有限元方法中已经解决；在本门课要解决的就是第四个问题，即仿真试验（计算及结果输出）问题。

本门课的知识要点如下。

（1）基本知识

① 计算机仿真简介：定义、分类、应用。

② 建立系统物理模型（复习基础课和专业基础课有关内容）。

③ 建立数学模型（复习工程力学、电工电路、检测控制等模块的有关内容）。

④ 将数学模型转换为计算机处理的数字化模型（建仿真模型，复习计算数字、有限元法有关内容）。

⑤ 计算机仿真平台介绍〔Matlab/Simulink（主），Swarm——multi-Agent（辅）〕。

（2）基本技能（能对机电一体化自动控制系统仿真）

① 自动控制系统稳定性仿真（零极点匹配法）。

② 自动控制系统参数优化仿真。

（3）在机电系统中的应用

① 在概念设计阶段，进行方案比较时可用仿真技术进行方案优化。

② 在详细设计阶段，采用并行设计的理念，用仿真技术对自动控制系统进行系统参数优化。

2. “人机工程”

“人机工程”是机械电子工程专业的一门辅助专业课。过去的设计一般只注意功能的实现,对于人们操作是否舒服,考虑得比较少。本门课的任务是向设计者宣传以人为本的思想,在进行机电一体化产品(系统)设计时,不仅要考虑产品功能的实现,更要考虑人们操作它是否舒适,维护它是否方便,这是人类社会更加文明、进步的表现。设本门课的目的就是希望同学们在今后的设计中始终贯穿人本位的理念。不仅如此,还要贯穿到各种工作中。

本门课的知识要点如下。

(1) 基本知识

① 人体工程学:是将“人”看作一个“自然系统”进行研究的科学,人与其他系统一样,具有系统结构、系统输入、系统处理、系统输出以及环境对系统的影响等。

a. 人体结构:人体各部分〔头、颈、肩宽、臂长(大小臂)、手长、手指、上身长、腿长(大小腿)、脚长与宽〕的尺寸、总身高、体重。

b. 输入系统——人的感觉系统:视觉、听觉和触觉特征,前庭感觉,神经及其信息传导。

c. 处理系统——人对信息的加工过程:信息理论概要;人对信息的加工过程模型〔知觉(信息输入),记忆、思维与决策,动作(信息输出);人的差错〕。

d. 输出系统——人的支配操作系统:人的运动系统及特征(反应时,运动时),人的操作动作分析。

e. 物理环境因素:噪声、振动、照明(光强)、温度、湿度、电磁场等对人体的影响,对输入(感知)、处理(思维、决策)、输出(人体动作)各环节的影响。

② 人机工程学:是将“人与机器”看作“一个系统”加以分析研究的科学,在人机系统中,强调人的主导性,人的心情对感知、思维、决策和操作的影响。因此在对产品设计时,要充分给人创造优越舒适的环境和操作条件。例如,机器的造型美观,颜色和谐;座椅舒适;作业空间宽敞、明亮、布置协调;操作容易(必要时加一些操作工具);有人机交互设计,减轻记忆疲劳;今后将向智能化方向发展,由计算机置入专家系统代替人操作或减少人的操作(如利用与实物相对应的在计算机屏幕上的虚拟机器对实物进行遥操作)。

(2) 基本技能

能遵照以人为本的思想,利用人体工程和人机工程的知识去设计机电一体化产品(系统)和控制箱或控制柜,使这些产品更人性化,更符合人们的要求。

(3) 在机电系统中的应用

在概念设计、详细设计、样机试制和改进设计四个阶段都要用。前两个设计阶段是在设计时考虑人们操作的舒适性;样机试制时是亲自操作一下是否舒适,不舒适则改进;修改设计阶段是听客户意见,使用者认为操作不舒适的也要改进。

4.2.14 人文类模块

要搞好设计,不仅要掌握本专业的基本理论、基本技术、基本技能和工程知识,还应当遵守国家的法律、法规,有道德,懂管理,会核算。因此,在本模块开设了三门课:第一门是“职业道德与法律法规”,第二门是“工程经济”,第三门是“企业管理”。这三门课应当是必选的,是同学们必须掌握的知识。当然还可以再选一些文学艺术类的课程,提高自己的素质,陶冶自己的情操。

下面分别介绍一下这三门课的主要内容。这些内容是中国机械工程学会组织编写的《机械工程师资格考试指导书》中规定的。

1. “职业道德与法律法规”

道德是人们为人处事的基本准则。它由一定的社会经济基础所决定，并以法律为保证；它依社会舆论、传统习惯及内心信念来维系；它是调整人际关系、人与社会之间的关系的行为规范和准则。

法律是国家制定的维护国家政治、经济等社会的方方面面能正常运转的强制性条文。

道德是自觉遵守的，它体现了一个人的素养和品质；而法律是强制的，不管什么人都必须遵守，违犯法律者一定会受到制裁。开设“职业道德和法律法规”这门课的目的，就是向同学们介绍，在产品设计阶段就应当考虑到的生产安全、环境保护、企业运作（经营、生产、财税）等各方面的要求和法律，告诉大家要有严肃的法律意识，一定在工作中承担起一个工程师的责任，设计出对人类有益的产品，坚决不做违法的事情。同时也告诉大家一定要加强自身修养，有自我约束力，使自己成为一个道德高尚的人。相比之下，道德比法律更重要。

本门课的知识要点如下。

(1) 关于道德的基本知识

①《公民道德建设实施纲要》（以下简称《纲要》）2001年9月20日中共中央印发。《纲要》指出：

a. 基本道德规范：爱国守法、明礼诚信、团结友善、勤俭自强、敬业奉献。

b. 道德建设任务：在全社会大力提倡“基本道德规范”，努力提高公民道德素质，促进人的全面发展，培养一代又一代有理想、有道德、有文化、有纪律的社会主义公民。

c. 道德建设主要内容：“从我国历史和现实的国情出发，社会主义道德建设要坚持以为人民服务为核心，以集体主义为原则，以爱祖国、爱人民、爱劳动、爱科学、爱社会主义为基本要求，以社会公德、职业道德、家庭美德为着力点。”去进行道德建设。

社会公德是全体公民在社会交往和公共生活中应该遵循的行为准则，涵盖了人与人、人与社会、人与自然间的关系。在现代社会，公共生活领域不断扩大，人们相互交往日益频繁，社会公德在维护公共利益、公共秩序，保持社会稳定方面的作用更加突出，成为公民个人道德修养和社会文明程度的重要表现。要大力提倡以文明礼貌、助人为乐、爱护公物、保护环境、遵纪守法为主要内容的社会公德，鼓励人们在社会上做一个好公民。

职业道德是所有从业人员在职业活动中应该遵循的行为准则，涵盖了从业人员与服务对象、职业与职工、职业与职业之间的关系。随着现代社会分工的发展和专业化程度的增强，市场竞争日趋激烈，整个社会对从业人员职业观念、职业态度、职业技能、职业纪律和职业作风要求越来越高。要大力提倡以爱岗敬业、诚实守信、办事公道、服务群众、奉献社会为主要内容的职业道德，鼓励人们做一个好建设者。

家庭美德是每个公民在家庭生活中应该遵循的行为准则，涵盖了夫妻、长幼、邻里之间的关系。家庭生活和社会生活有着密切的联系，正确对待和处理家庭问题，共同培养和发展夫妻爱情、长幼亲情、邻里友情，不仅关系到每个家庭的美满幸福，也有利于社会的安定和谐。要大力提倡以尊老爱幼、男女平等、夫妻和睦、勤俭持家、邻里团结为主要内容的家庭美德，鼓励人们在家里做个好成员。

② 机电工程师职业道德规范：

机电工程师职业道德规范由三部分组成，即职业品德、职业能力及服务、促进人类进步的意识和行为。

机电工程师应具备诚信、正直、坦诚、公正、公平和平等、信任友善、永远充满信心的品德；勇于承担个人责任、会利用法律手段保护公众健康、安全和促进社会进步。具体要求如下：

a. 应在自身的能力和专业领域内提供服务并明示其具体的资格。

b. 要以国家现行法律、法规和规章制度规范自己的行为，必须承担自身行为的责任。

c. 依靠自身职业表现和服务维护职业的尊严、标准和自身名誉。

d. 在处理职业关系中不应有种族、宗教、性别、年龄、国籍或残疾等偏见。

e. 在为每个组织或用户承办业务时要做忠实的代理人或委托人。

f. 应诚信公平对待同事和专业人士。

(2) 关于法律、法规的基本知识

① 安全生产知识及有关法律、法规

a. 设备的维护保障(保养)：对设备的正常维护保养是保证生产正常进行的必需条件。目前有三种方法：全面修理、预防性保养(又叫计划性保养)和预测性保养。

b. 加工机械的安全技术措施如下。

(a) 危险类型：卷绕和绞缠(如头发、衣物)、卷入和碾压(如齿轮啮合处)、挤压剪切和冲击(冲床、剪床或机床移动平台)、飞物或附落物(紧固件脱落、高速零件碎块、切屑，高处零件、工具掉下)、切割、戳扎和擦伤(刀尖、毛刺、棱角、锐边、砂轮或毛坯表面)、跌倒和坠落(被杂物缠绊)。

(b) 安全措施

采用本质安全技术(设计时就考虑的安全措施)，按下面的标准去做：GB 5083—1985《生产设备安全卫生设计总则》、GB 12266—1990《机械加工设备一般安全要求》、GB 12801—1991《生产过程安全卫生要求总则》、GB/T4060—1983《电气设备安全设计原则》。

采用防护装置(生产中采用的安全措施)，设计或使用时可参照以下标准：GB 8196—1987《机械设备防护罩安全要求》、GB 8197—1987《防护屏安全要求》、GB 4053.3—1993《固定式工业防护栏杆安全技术条件》。

压力加工设备(冲床、锻床等)安全装置，按如下标准去做：GB/T8176—1987《冲压车间安全生产通则》、GB 5091—1985《压力机的安全装置技术要求》。然而最根本的安全措施是实现送料机械化和操作过程自动化。

c. 起重机械安全技术措施如下。

(a) 危险类型：重物坠落、金属结构破坏、垮塌、失稳倾翻、钢丝绳断裂等。

(b) 安全措施：注意起重机零部件的安全；如关键部件(吊钩、钢丝绳、卷筒、滑轮等)的使用、维修必须符合 GB 6067—1985《起重机械安全规程》的要求。加设起重机安全装置，如必须具备超载限制器、力矩限制器、上升极限位置限制器、运行极限位置限制器和缓冲器以及联锁保护装置等。

d. 机器人、数控机床和自动生产线的安全技术措施。

(a) 机器人安全技术要点

机器人的计算机控制系统为预防病毒带来的危害，应当设置自检安全系统。

机器人的自由度要根据工艺要求选取，应避免自由度冗余而失控。

机器人周围必须根据其运动范围设置防护栏杆，其入口应与控制系统互锁，保证有人进入隔离区时，机器人不能动作。

(b) 数控机床安全技术要点

数控系统应具备自检功能。

应设置故障报警装置和联锁装置。例如，有刀具未夹紧，冷却油温到上限，润滑油油位到下限，电机过热，在这些故障发生时要自动停电。

应当在程序执行到极限位置和到机械挡块位置之前设置控制装置，避免撞车。

每次启动机床进入初始状态时，刀具返回原点才能运行加工程序。

(c) 自动生产线安全技术要点

自动生产线周围应有围栏，实行封闭式作业。

自动生产线启动前应发出声响或灯光信号，并设置工作状态灯光信号。

自动生产线的每台设备上都应设置紧急事故安全联锁开关，以保证设备出现故障或操作失误时立即断电，停止运转。

必须在工件传输系统交接处和一定长度(10 m 左右)内设置醒目的急停联锁开关。

② 生产环境安全知识和有关法律、法规

a. 防火、防爆

(a) 对工业生产厂房的设计和布置，对防火等级、防火间距、消防用水按 GB J16—1987《建筑设计防火规范》执行。

(b) 厂房内的一切电气设备均应符合 GB 50058—1992《爆炸和火灾危险环境电力装置设计规范》的要求。

(c) 对于可燃气体应安装燃气浓度检测传感器加以监视。不能装传感器的地方应当用可燃气体浓度检测仪巡检，及时发现问题加以预防。

(d) 控制火源：如明火、高温高热表面、电火花(电气打火或静电)、摩擦火花、自燃等。

b. 防触电和静电

(a) 防触电

触电原因：潮湿多雨季，绝缘变差；对低压电疏忽防范；电气连接部分易出故障。

防触电措施：使用安全电压(12 V 和 36 V)；检查电器及其导线绝缘性；设防护屏防护栏，保证人与带电体有足够距离，设计时参照 JGJ16—1983《建筑电气设计技术规程》和 GBJ232—1982《电气装置安装工程及验收规范》；接地、接零。

(b) 防静电

静电的产生和危害：传动带或轴承摩擦；塑料压制、上光；固体粉碎、研磨；从气瓶放出压缩空气，喷漆等都会产生静电。静电产生的高压可能引起火灾爆炸，或人被电击。

防静电基本措施：减少静电荷产生，将电场屏蔽(要接地)，避免存在放电条件。

(c) 防噪声

噪声的危害：长期处于噪声大的环境会使人的听力下降或耳聋并同时诱发心血管、消化、内分泌等疾病；影响人正常生活，掩盖报警信号等。

噪声的控制和防护：减少或消除振动，从源头控制噪声产生；挂吸声板吸声；用隔音板隔声；对气流引起的噪声注意消声。

③ 环境保护的知识和有关法律、法规

工业污染源：由工业生产活动产生的废水、废气、废渣、废热、放射性物质、噪声、振动、电磁辐射等。

a. 工业废气及处理技术:工业废气中主要污染物有33种,如二氧化硫、一氧化碳、二氧化碳,一些苯类化合物以及颗粒物等。其污染源为锅炉、工业炉窑、火电厂、炼焦炉、钢铁厂、水泥厂、汽车、摩托车排气等。国家制定了《大气污染物综合排放标准》,规定了上述33种污染物的排放极限值。

处理技术:吸收法、吸附法、催化法、燃烧法、冷凝法、生物法、膜分离法等。

b. 工业废水及处理技术:工业废水中主要污染物为重金属、有机物、悬浮物、放射性物质、氨、氮、磷及油类化合物。其污染源为造纸、船舶、海洋石油、纺织印染、肉类加工、合成氨、钢铁、航天推进剂、兵器、磷肥、烧碱、聚氯乙烯、酒类等工业。国家制定了《污水综合排放标准》限定了69种水污染物的排放浓度和最高允许排放量。

处理技术:物理法、化学法、物理化学法和生物法。对于印染工业、钢铁工业、糖酒类工业和城市生活污水都有典型的处理工艺,可供参考。

c. 工业固体废弃物及处理技术:工业固体废弃物在《国家危险废物名录》中共列出49种。除此之外,还有未被列入《国家危险废物名录》或根据GB 5085鉴别标准和GB 5086、GB/T 15555鉴别方法不具有危险特性的一般工业固体废物。

治理原则:《中华人民共和国固体废弃物污染环境防治法》中规定了减量化、资源化和无害化的"三化"原则。

处理技术:海洋处置(倾倒、焚烧)、陆地处置(土地耕作处置、深井灌注处置、土地填埋处置)。

d. 环保法律、法规及标准:目前我国已制定的环保法律有6个;资源法律、法规常见的有15个;相关法律、法规常见的有25个;环保法规或法规性文件常用的有10个。6个环保法律分别是《中华人民共和国环境保护法》《大气污染防治法》《噪声污染防治法》《固体废弃物污染环境防治法》《水污染防治法》和《海洋环境保护法》。

环境标准:分为国家标准、地方标准和环保局标准。国家标准有:环境质量标准(水质量、大气质量、土壤质量、生物质量等标准,以及噪声、辐射、振动、放射性等限制标准)、污染物排放标准(水污染物、大气污染物、固体废弃物污染物、噪声污染等控制标准)、方法标准、标准样品标准和基础标准。

e. 环境管理制度:有环境影响评价制度、"三同时"制度、征收排污费制度、限期治理制度和环境保护许可证制度。

f. 清洁生产的要求:不断采取改进设计、使用清洁的能源和原料、采用先进的工艺技术与设备、改善管理、综合利用等措施,从源头控制污染,提高资源利用率,减少或避免生产、服务和产品使用过程中污染物的产生和排放,以减轻和消除对人类健康和环境的危害。为促进清洁生产,国家制定了《中华人民共和国清洁生产促进法》。

④ ISO 14000环境管理系统标准简介(国际标准)

ISO 14000环境管理系统标准是国际标准化组织(ISO)第207技术委员会(TC 207)从1993年开始制定的环境管理领域的国际标准总称。我国根据它制定了自己的相应标准,现对照抄写如下。

环境管理体系标准:

GB/T24001—1996等同于ISO 14001环境管理体系——规范及使用指南规范。

GB/T24004—1996等同于ISO 14004环境管理体系——原则、体系和支撑技术指南。

管理体系审核标准:

GB/T24010—1996 等同于 ISO 14010 环境审核指南——通用原则。

GB/T24011—1996 等同于 ISO 14011 环境审核指南、审核程序、环境管理体系审核。

GB/T24012—1996 等同于 ISO 14012 环境审核指南——环境管理审核员的资格要求。

⑤ 知识产权的相关知识及法律法规

a. 知识产权的概念：知识产权是指智力成果的创造人对所创造的智力成果和工商活动的行为人对所拥有的标记依法所拥有的权利的总称。

b. 知识产权的特征：无形性、法定性、专有性、地域性、时间性。

c. 我国知识产权法主要有：《商标法》《专利法》《著作权法》《反不正当竞争法》。

d. 我国加入下述保护知识产权的国际公约：《建立世界知识产权组织公约》《保护工业产权巴黎公约》《保护文学艺术作品伯尔尼公约》《商标注册国际马德里协定》《录音制品公约》《专利合作公约》《世界版权公约》等。

⑥ 现代企业制度、相关法律

a. 公司法：规定了公司的概念，公司的分类及其设立，公司的财务、会计制度，公司的变更和公司的解散和清算。

b. 合同法：规定了合同的概念、合同的基本原则、合同的订立（合同的形式：书面或口头；合同的内容：当事人的名称或姓名和住所；数量；质量；价款或报酬；履行期限、地点和方式；违约责任；解决争议的方法）、合同成立的时间与地点。另外还有关于“要约”“承诺”“实际履行”和“格式条款”的规定。

c. 招标投标法：规定了总则（必须进行招标的工程项目；招标的工程项目不得拆散、化整为零；对投标人或单位不得加以限制，不得非法干涉投标活动）；招标（招标方式：公开招标和邀请招标；招标代理机构；招标文件）；投标（投标人；投标文件；开标、评标、中标、中标人）。

d. 工业产品生产许可证制度：为了从源头抓好产品质量，严防劣质产品进入市场，1984 年 4 月国务院颁布实施了《工业产品生产许可证管理办法》，并于 2002 年 6 月修订。同时国家统一制定公布了《实施工业产品生产许可证制度的产品目录》（以下简称“目录”），该目录规定，凡在中华人民共和国境内生产并销售列入“目录”的产品，都应有生产许可证；没有生产许可证的企业不得生产“目录”中产品。

工业产品生产许可证的管理：国家质检总局，对全国工业产品生产许可证实施统一管理。国务院有关部门在各自的职责范围内配合国家质检总局的工作。省级质量技术监督局在国家质检总局的领导下对本行政区域内生产许可证工作进行日常监督与管理。经批准的质检机构才能从事质检工作；经过专门培训的人员才能做质检工作。

工业产品生产许可证办理程序：首先，申请的企业要具备七条申请条件；然后向省级质量技术监督局申请办理，批准后，发给《生产许可证受理通知书》。

⑦ 财务及税务的知识和有关的法律和制度

a. 会计基本制度

(a)《中华人民共和国会计法》，共 7 章 52 条。基本内容包括：总则；会计核算；公司企业会计核算的特别规定；会计监督；会计机构和会计人员；法律责任和附则。

(b) 国家统一的会计制度：国家实行统一的会计制度，根据会计法制定有关的规章、准则和办法。如《企业会计制度》《企业会计准则》《企业财务会计报告条例》《事业单位财务规则》《会计基础工作规范》《会计档案管理办法》《会计从业资格管理办法》《行政单位会计制度》等。

(c) 会计核算一般原则：共三项。即衡量会计信息质量的一般原则；确认和计量的一般原则;起修正作用的一般原则。

(d) 会计要素:资产、负债、所有者权益、收入、费用、利润。

b.《企业会计制度》

2000年12月29日财政部颁布,主要内容包括:正文、会计科目和会计报表两大部分,正文共分为十四章一百六十条。

财务三表:资产负债表(又叫财务状况表,资产=负债+所有者权益);利润表(一定时期内盈利或亏损状况表,利润分为主营业利润、营业利润、利润总额和净利润);现金流量表(现金指库存现金和随时可以支付的存款。现金流量指在一定时期内现金流入量、流出量和净流量的总称。本表将企业全部业务活动分为三类,即经营活动、投资活动和筹资活动)。

c. 税种与税率的知识

税种和税率国家是在不断地调整的,同学们要了解这些知识,需要时注意查阅相关文件的规定。

⑧ WTO规则和政府产业政策

a. 历史和我国对入世的承诺。

b. WTO的基本原则:民主原则;法制原则;市场经济原则;一切争端通过和平协商,不能诉诸战争;均衡和可持续发展原则。

c. WTO四大宗旨:提高各国人民生活水平,保证扩大就业;扩大各国货物和服务的生产和贸易;坚持走可持续发展道路,保证对世界资源最佳的利用,保护环境和维持生态平衡;努力保证发展中国家尤其是不发达国家在国际贸易增长中获得与其经济发展水平相适应的份额和利益。

d. 反补贴与反倾销:反补贴就是反对政府对产业(尤其农业)的补贴措施。包括反补贴调查、产业损害的确定及救济,征收反补贴税等步骤及内容。反倾销是当代国际贸易中最重要的法律之一。反倾销不仅反对以倾销作为不正当的国际竞争手段,而且也限制滥用“反倾销”措施作为贸易保护主义的手段。

e. 加入WTO对我国社会的影响:首先是政府要赶快调整政策与法律,以适应市场经济;要尽快转变政府职能,由管制到服务,由集权到放权,政企分开等。其次是加快思想观念转变,由官本位到权利本位,由地方保护主义到全球化思想,由习惯于区别对待到非歧视等。企业人员要了解WTO的各项竞争游戏规则,以便在竞争中获胜而立于不败之地。

(3) 在机电系统中的应用

在机电产品(系统)的设计和运行过程中都要遵守人类的道德和国家的法律、法规,使科学技术更好地造福人类。

2. “工程经济”

“工程经济”是在各种工程项目中用经济学的观点和方法进行分析和评价,从而使项目在经济上获得最大利益。我国目前已逐步走向市场经济,在决定是否开发设计一个新产品时,是由市场说了算,而非开发者自己说了算。因此,同学们应当对市场经济下的需求、价格和供给三者的关系有深刻的认识,以便确定新产品是否开发。当新产品被决定开发以后,还要由性价比对产品进行功能优化,以降低产品的成本,使其在市场上具有竞争力和生命力,这样开发设计者才能集中精力去开发这一新产品。因此,为同学们开设这门“工程经济”课程,掌握必要的经济学知识,为新产品开发设计服务。

本门课的知识要点如下。

(1) 关于市场经济的知识

① 市场经济

a. 市场:市场是买方和卖方相互作用并共同决定商品或劳务价格和交易数量的一种机制。在市场体系中,每种物品(即商品)都有价格,价格代表了买方和卖方相互交换商品的条件。在市场中价格协调着生产者和消费者的决策;较高的价格趋向于刺激生产者增加生产,但同时却抑制了消费者的购买;相反,较低的价格趋向鼓励消费,但同时却抑制了生产。可见,价格在市场机制中起着平衡的作用。

b. 市场经济:如上所述,一个国家的经济问题(即产品生产与分配问题)由市场来解决的经济制度叫市场经济。市场经济是一种主要由个人和私人企业决定生产和消费的经济制度,它通过需求、供给、价格、市场盈亏、刺激和奖励的一整套体系来决定生产什么,如何生产和为谁生产。市场经济的绝对情况是政府不管的自由放任经济,它容易造成经济危机,所以在世界上,目前没有一个完全的市场经济国家。

c. 混合经济:与市场经济相对的是指令经济(即计划经济),我国在改革开放以前就是这种计划经济,产品生产与分配都是由政府按计划执行。改革开放以后我国的经济体制改为社会主义市场经济,它是一种混合经济体制。即关乎国计民生的产品的生产由国有企业去做,这样国家控制着价格,保证人们的正常生活需要。然而,还有许多商品的生产仍是市场起作用。尤其是我国加入 WTO 以后,我国的经济已融入世界,主要是市场经济起作用,因此,同学们必须熟悉市场经济的规律。

② 市场经济商品生产的规律

市场经济体制下商品生产的规律是指由市场需求、市场供给和商品价格互相调整的商品生产规律。现说明如下:

a. 市场需求及其需求量与商品价格的关系

市场需求就是所有人需求的总和。市场需求量与商品的价格有密切的关系。通常我们看到,在相同条件下,一种商品的价格越高,人们愿意购买的数量就越少;反之商品的价格越低,人们购买的数量就越多。如果将商品价格和市场需求量的关系用一条曲线表示的话,将如图 4-9 所示,为反比例关系。

b. 市场供给及其供给量与商品价格的关系

市场供给就是所有厂家生产同一商品的总和。厂家生产商品的量与其价格也有密切关系。通常价格越低,厂家觉得利润少,则该商品生产得就少;相反,若价格越高,厂家觉得利润多,则该商品就生产得多。如果将商品的价格和市场的供给量的关系用一条曲线表示的话就如图 4-10 所示。

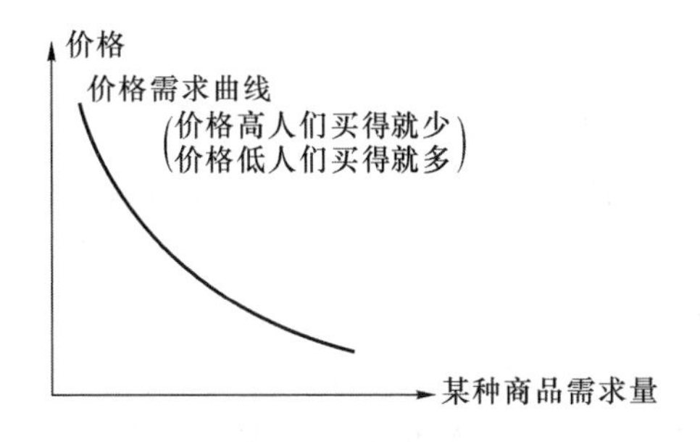

图 4-9　价格与需求量的关系曲线

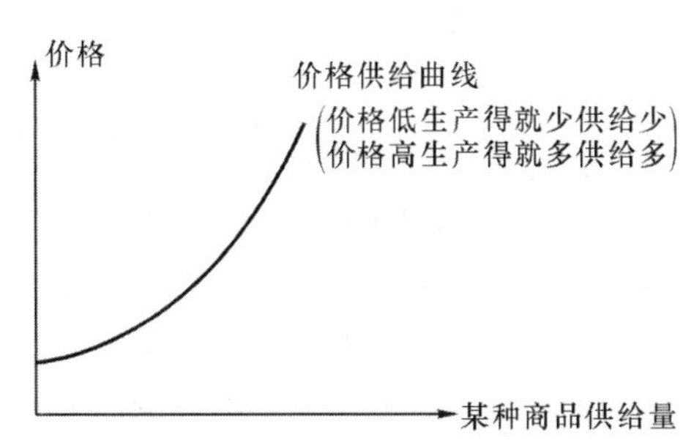

图 4-10　价格与供给量的关系曲线

c. 供给与需求的平衡

如果我们将图4-9与图4-10重叠到一起,则可以得到图4-11所示的情况。

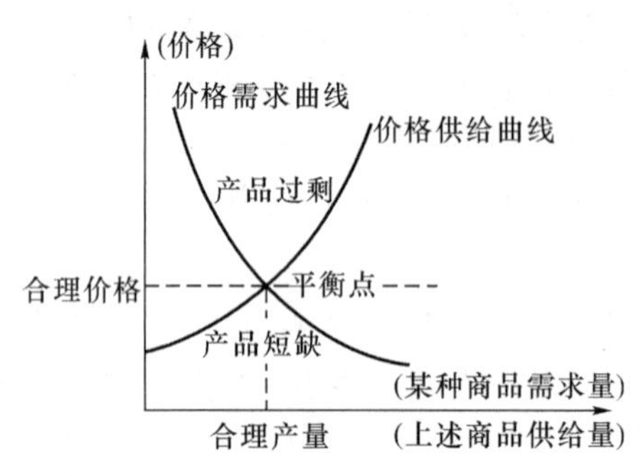

图4-11　商品需求与供给的平衡图

随着商品价格的调整(变化),需求量将沿着价格需求曲线变化;而供给量则沿着价格供给曲线变化;不断调整变化的结果,两条曲线在"平衡点"相交。该平衡点表明,商品的价格调整到平衡点的价位时,所生产的产品将全部被买光,即供给量等于需求量。当然这是理想状态,实际是很难达到的。

在这里介绍价格、需求与供给的关系,就是想让同学们了解市场经济的特性,在自己设计生产新产品时一定要考虑生产出来的产品要有一个合理的价位。否则不是利润减少(价格低时),就是卖不出去(价格高时)。

d. 影响需求与供给的因素

上面介绍的"供给与需求的平衡"是理论上的理想状态下的情况,而实际情况远非如此,真正影响供给与需求的因素还很多,不只是价格,现介绍如下,在设计产品时请予考虑。

影响需求的因素:消费者的平均收入;人口规模;相关商品的价格(替代关系);消费者的爱好与偏好;特殊因素(如气候、环境影响等)。

影响供给的因素:技术水平(决定成本);投入人力与物力价格;相关商品价格;政府政策;特殊因素(如气候、环境影响等)。

(2) 成本分析的知识

讲成本分析有两个目的:一个是设计新产品总要进行成本核算;另一个是为价值工程(产品功能优化)打基础。

① 成本分类:按经济职能分为生产成本(直接材料、直接人工、制造费用)、销售成本和管理成本。按习惯分为固定成本与可变成本。

总成本=固定成本总额+可变成本总额=固定成本总额+(单位可变成本×产量)

② 产量-成本-利润之间的关系(叫量-本-利关系):

利润=销售收入总额-成本总额

利润=销售单价×销售量-(固定成本总额+单位可变成本×销售量)

可写成下面的公式:

$$P = px - (a + bx)$$

上述公式中的利润是指税前会计利润。若计税后利润可将税加在可变成本中。

③ 量-本-利分析:将上述公式 $P=px-(a+bx)$ 用图4-12表示,可以清楚地看到,总收入线 px 从0点开始线性成正比增长,卖一个多一个收入。总成本线 $(a+bx)$ 从固定成本总额 a 开始,然后生产一个多一个可变成本 bx;总成本线也是线性成正比增长。但由图可见,一个都卖不出去,固定成本是不会少的,所以此时亏本。当卖出商品的量达到保本量时,总收入线与总成本线相交保本点;这时收入与成本相抵无利润。如果卖掉商品的量超过保本量以后,则总收入超过总成本,已开始有利润。

④ 由成本分析可以学到两点：第一，懂得了成本构成要素及其计算方法；第二，要开发设计一个新产品，必须有预期的保本量，若需求量不能超过保本量是不能开发的。

(3) 价值工程的知识

价值工程是从性价比的观点去确定产品的必要功能，从而使产品达到价值最优的思想。因此“价值”是我们在概念设计阶段进行方案比较与优化时的一个优化目标。

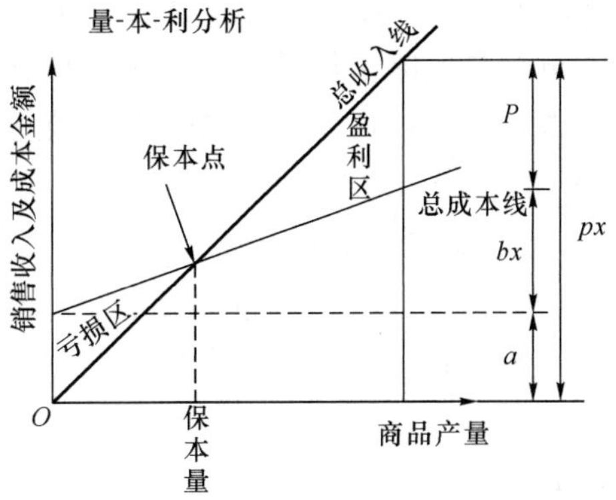

图 4-12 量-本-利关系图

① 价值的含义

价值通俗地说就是产品的性价比。即以产品的功能与成本的对比值来表达，产品具有高的功能和低的成本就认为是价值高的产品。用公式表示即是

$$\text{价值}(V)=\frac{\text{功能}(F)}{\text{成本}(C)}$$

企业在生产经营中，要注意使用户以较少的费用得到产品中的必要功能。

公式中功能的含义是指产品的用途，或说产品应起的作用。一个产品往往有许多功能，有的是必要的，有的是不必要的，然而，必要与不必要的功能都要付出成本代价。因此要想使产品价值高，就必须抓住产品的必要功能，减掉不必要的功能，从而使成本降低。

公式中成本的含义是指产品全寿命周期的成本。产品全寿命周期是指产品从研制、生产、销售、使用直至报废回收为止的整个生命周期。在该寿命周期中所发生的与产品有关的各项费用之和便是产品全寿命周期成本。即

全寿命周期成本＝生产制造成本＋使用成本

② 价值工程的含义

价值工程是以产品价值（即功能与成本的比值——性价比）最高为优化目标的一个设计方案优化过程。在这一优化过程中，通过功能分析，找出哪些是必要的功能，哪些是不必要的功能；想办法以最低的产品全寿命周期成本，而可靠地实现产品的必要功能；也可以反过来说，在满足产品必要功能的前提下，寻求产品全寿命周期成本最低。可见，无论是选择哪一个思路其结果都是使产品的价值最高。

③ 实施价值工程的基本步骤（即优化步骤）

a. 选择价值工程对象：选择新产品或价值大而用户意见多的老产品。

b. 收集情报资料：关于产品（价值工程对象）设计或使用的资料；资料要完备、可靠。

c. 产品功能分析：明确产品功能要求（用户、企业、社会环境三个方面的）；对各功能给予定义；进行功能分类（必要功能和不必要功能）；功能整理（从系统分析的角度明确各功能之间的关系，建立一个功能系统图）。

d. 产品功能评价：在实现必要功能的前提下，找出目前价值最低的功能作为“改进对象”。因此要能定量地给出每一个功能的价值估值（有经验估计法和功能比重分配法）。

e. 提出改进设想：找出与“改进对象”有关的载体（机械零部件或电子元器件），对该载

体给出几个改进方案,使其价值变大(功能高,成本低)。

f. 分析与评价方案:在上述几个方案中通过计算价值进行比较,找出价值最高的。

g. 试验、检查、评价效果:对所选最优方案必须经过实际的试验,对每一步都要严格地检查,确实效果好,才能采用。

(4) 在机电系统中的应用

① 在产品策划阶段,要预期产品的需求是否达到保本量,达不到保本量不要开发设计。

② 在概念设计阶段,应用“价值工程”理念,以产品价值最高为优化目标去选择方案。

③ 在产品生产期间,从供需平衡的观点出发去制定产品的价格,确定产量。

3. “企业管理”

“管理”大家并不陌生,它能使杂乱无章的事物变得井然有序,使事物顺畅地运动(作)而尽快达到其目的(地)。平常说向管理要效益就是这个道理。然而“管理”并不那么简单,它既是一门科学,又是一门艺术。因“管理”和复杂的社会融在一起,它不再像数理化那么单纯,那么严谨,而往往是社会环境和人的因素起主要作用,所以“管理”要特别注意以人为本;充分调动人的主观能动性是“管理”的关键;从这个意义上说,管理是一门很深奥的“艺术”。但是“管理”它也毕竟是一门科学,它有自己的体系与规律,我们在本门课里重点介绍“管理”的“科学”的一面。

企业本身一般来说是一个“生产系统”,如飞机、汽车制造厂,空调、冰箱制造厂,啤酒、可乐制造厂等。从系统的观点来说,它输入的是资源(人、财、物),输出的是产品,企业的作用是将输入的“资源”变换(处理)为“产品”(这就是“工作对象”和“物质流”)。为了使这一“变换”井然有序,而且投入少,产出多,就需要一个“宏观操控者”,这个“宏观操控者”就是“企业管理”。它的作用是采集并利用企业和社会上的各种信息,组织调控企业内部的整个生产过程,使之有条不紊地运作,达到投入少、产出多的目的。从这个意义上讲,“企业管理”系统,实质上是控制企业宏观生产过程能正常运作的“操控者”,而它传递的信息就构成了生产系统“信息流”。这样,我们就很清楚地认识到,“管理”的核心内容就是“信息”,而这些信息是通过它们的载体——资源(人、财、物)和产品而得到的,经过管理系统处理后,又反过来去控制那些载体按照预先规定的程序去运作。这样,我们就应该知道“管理系统”到底应当“管什么”“怎么管”“评价指标是什么”,其中有什么规律性的东西。下面我们就上面的问题加以介绍。

本门课的知识要点如下。

(1) 基本知识

① 企业管理的定义:在特定的环境下,对企业所拥有的资源(人、财、物)进行有效的计划、组织、领导、控制,以便实现既定的企业目标的过程。对其解释如下:

a. 管理是服务于企业既定目标实现的一系列有意义、有目的的活动;这些活动构成了从输入资源到输出产品的整个生产过程。

b. 上述那些一系列的活动是相互关联、连续进行的,实现对生产过程的计划、组织、领导和控制职能。

c. 管理的对象是资源(人、财、物)和产品,确切地说是这些资源和产品的信息。

d. 管理的任务是控制生产过程中的各种活动，如获取资源，并开发利用它们生产出产品。

e. 管理目标是效率和效果（产品），用最短的时间，生产出优质产品，达到投入少，产出多。

f. 管理是在一定的外部环境下进行的，它服务于一个开放系统，该系统不断和外部环境相互影响、相互作用。所以一种管理理念和方法（即管理模式）不是万能的、通用的，而要审时度势、随机应变、因势利导，取得成功。

② 管什么：上述定义已告诉我们管理资源（人、财、物和它们的信息），即按照预定的目标，协调人、财、物的关系，通过信息交换，控制它们的运作（或说变换）以最快的速度和最高的效率去完成预定目标（产品）。

③ 怎么管：上述定义已告诉我们从时间和空间上用协调和控制等方法去管理。

a. 时间因素考虑的管理：从宏观上说那就是“计划”。计划就是对企业未来的活动进行一种预先的筹划，内容包括：研究活动的条件，制订活动的目标和策略，编制各项活动的行动计划等。从微观上说就是充分利用“工作时间”（纯粹用于生产或工作的时间），缩短“多余时间”（由于设计原因或工艺规程及制造方法产生的多余时间），避免“无效时间”（由于管理不善或作业者原因产生的无效时间）。

具体到人的管理，一个是确定每个岗位（或工位）的劳动定额（时长）；另一个就是做好岗前培训，使每一个人都是熟练工种，工作中不会因为技术不熟而误工；再一个就是做好爱岗敬业的教育工作和对工作热情的激励工作，使每一个人都积极主动地发出他的光和热。

具体到财的管理，那就是加快资金的周转与回笼。

具体到物的管理，那就是采用供应链的管理理念。由需求（订单）“拉动”“物”在生产过程中的移动或变换速度，减少物在生产过程中停滞或存储的时间。

b. 空间因素考虑的管理：从客观上说那就是“组织”。组织就是为保证企业制订的计划和目标能顺利实现而进行的组织结构设置，在相应的空间内配备人员和设备，投入资金和物料，在同一时刻分工合作，共同完成同一任务。从微观上说，就是“现场管理”。现场管理首先是在空间上对人、财、物、设备进行合理的配置（叫“定置管理”），然后对其配置根据现场的实际需要再不断地进行调整和优化，使人与物、人与场所、物与场所之间的关系非常协调，省时省力进行生产。

c. 调控因素考虑的管理：调控可以说是管理的核心任务。从宏观上说就是“领导”和“控制”。“领导”就是管理者利用企业赋予的职权去指挥、沟通、协调、影响和激励企业成员为实现目标而努力工作。“控制”就是督促、限令企业各部门、各环节都能按规定的“计划”进行正常工作，保证按时交出优质产品。可见，“控制”的作用是死的，是硬性指标，必须按时完成（合同法）；而“领导”的作用是活的，是润滑剂，在这里就充分体现出领导的管理艺术，他能够想出什么办法，去指挥、沟通、协调、影响和激励本企业的所有职工，使他们能玩命地工作，保质、保量地按时或稍微提前一点交出产品。从微观上说，就是控制人的活动和财与物的使用。企业内每个人都有自己的岗位和职责（空间的），也都有自己的工作定额（时间的）；企业内每一件物都有自己的用途、存储地点和输送路线（空间的），也都有存储和输送的时长（时间的);企业内的资金都是专款专用(空间的),也都有占用时长(时间的)。管理的调控作用就是建章立制,从时间和空间上协调企业内各部门、各环节(实质是人、财、物)使其在企业的各项活动中,按布局规划和生产计划有条不紊地运作起来。

由上述可见,管理的核心内容就是从时间、空间和质量等方面对企业的各项活动进行调控。

④ 管理的评价指标:管理的定义已告诉我们评价指标是效率和效果。效率是生产率;效果是产品物美、价廉、优质、供不应求,给企业创造最大利润。具体做法是,降低成本,提高质量与产量。

从管理的角度看,我们应当把这些评价指标分解到企业有支配权的人、财、物、时间和空间(即企业的各部门和各生产环节)。具体做法是,首先制定人、财、物的标准,然后从时间和空间两方面加以调控。

a. 人员标准:人员标准是定岗、定责、定时。定岗,就是将企业的全部工作都设置岗位;定责就是对每个岗位的工作都规定它的职责范围、技术(业务)水平;定时,就是规定每个岗位的工作定额。上述三定工作是根据国内外的实践经验或科学实验而确定的。

b. 财务标准:企业资金周转有序、产品售后资金回笼快,每个部门该用钱时马上就有。要做到这一点必须根据企业各部门资金使用情况找出规律,做一个详细的资金周转图,保证企业按时开支、按时进料、按时运货、按时缴税等。

c. 物资标准:物资有两类,一类为原材料,另一类为设备。原材料类的标准是有效利用减少消耗;设备类的标准是设备使用率和设备完好率(即设备使用率高且往常处于好用状态)。对于原材料的消耗主要是由大料上下零件毛坯件时的下脚料和冷加工时的切屑。要减少下脚料,在下料前就要很好地进行布局计算;要减少切屑,必须采用合理的工艺方法。

d. 有了上述标准以后,管理者就可以依照标准调控人员的活动,控制资金和物资的使用。下面的工作就是从时间和空间两方面去调控人、财、物的活动,使企业收到最大效益。

⑤ 有关的管理知识:上面是根据管理的定义介绍了一些相关的知识。除此之外还应当了解下面的一些科学管理的基础知识。

a. 生产率分析与提高生产率的方法:介绍生产率的定义,分析、计算方法,以及如何对生产率进行管理,如何提高生产率。

b. 物流的基础知识:介绍物流的概念、物流的构成(物质流与信息流)、供应链管理、物流系统的优化;物流承载系统(结合机电一体化系统简介);物流信息系统(结合管理网简介)。要明确物流不创造物质,只是在物质的流动过程中有效地规划利用空间和时间去降低成本,从生产到消费的全过程争取最大效益。

c. 现场管理的基础知识:介绍定置管理和5S活动的理念,以及现场管理的思想。

(a) 定置管理是利用系统分析的思想和工业工程的方法,分析人、机、物与场所之间位置的相互关系,进行合理的布局,实现生产要素的最佳组合,达到提高作业效率,安全文明生产的目标。

(b) 5S活动是指对生产现场各生产要素所处的状态,经常地进行整理、整顿、清扫、清洁和提高职工素质的活动。

(c) 现场管理就是在现场定置管理的基础上采用5S活动对生产和工作现场的人、机、料、环境、信息等各种生产要素进行合理配置与优化,通过计划、组织、协调、控制与奖惩,使它们都达到良好的运行状态,从而实现优质、低耗、高效、安全的目标。这是一种动态管理思想。通过这样的管理,可以消除各种浪费(主要是时间浪费和空间浪费),优化劳动组织,实现均衡生产。它加强了基础工作,优化了专业管理,改善了设备管理、治理了现场环境,保证了企业的生产效率和效益。

d. 全面质量管理和质量控制的基本知识:质量是一个产品或一企业的生命。质量好、企业有信誉,它的产品则有销路,该企业则能生存下去,并发展壮大。否则,产品滞销,企业最后倒闭。为使产品和企业在顾客中有信任度,国际上开启了质量认证制度,以使人们都得到满意的产品,同时也杜绝了浪费。下面详细介绍有关知识。

(a) 质量定义:"反映实体(即产品)满足明确或隐含需要能力的特性的总和"。(ISO 8402的定义)

(b) 产品质量:反映产品满足顾客明确的或隐含的需要的一种能力。

(c) 质量特性:适用性,指产品的功能或性能(如运动、速度、精度、能力)是否符合用户的使用要求;安全、可靠性,是指产品在使用过程中是否能保证人身安全,质量是否稳定,可靠;结构工艺性,是指产品的结构设计是否便于制造、拆装、维护、维修、保存、可携带;经济性,是指产品的价格和使用成本是否低廉;环境性与宜人性,是指产品对环境变化是否敏感,使用时是否对环境造成污染,外观是否美观大方,操作是否符合人机工程学的要求,使人感到舒适、轻松。

(d) 产品质量的形成、职能和职责,具体如下。

产品质量的形成:产品质量是从市场调研开始、经产品设计、制造直到产品售后服务这一全过程而形成的。因此,它可分为市场调研质量、设计质量、制造质量和使用质量。

质量职能:市场调研质量职能是指在市场调研阶段由客户需求和市场趋势对产品提出的质量要求;设计质量职能是指设计阶段给出的技术文件(规范)足以保证所使用的材料、加工工艺及设备,能制造出符合市场调研质量要求;制造质量职能是指通过对生产过程中人、机、料、法、测量和环境等变量的控制,生产出符合设计质量要求的产品;使用质量职能是指在客户使用产品的过程中一直符合当初客户提出的质量需求。

质量职责:是指为保证产品质量对企业各层次,各部门和各类人员在质量管理活动中所应承担的任务、责任、权限等的具体规定。

(e) 质量管理:"确定质量方针、目标和责任,并借助质量体系中的质量策划、质量控制、质量保证和质量改进等手段来实施的全部管理职能的所有活动。"这是国际标准化组织(ISO)给出的定义。

(f) 全面质量管理:"以质量为中心,以全员参与为基础建立起来的一种目的在于让顾客长期满意,组织(企业)成员及社会获利"的管理方法。全面质量管理的特点是:全面的(不仅管产品质量,还管与产品有关的企业工作质量和工程质量)、全过程的(调研、设计、制造、售后)、全员参与的(领导及全体员工都参与)、多种方法的(工作程序法、价值分析法、系统分析法、优选法及现代化检测手段和计算机应用)管理。

(g) 全面质量管理的基础工作:要推行全面质量管理,企业必须做好以下基础工作:质量教育(质量第一,人人有责等)、标准化工作(企业员工掌握并应用国际标准(ISO)、国家标准(GB)、部颁标准等)、计量工作(量具、仪器齐备无缺,质量稳定、示值准确一致,人员已能正确的使用)、质量信息工作(有产品质量和产、供、销各环节的质量信息)、质量责任工作(明确规定企业内每个部门和每个员工的质量责任)。

(h) ISO 9000族标准:这是国际标准化组织(ISO)1986—1987年正式颁布的国际质量管理标准,在1994年和2000年有部分修订或合并。这些标准已全部作为我国的标准予以公布,同学们要了解它,以便在质量认证时应用。ISO 9000族标准名称如下。

• 1994年公布的

基础标准(5项):ISO 8402、ISO 9000-1、ISO 9000-2、ISO 9000-3、ISO 9000-4。

核心标准(7项):质量保证标准(3项),即ISO 9001、ISO 9002、ISO 9003;质量管理标准(4项),即ISO 9004-1、ISO 9004-2、ISO 9004-3、ISO 9004-4。

支持性技术标准(9项):主要有ISO 10005、ISO 10006、ISO 10007等。

• 2000年修改的

ISO 4000:2000取代94年版ISO 8402;ISO 9001:2000取代94年版ISO 9001、ISO 9002、ISO 9003;ISO 9004:2000取代94年版ISO 9004-1;ISO 19011:2001对原ISO 10011、ISO 14010、ISO 14011、ISO 14012进行合并;ISO 10012,是原ISO 10012-1和ISO 10012-2的合并修订本。

注:以上标准全部被采纳为我国的国家标准,总编号为GB/T 19000—1994。

(i) 质量保证和质量体系的建立:质量保证和建立质量体系是ISO 9000族标准的核心内容,也是企业实施全面质量管理的目的和关键。所谓质量保证是对某一产品或服务能满足规定的质量要求提供适当信任所需的全部有计划和系统的活动。而质量体系则是为实施管理所需的组织结构、职责、程序、过程和资源的综合体。质量保证的重点是为产品的质量提供信任;而建立和健全质量体系是企业向外提供质量能力信任的基础。质量体系的建立,一般要经历质量体系的策划与设计和质量体系文件的编制两个阶段。

(j) 质量认证:质量认证是一种国际流行的评定企业及其产品可信度的方法。质量认证分为产品质量认证和质量体系认证:前者认证对象为产品,后者认证对象是质量系统。当然两种认证都是质量社会监督的重要形式。

产品质量认证的依据是产品标准和相应的技术要求;质量体系认证和依据是ISO 9001:2000这一项质量保证标准。

上述两项质量认证工作都是由一个独立的、第三方的权威机构根据相关标准(ISO)按一定程序进行的。

世界各国实行的质量认识制度有8种型式,其中第五种认证制度最完善,它既包含了产品质量的认证,又包含了质量体系的认证,需要时可看相关资料。

(k) 过程质量控制:质量控制是为达到质量要求所采取的作业和活动。前已述及产品质量控制分为四个阶段:产品调研阶段的质量控制、产品设计开发阶段的质量控制、产品制造阶段的质量控制和售后服务阶段的质量控制。在四个阶段中,市场调研阶段是根本。产品的质量水平是根据顾客需要和企业的主客观条件而决定的。要满足顾客的需要也得看看国内外同类产品或近似产品的质量水平,分析一下国内现有技术人员和技术装备能否达到那样的水平。设计开发阶段给出的技术文件(图纸、设计说明书)是对客户质量要求的落实。产品制造阶段是对产品质量的保证。售后服务是对产品质量的保持与改进。

(l) 产品制造过程中的质量控制:要保证产品的质量必须抓住生产过程,主要做三方面的工作,即生产技术准备(包括人员、物资、能源、设备、工艺、计量仪器等的准备;质量控制系统设计;质量职责确认;设计生产组织方案和认证工艺装备等)的质量保证,现场文明生产的管理和制造过程的质量控制。

(m) 过程质量控制的基本工具:有两类,一类是检测工具和仪表,另一类是数据分析处理工具。第一类工具有几何量和物理量的测量工具,这些内容在相关的课程中已作介绍;第二类工具主要是数理统计的内容,包括统计分析表、排列图、因果图、直方图、控制图以及相关分析等。这些内容有的在数学中讲过,有的需结合实际问题介绍。

(2) 几种典型的管理模式

① 标准化产品的大量生产管理模式:这种生产管理模式以美国福特公司为代表。19 世纪末 20 世纪初,工业产品"供不应求"(这是这种模式的社会条件),福特公司生产 T 型汽车就采用这种生产管理模式。其特点是"大而全",为了保证公司大生产的原材料供应和运输,公司还投资原材料产品和物流产业,以保证流水生产线的正常运行,满足了社会对大量产品的需求。

② 精益生产管理模式:这种生产管理模式以日本丰田公司为代表。20 世纪 70 年代,工业品市场已由"供不应求"转为"供过于求"(这是这种模式的社会条件),丰田公司对福特式大生产做了重大改进,其基本原则就是"企业应该减肥",消除一切形式的浪费(如其他行业投资),用以持续改进生产系统,以全新的原则、观念和技术,达到客户的最大满意度。该模式的最大特点是强调人在生产和经营中的主导作用,重视对员工的培养,重视建设良好的企业文化,树立"同呼吸共命运"的观念,通过团队工作,建立 QC 小组,企业推行合理化建议制度和目标管理方法,最大限度地调动了所有员工的积极性和创造性。

精益生产区别于大生产模式的两大特色就是"准时制生产"(JIT)和所用工具"看板"。准时制就是在需要产品的时机生产出所需的品种和数量,不允许提前生产和超额生产。生产活动由需求驱动,实行由后道工序拉动前道工序的拉动式生产,通过"看板"完成这一过程。采用"现场管理"的方法,消除各种不创造附加值的无效劳动(如消灭一切非增值活动,消灭所有停滞和等待,没有废品、缺陷和返修,不做不满足或超越客户的需求的工作)。

"看板"是指导生产流程的一系列卡片。它从最后一道工序开始,按照反工序的顺序,步步向前追溯,直到原材料准备部门,都按看板进行生产和运送。各工序都严格按后一工序所需品种、数量、时间进行生产,同步进行,保证后一工序在需要时刻取得必要的品种和数量。

③ 敏捷制造管理模式:这种生产管理模式以英国马丁公司为代表。它产生的背景是人们对产品的"个性化需求"。敏捷制造是"多品种、变批量、具有敏捷性的制造模式"。"敏捷"的含义是"聪明、机智和快速"。这种生产模式能满足顾客对产品的高质量、高性能和个性化

的要求;它以革新的组织与管理机构、柔性技术(如数控机床)和掌握熟练技艺的有知识的人员为支承。敏捷制造管理模式的理念是:以竞争能力和信誉度为基础,选择合作伙伴,组成虚拟公司;以知识、技艺和信息作为重要的财富,将人与信息投入生产基层;伙伴之间基于信任分工协作,为同一目标共同奋斗,以增强企业(虚拟公司)整体的竞争能力;以满足用户(包括潜在用户)的满意度作为产品和服务质量的评定标准与获取报酬的依据。敏捷制造管理模式的主要特征如下。

a. 组织机构的特征:根据订货需求建立相应的组织机构和虚拟公司,企业间(合作伙伴)是动态合作;企业内部以团队形式高度协同工作,上级给团队适当放权;企业内改金字塔为扁平式组织。可见机构具有临时性和灵活性。

b. 人员管理特征:建设良好的企业文化;实行以人为中心的管理;尊重每个员工的人格,对他们进行高质量的职业培训,使每个人都掌握熟练的技艺;引入激励机制,充分发挥每个员工的积极性和主动性。

c. 柔性技术特征:产品设计一次成功;以终身保障和免维修的设计制造保证产品质量;快速生产准备;采用快速重组制造系统(一般为数控制造系统);采用互联网和企业内部网络进行管理或组织生产;企业的整体集成。

④ 项目管理的管理模式:项目管理就是在完成项目的各项活动中,运用各种知识、技术、工具和方法,来计划、组织、指导和控制项目的进度、成本、质量和人力资源等各要素,以满足顾客需求并实现项目目标的过程。

a. 项目:项目就是在一定时间内需要完成的某项任务。如大项目——修建三峡大坝,小项目——开一次国际会议。项目的基本特征:第一,有明确的三维目标,即项目要求,时间安排、和成本预算;第二,具有一次性,即每个项目只执行唯一的一次;第三,有资源保证,即项目的完成有资源(人、设备、资金、物料和信息等)的保证和有效的管理控制;第四,是有组织的活动,即任何项目的实施都是有组织的群体活动。

b. 项目管理三要素:第一,团队。即要求项目的小组成员都有明确的目标,共同价值观,始终关注客户的要求,能与客户、供应商和分包商实现共赢。第二,工具和技术。即有科学的管理工具和网络技术,能给项目做完整的计划,进行工作分解、责任分配和效益分析。第三,流程。包括项目管理过程、项目管理信息系统、项目变更控制系统、项目阶段性审批程序、项目绩效评估过程等。

c. 项目管理的目标:通过有效使用与控制人力、物力、财力、信息等资源,确保在规定时间内和上级批准的预算内达到质量性能要求,最终使客户能满意接受所交付的成果。

d. 项目管理过程:项目管理的生命周期是概念形成、研究开发、实施控制、移交收尾。它可分为四个阶段:启动项目、计划项目、实施跟踪与控制项目和收尾项目。

上述几种典型的管理模式,各有特点,各有适用条件,有时可能还要结合起来用。同学们要掌握其精髓,抓住其本质在工作中灵活应用。

(3) 在机电系统中的应用

管理理念的更新和科学技术的进步是相辅相成的。科学技术的进步会萌生新的管理思想,而新的管理思想又会促进科学技术的进步。比如,有了加工中心就可以采用柔性技术满足人们对产品的个性化需求，从而提出敏捷制造、准时制生产等理念，做到按需生产、个性化服务；在这种管理理念的指导下，智能车间、智能工厂就提到了日程，极大地推动了设备及生产线的自动化与智能化，加速了机电一体化技术的大发展与广泛应用。可见，先进的管理思想对科学技术有一个统领作用。因此，同学们在学习科学技术的同时，一定要学好管理科学，并用来指导自己的研发工作。

① 在产品策划阶段就要用先进的管理思想去思考。如用“系统生命周期管理”“绿色制造”“产业链”等理念去指导产品策划。在产品策划时就要考虑材料的选择与利用：一是对自然界造成重大破坏的材料不能用；二是对可用材料要在“产业链”中得到充分利用。在策划时还要考虑“绿色制造”，产品对环境不能造成污染，若有污染必须想出防止污染的办法，否则不能策划该产品。在产品策划时还要考虑到产品的报废，产品报废以后最好能回收利用，不要对环境造成污染。

② 在决定产品开发设计以后，可以采取“虚拟公司”的形式强强联合组成团队，按项目管理和全面质量管理的理念去管理项目，使项目按预期目标、按计划有条不紊地进行。

③ 在样机试制阶段，可采用“准时制生产模式”去指挥生产，用“质量管理”方法去监督生产，使产品保质保量准时生产出来。

④ 在产品销售以后，用“全面质量管理”的理念去做售后服务，并不断改进产品的设计。

** 人文类模块的课程内容介绍得比较详细，其目的有二：其一，提醒同学们，要设计制造出一个好的产品，不仅要会用科学理论与技术，还要遵守道德与法律，懂得工程经济与管理科学。作为一个机电工程师，一个好的产品不是凭兴趣设计出来的，而是根据社会（人们）的需求、生产条件和市场检验而决定的。要充分重视产品需求的市场调研，产品销售的市场预测和成本核算，否则将空忙一场。其二，让同学们在入学之初就知道，作为一个机电工程师，只学好数理化是不行的，必须掌握必要的人文知识，才能很好地胜任工作。避免在今后的学习中偏科，而合理地去选学相关的课程，使自己成为一个掌握全面知识的人，将来能更好地承担起一个机电工程师的责任。

4.2.15　实践类模块

实践类课程是培养学生掌握专业技术和解决工程实际问题能力的一组课程。实践类课有三种，第一种是课程实验，第二种是实习，第三种是课程设计和毕业设计（见图 4-1）。

1. 课程实验

课程实验分两类，一类是验证理论的实验，另一类是培养学生实践能力的实验。

（1）验证理论的实验

该类实验一定要随着课程走，可以在讲理论之前做，也可以在讲完理论之后做，最好是边讲边做；其目的是通过观察实验现象使学生更明白理论所揭示的自然规律的本质。

（2）培养实践能力的实验

该类实验一般是教会学生掌握某种专业技术，或会使用某些测量工具、仪器仪表，同时培养学生分析、解决实际问题的综合能力。

（3）要求

同学们一定要认真去做这两类实验，且尽量多选做，为实践打基础。

2. 实习

实习包括金工实习、电装实习、机制工艺实习和专业实习。

(1)“金工实习”

“金工实习”常安排在第一学年末,让同学们到车间去实地了解机械加工的知识,如机械加工的工种(冷加工:车、铣、铯、磨、冲、钳等;热加工:铸、锻、焊、热处理等;特种加工:线切割、电火花等);机械加工的技术装备(冷加工:各类机床及它们用的刀具、量具和工装夹具;热加工:铸、锻、焊、热处理的设备和工具或辅料)。让同学们知道各工种都能做什么样的活;各种机床和设备都有什么用途,机械零件是怎么加工出来的,并学会数控机床的操作。

(2)“电装实习”

“电装实习”也常安排在第一学年末,让同学们到实验室(最好到电子设备厂)去了解电路图是怎么变成实际电路的(布线、插元器件、焊装、了解电路板制作工艺),并会使用万用表、电烙铁等简单仪表和工具。

(3)“机制工艺实习”

“机制工艺实习”常安排在工艺课前,让同学们到工厂车间去实际看一下机电产品到底是怎么一步一步制造出来的,使他们对工艺流程及流程中使用的技术文件(工艺过程卡片、工序卡片、机床调整卡片)有所了解。同时,了解一些典型零件(轴、箱体、机座、导轨、齿轮、丝杠等)的加工工艺过程,了解典型机电产品(最好是数控机床)的结构及其工作原理,了解机电产品的装配工艺过程并知道装配过程中产品精度的保证方法,参观一些先进加工技术及装备。

(4)专业实习

专业实习常安排在第三学年末,让同学们到企业(一般为大的制造企业)去了解一个企业能正常运转的管理机构和生产活动。关于管理机构,主要是了解一个企业应当设立哪些部门,每个部门的职责和有关的规章制度,以便让学生在毕业前就对企业的管理系统有个概貌的认识。关于生产活动,主要是让同学们参观产品的生产制造系统,以及从输入原材料到输出成品的整个生产工艺流程,使同学们对生产制造系统的组成、布局和各项生产活动的组织落实有一个明确的认识,知道该企业属于什么样的生产管理模式,知道该企业生产线的技术水平和产品水平,同时也为专业课学习打下基础。

3. 课程设计和毕业设计

课程设计和毕业设计是培养同学们设计实践能力的实践课。它包括机械类设计和测控类设计。具体如下。

(1)“机械原理课程设计”

本门课安排在“机械原理”课讲完之后,旨在培养同学们对执行机构和传动机构进行原理性设计的能力。结合一个简单机械系统的设计,让同学们初步掌握运动方案设计(方案比较),机构选择、机构的运动、动力分析、机构运动的原理图设计与绘制等能力。注意所选的简单机械系统最好包括连杆、凸轮、齿轮、轴等常用典型机构。最后要求同学们交一份设计说明书。说明书里的内容应当包括:运动方案论证与选型、所选机构运动分析、动力分析的计算结果及它们的结构简图、机构运动简图、系统内机构的运动循环图。

(2)“机械设计课程设计”

本门课安排在“机械设计”课程后，旨在培养同学们对执行机构和传动机构实际设计的能力。最好结合机械原理课程设计的结果继续做下去。同学们应当继续完成以下四项工作：第一，使用有关标准、规范和手册，给出上述简单机械系统（机械原理课程设计的结果）中各零件的结构尺寸（或标准件型号），并利用机械手册中的经验公式，对这些零件进行工作能力（强度、刚度等）校核，当最后尺寸和材料都确定以后，绘出该系统的装配图。第二，给所设计的机械系统选择一个电动机，并给出相关计算步骤与结果。第三，画2～3张零件图，要求按国标画，且最好是不同类型的零件。第四，撰写设计说明书一份，包括上面的所有分析、计算步骤与结果。

(3)“机制工艺课程设计”

本门课安排在“机械制造基础”课程之后，旨在培养同学们根据图纸去组织实施加工制造的能力。通过该课程设计同学们应掌握以下三个方面的能力：第一，熟悉工艺规程设计的步骤（产品装配图和零件图的图样分析；确定毛坯类型及其制造方法；拟定零件加工工艺路线，零件加工工序设计；编制工艺规程文件）。第二，结合一个典型零件给出工艺路线（选择基准、选择加工方法、划分加工阶段、安排加工顺序）；选定各工序所用的设备（包括刀具、量具、工装、夹具）；进行工序设计（说明工序中各工步的顺序与内容，确定各工序的加工余量，确定尺寸链，计算工序尺寸与公差，确定切削用量，确定各主要工序的技术要求和验收方法，计算工时定额）。第三，编制全套工艺规程文件（包括：工艺过程卡、工艺卡、工序卡、工序质量表、工序操作指导卡、设备清单，以及所用工具、量具表）。

(4)“测控电路课程设计”

本门课安排在“模拟电子技术”和“数字电子技术”课程之后，旨在培养同学们设计测控电路并给予实现的能力。让同学们设计一个中型的数字电路系统（可结合测控系统选其中一个单元电路），通过该系统的设计使同学们掌握以下三个方面的能力：第一，具有利用EDA软件、采用从上到下的设计思路设计大中型数字电路的能力；第二，借助集成电路手册，掌握中小型集成元器的功能和使用方法，并能正确为所设计的电路系统选择元器件；第三，能按照电路系统图，将所选的元器件组装成实际电路，并能调试成功，正常运行。

(5)测控系统课程设计

本门课安排在“检测技术与信号处理”“控制工程”和“计算机控制技术”之后，旨在培养同学们具有设计并实现一个实用的测控系统的能力。让同学们结合所选项目的实例（控温、控压、控速、控位移、控力等）设计并实现一个闭环控制系统，培养同学们具有以下五个方面的能力：第一，树立系统的概念，掌握测控系统设计的步骤和方法，能设计一个测控系统。第二，会选择或设计控制器并给出完整的系统控制电路图。第三，会选择传感器、电子元器件和微处理器，按控制电路图组装成实际的测控系统。第四，能根据控制算法编写控制程序和微处理器接口驱动程序。第五，能将所编软件安装到硬件系统中并调试成功。

(6)毕业设计

毕业设计是同学们在四年级下半年的综合实践环节，历时三个月，是同学们在大学期间最后的收获季节。每个同学都应当独立地搞一个项目（一个中小型的机电一体化系统），结合这个项目按本书图3-1所讲设计步骤真刀实枪地搞一个设计。通过这个系统设计，培养学生以下几方面的能力：第一，机电融合的能力。这是同学们综合运用本专业所学过的各种知识的能力；能将学过的知识用系统工程的思想，采用系统分析和并行设计的方法，给出一个真正的机电融合的、优化的机电一体化系统的设计方案。第二，具体设计计算的能力。能用所学过的理论，对自己设计的广义执行子系统和检测控制子系统进行原理分析和工作能力计算。第三，制作实现的能力。能将自己设计的系统制作成样品，能够操作使用。

现在，发现在毕业设计时间很多同学都在外出找工作，没有认真做毕业设计，真是太可惜了。同学们经过三年半的学习，如何将所学的专业理论与技术应用于解决实际问题，这是一道门坎(平时说学生大学毕业后不具备解决实际问题的能力，就是没通过这道门坎)，而毕业设计环节就是想通过毕业设计实践，引领学生通过这一道门坎。毕业设计没有认真做，则很难通过这道坎。所以希望同学们抓紧一切时间还是要做好毕业设计。

另外，也发现有的毕业设计题目不太合格。机械电子工程专业的学生毕业设计就是应当进行机电一体化系统的设计训练，这里强调的是一定够“系统”的水平(无论大小)，一定既有机、又有电、又有综合(融合)，否则达不到综合训练的目的。建议教学主管部门对毕业设计题目(尤其是内容)要审核，不够水平的不用，以免贻误学生。

关于如何搞好毕业设计，作者有一个建议，在附录中介绍。

第5章 方案设计实例

为了使同学们对机电一体化系统(产品)的方案设计有一个比较详细的了解,也为了去做本门课讲完以后布置的作业,现举两个实例。

第一个例题是第2章介绍的收集机器人(作为单机自动化的代表),第二个例题是生产光电产品的自动化装配生产线(作为系统自动化的代表)。

在介绍的过程中,准备按图3-1〔机电一体化系统(产品)创新设计的思路图〕中"概念设计阶段"的步骤去做,请同学们复习一下第3章的相关内容。

§5.1 收集机器人的方案设计

5.1.1 客户需求

这是大学生机器人大赛的一个项目。要求做三个机器人,一个是收集机器人,负责搬运松糕,另外两个机器人,协助收集机器人工作。其中一个是自动行走机器人,它可以驮运收集机器人由竞赛起点走到离货架1 m远处,然后放到地上;另一个是人工驾驶的机器人,它可以把放到地上的收集机器人举起去抓取高层货架上的松糕。此处只介绍收集机器人的设计方案。

1. 收集机器人的工作任务

将松糕由货架上取下,送到储物筐内,花费时间越短越好,时间最短者为冠军。

2. 对收集机器人的要求

(1) 收集机器人由自动行走机器人驮运到离货架1 m远的地面上,然后,自己自动行走到放货架的平台旁,并登上20 cm高的台阶。

(2) 收集机器人自动调整在台阶(平台)上的位置,并取下货架上的松糕,然后将它们搬运到平台另一端的储物筐内。

(3) 收集机器人的尺寸限制。在启动点,机器人的尺寸不能超过长1 m,宽1 m,高1.3 m。比赛开始后它可以在直径2 m的圆柱形空间内(俯视)伸展,伸展高度不超过1.3 m。

3. 工作对象描述

工作对象是松糕。松糕呈圆柱形,直径20 cm,高15 cm,其底面中央处有一个销孔,以便将松糕固定于货架平台的销钉上,限制松糕在平面内移动。

4. 环境描述

环境如图5-1所示。在室内平整的场地上有一个正八边形的平台,平台高20 cm;在平台中央放置一个货架,货架分三层,每一层上都放有待取物品(松糕)。平台及货架尺寸如图5-1所示。

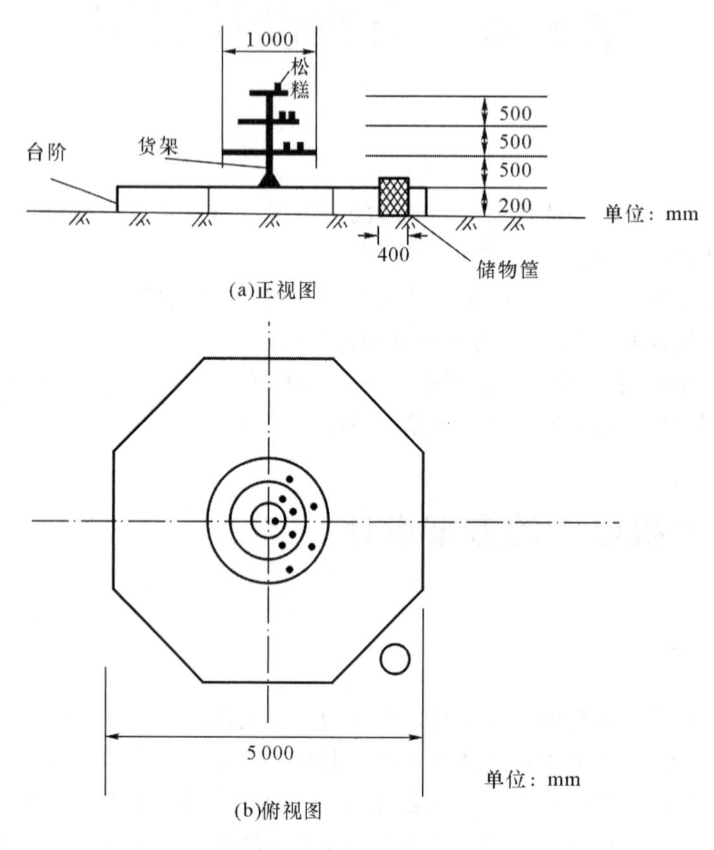

图5-1 比赛场地环境布置图

5.1.2 总体功能需求分析

收集机器人沿规定路线自动向前行走1 m,接着登上高20 cm的台阶,然后在台阶上自动调整位置,自动地用机械手将货架上的松糕取下,再在台阶上走到储物筐旁,把松糕放到储物筐内。

下面根据系统工程思想、系统分析的方法和概念设计的步骤进行具体设计。

5.1.3 总体功能分解

1. "工作对象"

松糕(圆柱体)。

2. "物质流"

松糕流动(运动)路线与状态:从货架上取下(先垂直向上移动脱离开销子,接着水平移动到货架外),然后送到(移动到)储物筐旁,最后放到储物筐内。

3. 依据“物质流”(和竞赛要求)分解收集机器人的“动作”

(1) 按大赛要求，沿规定路线前行 1 m。

(2) 登上台阶(高 20 cm)。

(3) 在台阶平台上自由行走(移动与转动)，调整机械手与松糕的相对位置，以便抓取。

(4) 手爪抓住松糕。

(5) 手臂将松糕上移。

(6) 将手臂移出货架。

(7) 走向储物筐(搬运松糕至储物筐旁)。

(8) 调整位置，将松糕(手爪)对准储物筐。

(9) 放开手爪，松糕落入筐内。

(10) 回到货架旁。

(11) 重复抓取搬运松糕的过程，搬完为止。

4. 收集机器人的动作分析与归纳

(1) 行走动作：可前后移动，可原地转动，可上台阶。

(2) 抓取动作：可抓住，可上下垂直移动，可转出货架，可放开。

5.1.4 确定广义执行子系统的功能模块及方案论证

设计广义执行子系统的主导思想是：重量轻、刚度好、动作灵活、速度快。

1. 由“动作”初选执行机构

(1) 初选“原地旋转机器人的行走机构”作为收集机器人的“行走机构”。这是一个很成熟的旋转行走机构，但须做两方面的修改：其一要能直行；其二要能上台阶。

(2) 初选“手臂、手爪机构”作为收集机器人的“抓取机构”。这也是比较成熟的抓取机构，但须做两方面修改：其一手臂要能够上下垂直移动；其二手爪能抓紧、能放开，还能在手爪平面内微调位置。

2. 执行机构和驱动装置(广义执行子系统)功能模块分解与设计方案论证

在初步确定了执行机构以后，就可以进一步将功能模块细分，要同时按设计主导思想考虑驱动(原理)模块和传动模块(如果必要)，进行方案比较。

(1) 行走机构功能模块的分解与方案论证

前已述及，初选“原地旋转机器人的行走机构”作为收集机器人的行走机构，下面介绍如何确定方案。

① 原地旋转主功能模块

这个模块选的是“旋转机器人的行走机构”，如图 5-2 所示。该机构是很成熟的，所以不必再进行方案论证就确定下来。下面简单介绍其结构：该旋转行走机构有三个轮，三个轮面都在一个圆周上，它们的轴线互成 120°，三个轮都装在六边形的铝合金架上(为了轻便选铝合金)，且都由直流步进电动机驱动(为了灵活控制机器人行走的方向和位置)。

② 直线行走辅助功能模块

因为三个车轮的轮面成 120°放置，要想直行需解决两个问题：一个是驱动问题；另一个是斜轮的摩擦力问题。

a. 直行驱动问题可以将后轮转 90°做为驱动轮。这就要求做一个旋转机构,在机架上焊一个铝合金套,套的轴线垂直于机架平面,套里装一根轴(即垂直滑动导杆),该轴的下端与后轮固定〔见图 5-3(b)〕。垂直滑动杆的轴线与后轮轴的轴线垂直,且过轮面与轮轴线的交点。90°旋转机构的驱动用气缸,选气缸是因为气缸比液压缸轻,比液压和电机速度快。

b. 减小前进摩擦力的问题是现成的方案,目前已广泛采用"全向轮"。即在轮毂上装许多段"硬塑胶圆套"〔见图 5-3(b)〕,当小车前后移动时该硬塑胶圆套管会绕着轮毂旋转,不影响前后行走的速度。

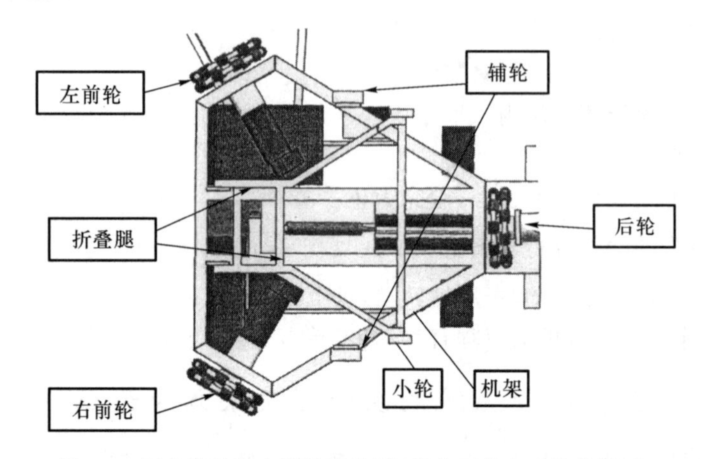

图 5-2 原地旋转行走机构结构图(从底面向上看的仰视图)

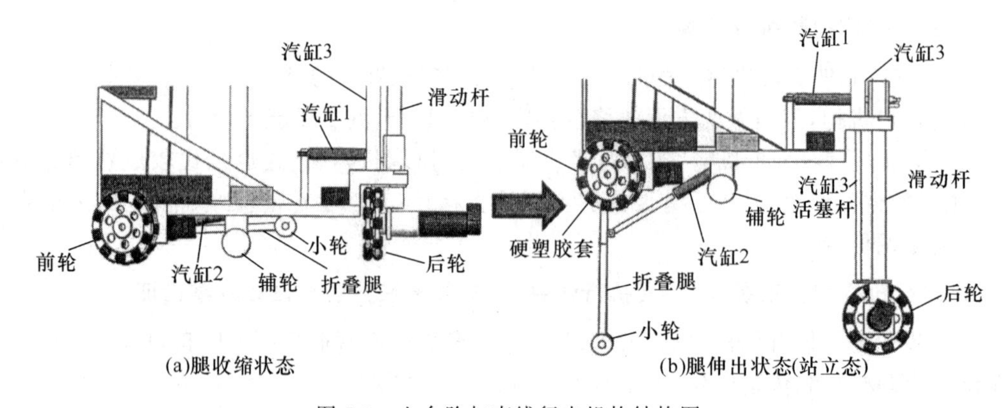

图 5-3 上台阶与直线行走机构结构图

③ 上台阶辅助功能模块

a. 上台阶方案:上台阶可有两个方案,一个是用人工驾驶机器人将收集机器人托起再送到台阶上,另一个是在收集机器人自己身上安装举起和行走机构。由于运行时间长短是竞赛的绝对标准,考虑用人工驾驶机器人托起再送上台阶太耗费时间,不如收集机器人直行 1 m 后,接着就上台阶行走快,所以选用后一个方案。

b. 将收集机器人举起的机构:该机构分两部分,一部分是前轮处安装的折叠腿机构,另一部分是将后轮上装的垂直轴转变为一个滑动杆,它既可在气缸 1 的驱动下旋转 90°,又可在气缸 3 的驱动下沿铝合金套上下移动 20 cm。(用气缸而不用液压缸或电动机的道理同前)

折叠腿的设计参考飞机起落架原理,如图 5-4 所示。收集机器人"站立"态〔见图 5-3(b)〕时,该机构处于图 5-4(a)所示状态,此时连杆有两个"死点"("机械原理"课讲),

该折叠腿在小车前进时能稳定工作(腿的下端装了小轮,以便于行走);折叠腿收起时,是图5-3(a)所示状态〔后轮方向应和图5-3(b)一样〕。折叠腿的驱动由气缸2完成〔见图5-3(b)〕。采用气缸的原因是其速度快,无污染,同时可用前面的气源。

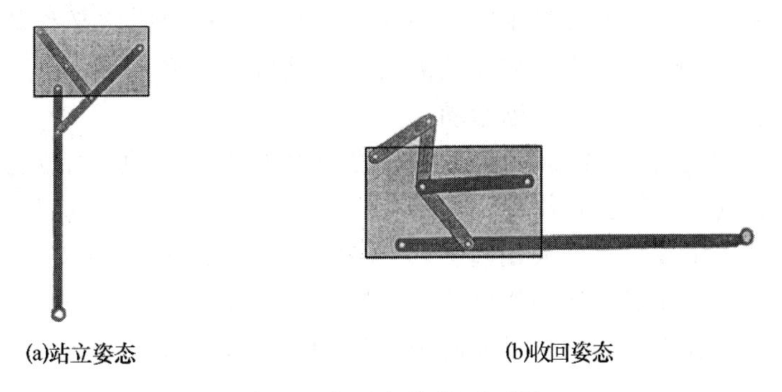

图5-4　折叠腿结构原理图

c. 上台阶时前行机构:此时前轮驱动;为了该收集机器人不至于摔下台阶(因此时后轮已收起),特在机架下面中部稍后的位置装了两个辅轮(见图5-2和图5-3)。

(2) 抓取机构功能模块分解与方案论证

前已述及,初选"手臂、手爪机构"作为收集机器人的抓取机构,下面介绍如何确定方案。

① 手臂功能模块

由于三层货架上都放有松糕需要机械手去拿,且要求抓取时间尽量短,所以最好是三层同时抓取。但由于货架顶层太高,而机器人的高度又有限制(1.3 m),故只能考虑,一、二层的松糕同时取,第三层(顶层)的松糕单独取的方案。因此手臂模块确定为三个,如图5-5所示。

a. 三个机械手臂方案论证如下。机械手臂有两种。一种是柔性的,像人的手臂一样有几个关节,其优点是运动灵活,可以做各种自由运动;其缺点是刚性差,运动控制算法复杂,运动速度较慢。另一种是刚性的,一般没有关节,其缺点是自由度少,只做简单的移动或转动;其优点是刚性好,运动速度快。为了速度快,好控制,选择刚性机械手臂(即图5-5所示方案)。

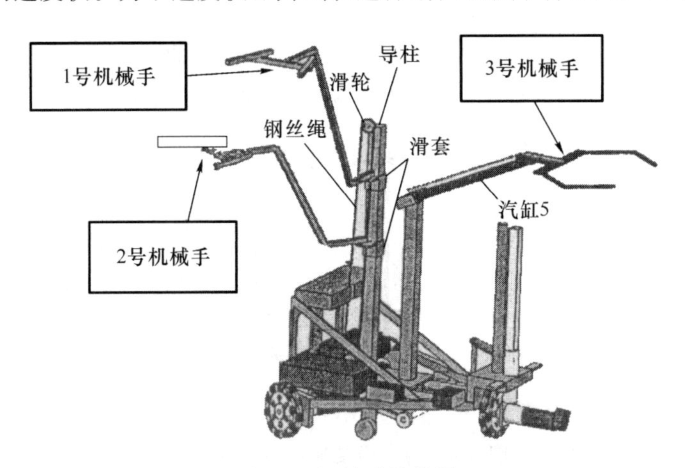

图5-5　机械手结构图

b. 1号、2号手臂机构设计。对1、2号手臂的动作要求是:上下移动(松糕脱销),水平移动(移出货架)。这两个动作如下分解:上下移动由机械手臂上下移动完成;水平移动由小车行走完成。这样机械手臂就可以设计成只有上下移动1个自由度的机构,图5-5所示正是这样的机构。1号、2号手臂都焊在滑套上,滑套由钢丝绳牵引带着两个手臂一起沿着垂直导柱上下滑动,钢丝绳由电动机驱动,位置好控制一点。为了使1号、2号机械手臂二者之间的距离能有些微调,1号机械手臂与钢丝绳固接,而2号手臂采用弹簧离合器与钢丝绳联接。

c. 3号手臂机构设计。对3号手臂的动作要求是:上下移动,水平移动,手臂伸长。这三个动作分解如下:上下移动,水平移动都由人工驾驶机器人完成;手臂伸长由手臂自己完成。这样手臂只有1个自由度的伸缩运动。

采用上述方案的原因是:收集机器人很矮,货架顶层很高,解决的办法是,让人工驾驶机器人将收集机器人托起,托起后,高度仍然不够,所以再让3号手臂自己伸长一点。因为已经用人工驾驶机器人将收集机器人托起了,为了节省时间,干脆往上移动松糕的动作一起由人工驾驶机器人完成。完成上述动作以后还要把收集机器人放下,放下之前,必须将3号手臂移出货架,(否则是放不下的),所以前两个动作(上下、水平移动)都由人工驾驶机器人完成,这样省了好长时间。

至于手臂的伸缩机构采用的是套筒式的滑动机构。为了轻便,具体选用了碳纤维伸缩鱼杆,用气缸推动鱼杆伸缩,速度很快。

综上所述,三个手臂的工作过程如图5-6所示。

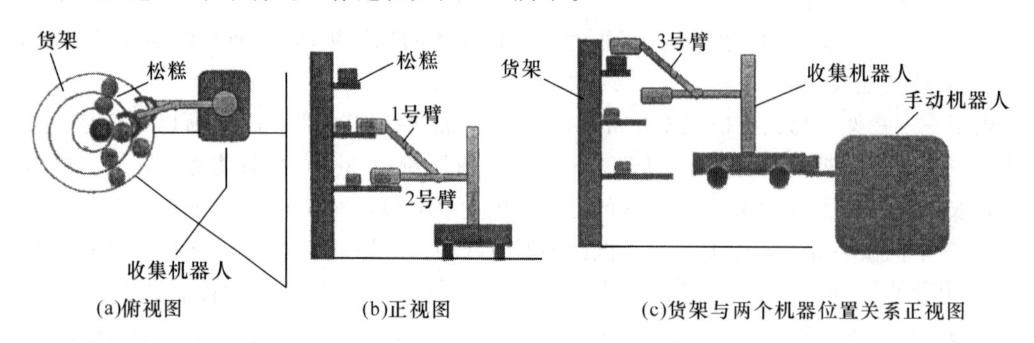

图5-6 收集机器人机械手工作过程

② 手爪功能模块

三个机械手的手爪功能都是一样的。它们的动作是微调水平面的位置与抓紧、松开。为了很好地完成这三个动作,选用了一个五杆机构,如图5-7所示。

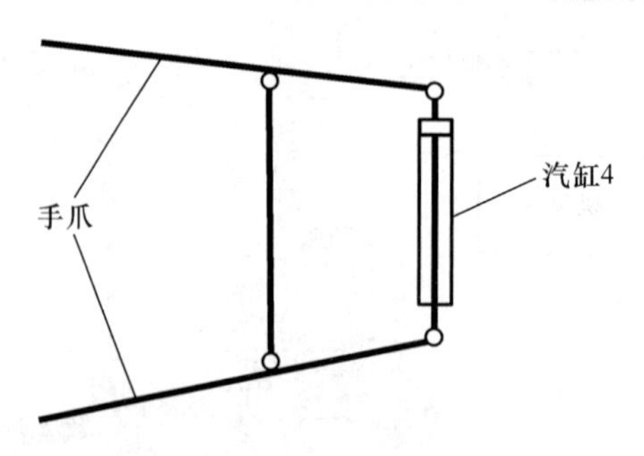

图5-7 两自由度抓取执行装置

该机构具有两个自由度。四个铰链使两个手爪可以在机构的平面内微动,便于调整手爪与松糕的相对位置,方便抓紧动作。当气缸充气时,两个手爪同时向内转,此时抓紧松糕;当气缸放气时,则两手爪同时向外转,放开松糕。

3. 小结

至此,已确定了所有“执行机构”(有的还有“传动机构”)和“驱动装置”,可以构成各“广义执行子系统”了。同时,也确定了“能量流”和运动信号的传输路径,为详细设计阶段建立“闭合流线”,进而建立“自动控制系统”做好了准备。

5.1.5　确定检测控制子系统的功能模块及方案论证

检测控制子系统是根据“物质流”的“动作逻辑”而建立的,动作逻辑的每一步几乎都对应一个执行机构(可能有重复对应的);所以每一个“执行机构”都是一个“被控对象”,每一个“被控对象”都应当配一个“控制器”,以及“物质流”动作信息的“传感检测器”;“被控对象”“控制器”和“传感检测器”就构成了一个“自动控制单元”。“控制器”和“传感检测器”则构成该“自动控制单元”的“检测控制模块”。将所有检测控制模块按“物质流”的动作逻辑组合在一起,则构成了机电一体化系统的“检测控制子系统”。该“检测控制子系统”就是机电一体化系统的“操控者”。按动作逻辑编写的控制程序(控制信号的顺序)则是“信息流”。具体到收集机器人检测控制模块确定如下。

1. 寻找“动作”对应的“执行机构”(即“被控制对象”)

下面按5.1.3小节收集机器人“动作”分解的结果去寻找本节5.1.4中已经确定的执行机构。

(1) 收集机器人“前行”1 m

由于收集机器人是由自动行走机器人驮过来的,本身呈“站立”态〔见图5-3(b)〕,给一个指令信号,则后轮驱动就可前行。

结论:“前行”动作对应的执行机构是“后轮”。需要给后轮的驱动电动机一个启动指令。

(2) “登上”台阶

收集机器人走到台阶前是“站立”态,上台阶的动作靠后轮驱动和惯性完成。要做的动作是:先“收回折叠腿”,前轮和辅助轮上台阶,紧接着“后轮上升”,后轮上台阶,并同时“转90°”,三个驱动轮呈图5-2所示状态。

结论:“收回折叠腿”动作对应的驱动装置是气缸2;“后轮上升”动作对应的驱动装置是气缸3;“转90°”动作对应的驱动装置是气缸1。

“收回折叠腿”需要给一个信号指令;“后轮上升”与“转90°”是紧跟着“收回折叠腿”的动作,可用时序延时方法控制。

(3) 在台阶上“自由行走”,走到货架旁“定位”,以便抓取松糕

“自由行走”靠三个驱动轮调整速度,“定位”靠地标。

结论:“自由行走”动作的执行机构是三个驱动轮。驱动信号沿用上面的时序信号,“定位”信号,可以用地上的白线和标志板加传感器完成。

(4) 手爪“抓住”松糕

“抓住”靠的是手爪,需给一个控制指令。

结论:“抓住”动作对应的执行机构是“手爪及其驱动气缸”(见图5-7)。驱动信号可以由传感器发出。

(5) 手臂将松糕“上移”

1号、2号机械手臂一起“上移”,3号机械手臂自己“上移”。1号、2号机械手臂由电动机驱动钢丝绳牵引“上移”,3号机械手臂是自己将手臂“伸长”,加上人工驾驶机器人托起“上移”。

结论:1号、2号手臂“上移”动作对应的执行机构是“钢丝绳及其驱动电动机”。“上移”

开始和结束都需要给控制信号。3号手臂“伸长”动作对应的执行机构是伸缩鱼杆和驱动它的气缸。该动作需先给一个控制信号。同时,3号手臂“上移”动作对应的执行机构是人工驾驶机器人的“托起”机构,它是由人控制的。

(6) 将手臂“移出”货架

1号、2号手臂“移出”货架由小车行走完成,它的执行机构同(3)。3号手臂“移出”货架由人工驾驶机器人完成。

(7) “走”向储物筐

1号、2号手臂拿松糕时,“走”向储物筐方案同(3)。3号手臂拿松糕时,由人工驾驶机器人送过去到筐边。

(8) “调整位置”,将松糕对准储物筐

1号、2号机械手拿松糕时,由地标和传感器指挥并协调着三个驱动轮的转速,使收集机器人到达筐边,再由定位传感器控制它调整到指定位置(即放下松糕的指定位置)。3号机械手拿松糕时,由人定位。

结论:“调整位置”动作的执行机构同(3),“定位”控制方法在(3)的基础上再加一边沿检测传感器。

(9) “放开手爪”

松糕落入筐内,呈抓紧的反向动作。

结论:“放开手爪”动作的执行机构是“手爪”。张开指令由(8)中的定位信号给。

(10) “回到货架旁”

该动作是收集机器人自己走到抓取位置。

结论:“回到货架旁”动作的执行机构是“三个驱动轮”,由地标控制,同(3)。

2. 对机构和动作进行归纳并找出信息流

将1中所做的工作归纳如表5-1。

表5-1 机构、功能、信息

机构名称(被控对象)	完成的动作	控制信号或指令
后驱动轮及电动机	(1)	给后轮电动机启动信号
折叠腿与气缸2	(2)	给气缸2充气信号
滑动杆与气缸3		给气缸3充气指令
滑动杆与气缸1		给气缸1充气指令
三个驱动轮及它们的电动机	(3)	在规划好的路线上行走,定位。需给寻迹、定位信号或延时指令
	(6)	
	(7)	
	(8)	
	(10)	
手爪及气缸4	(4)	给抓取信号、气缸4充气
	(9)	给放开信号、气缸4放气
手臂1、2及电动机	(5)	给上升信号、电动机起动、停止

表5-1把控制信号(或指令)与被控对象联系起来〔这是测控信息流与被控对象的位移信号(息)流的交点即控制信号输出点〕,下面可以寻找信息流了。由控制信号输出点往回找到发出该控制信号的传感器,则由该传感器经控制器(包括电气模块)到控制信号输出点就构成了一条信息流,从而就有一个检测控制子系统。由表5-1可见,收集机器人共有六条信息流,它应当有六个检测控制子系统。

3. 确定六个检测控制子系统的功能模块及方案论证

先由表5-1"控制信号或指令"栏的要求选传感器,然后根据控制需要,由一个或几个传感器组成一个"传感检测模块",再确定"控制模块",则此项工作完成。设计检测控制子系统的主导思想仍然是:重量轻,反应快,使抓取搬运用时最少。

(1) 确定信号采集方案并选传感器

根据设计的主导思想,在选择传感器时要考虑它们重量要轻,检测时反应要快,用量要少。因为传感器的信息也是经控制器处理后发给驱动控制器(见图2-1)的,所以,连续动作能用时序延时控制的一律由计算机(控制器)生成的时序信号完成,这样将大大缩短反应时间。还有,尽量选用光传递的传感器,因为光传得快,抗干扰,反应也灵敏。基于上述思想,下面按表5-1的顺序说明每个检测控制子系统的信息采集方案和传感器的选取。

① 后轮电动机启动信号:收集机器人是被自动行走机器人驮到离货架1 m远处的,竞赛要求这1 m必须由收集机器人自己走。自动行走机器人必须先把收集机器人放到地上,然后退出走到别处。如果我们在收集机器人内侧装一个光电开关,自动行走机器人插入时(驮它时)光被挡住,光电开关断电,后轮不转;当自动行走机器人退出时,则光线通,开关通电,后轮转。这是最省时间的办法。

结论:后轮电动机启动选光电开关。

② 给气缸2充气(折叠腿收起)和两前轮转动的信号:收集机器人往前走,首先就遇到台阶,如果在收集机器人机架前沿装"边沿检测传感器",则马上就会检测到边沿,发出一个信号,我们可以利用这一检测信号作为给气缸2充气和两个前轮转动的信号。

结论:气缸2充气和两个前轮转动选"边沿检测传感器";为了保险且反应快,决定前沿装两个传感器〔见图5-8(a)〕。

③ 给气缸3充气指令(滑动杆上移):因为这个动作是紧跟在折叠腿收起后面的,机器人走得很快,有惯性,所以利用"边沿检测传感器"的信号,由计算机(控制器)给出一个时序延时信号去指令气缸3充气即可,这样省时间。

④ 给气缸1充气指令(后轮转90°):与上面的道理相同,可以用一个比上面时延稍长一点的时序信号作为气缸1充气指令。

⑤ 给三个驱动轮调速的信号:这是为了解决收集机器人在货架台上沿规划的路线行走和定位的问题。通常都是在机器人上装上传感器(霍尔元件、颜色传感器、超声波测距、激光测距等)而在地面或边框上作标记(磁条、色带、反射声音或光的挡板)的方法来实现。按照重量轻、反应速度快的原则,可以选色带和颜色传感器与挡板(边框)和激光测距传感器。

结论:收集机器人行走和定位选择两个颜色传感器和一个激光测距传感器。对应颜色传感器的,地面上用白色涂的色带;对应激光测距传感器的,在货架台的边缘往上做一条挡板。传感器位置见图 5-8(a),颜色传感器向下,探测白色色带,激光传感器向侧面,测它与挡板的距离。

“定位”是由程序规划的路线决定。三个轮子停转是由“定位”信号决定的(由程序定);至于三个轮子的启动信号由别的机构动作连带发出,后面会讲,请注意看。

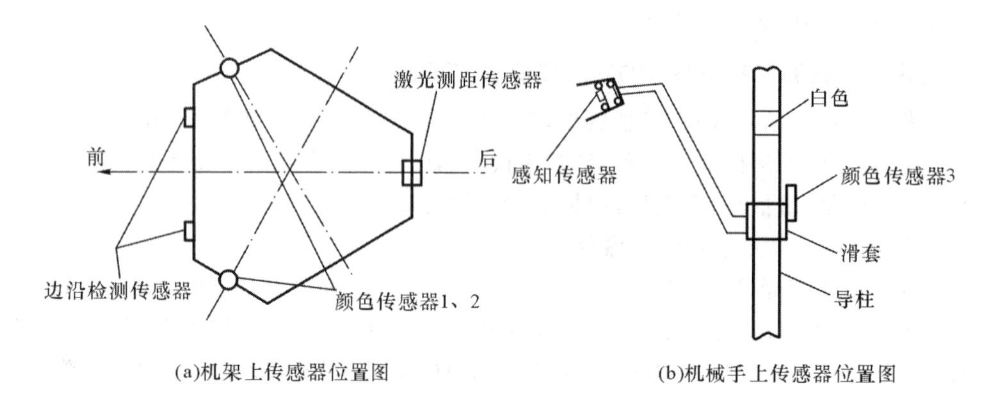

图 5-8 传感器位置布置图

⑥ 给手爪抓紧、同时令手臂 1、2 上移的信号:可以在手爪的连杆上按一个感知传感器(如电容式传感器),当手爪接近松糕时,则发出一个信号,令气缸 4 充气,手爪抓紧(像洗手池上的自动阀门);同时给驱动手臂上移的电动机一个启动信号,使手臂 1、2 在钢丝绳牵引下开始上移。

结论:手爪抓紧与手臂 1、2 上移选择感知传感器〔见图 2-1 和图 5-8(a)〕。

⑦ 给手臂 1、2 停止上移同时启动三个驱动轮转动的信号:可以采用限位器,也可以采用传感器。限位器是机械按键式的,快速按键有冲击,有声音,不太灵敏。所以选的是颜色传感器。

结论:手臂 1、2 停止上移同时启动三个驱动轮转动,选择颜色传感器,将它安装在手臂的滑套上,白颜色涂在导柱上,其布置见图 5-8(b)。当颜色传感器到白色色带的位置,发出一个信号,该牵引钢丝绳的电动机停转,同时给三个驱动轮的电动机一个启动信号。

至于 3 号手臂伸长动作可由人工机器人将它托起的动作控制。

⑧ 给松开手爪,同时让收集机器人返回取松糕位置的信号:在上一步三个驱动轮电动机启动以后,收集机器人将在机架下面的两个颜色传感器和机架侧面激光测距传感器信号的导引下,按程序规划路线走到储物筐旁,由机架前框下的两个“边沿检测传感器”确定投放松糕的位置。当“边沿检测传感器”检测到储物筐旁平台的边沿时,发出一个信号,该信号起三个作用:第一,机器人停止运动;第二,手爪松开,松糕落到储物筐内;第三,通过延时时序信号再启动三个驱动轮的电动机,令收集机器人返回抓取松糕的位置。

在这个环节里,没有新的传感器,只是控制程序改变一下即可。

(2) 确定传感检测模块

① 收集机器人行走 1 m 启动指令模块:由“光电开关”及其附属电路构成。

② 收集机器人上台阶折叠腿收回,两个前轮启动,后轮转 90°连续动作指令模块:两个边沿检测传感器及其附属电路。

③ 收集机器人在台上按规划好的路线(控制程序)行走时,寻迹指令模块:颜色传感器

1、2,激光测距传感器及它们的附属电路(注:在图 2-1 中,颜色传感器叫寻位传感器,而激光测距传感器叫定位传感器)。

④ 抓取松糕同时让手臂 1、2 上移的指令模块:感知传感器及其附属电路。

⑤ 手臂停止上移,同时启动三个驱动轮转动的指令模块:颜色传感器 3 及其附属电路。

⑥ 收集机器人走到储物筐旁定位,同时松开手爪,然后启动三个驱动轮转动的指令模块:"边沿检测传感器"及其附属电路。该模块与上台阶同,但被控对象不同,应当构成两个不同的自动控制单元。

(3) 确定控制模块

六个检测控制子系统可以共用一个控制器(见图 2-1),控制器可以由 ARM 系统开发而成,也可买现成的控制器。本机器人选的是 stm32。

(4)确定电气模块

① 电机驱动器:由电磁继电器(或电子式的)及其附属电路组成,接在控制器与电动机之间。

② 气缸驱动器:由电控(电磁)气压阀及其附件组成,接在气缸与高压气瓶之间。

注:在图 2-1 中电机驱动器与气缸驱动器合在一起叫驱动控制器。

4. 小结

至此,已确定了各"传感检测模块""控制模块"和"电气模块",可以构成各"检测控制子系统"了。同时也明确了"信息流"和检测控制信号的传递路径,为详细设计阶段建立"闭合流线",进而建立"自动控制系统"做好准备。

5.1.6 给出最后方案

在 5.1.4 小节、5.1.5 小节中已对广义执行子系统和检测控制子系统的各模块的设计进行了论证,最后确定的方案如图 2-1 所示。

至此,概念设计阶段结束,下面该进行详细设计,由于所需的知识还没有学,详细设计就留给同学们以后去做自己的机器人吧!

§5.2 某光电产品自动化装配生产线的方案设计

本例题是应某工厂要求将手工装配生产线改为自动化装配生产线的初步设计方案。在这里介绍给同学们,旨在让同学们基本了解自动化系统的设计方法。

人工生产线改为自动化生产线的目的有两个:一个是提高劳动生产率;另一个是减轻工人的劳动强度。这是自动化生产线设计的指导思想之一,一定要以人为本,注意应用"人机工程"课所讲过的内容。

大多数自动化生产线的原创设计,都是在人工生产线的基础上进行的。所以自动化生产线上的许多动作都是按仿生的原理,模仿人的动作设计的。然而,机械不是人,没有手那么灵活,所以往往将人的动作进行分解,将复杂的运动分解为简单的平动或转动的组合,最后由机械的不同简单运动的组合去完成原来由人完成的动作。这是自动化生产线设计的指导思想之二,也是同学们充分发挥主观能动性和丰富的想象力的创新过程。

下面同学们通过例题可以体会一下,上述设计思想是如何体现的。

5.2.1 客户需求

为一个光电产品设计一条自动化装配生产线。

1. 装配对象

装配对象为一种光电产品,如图 5-9 所示,其结构配件按照从内至外分解如图 5-10 所示;大部分零部件之间通过卡扣连接,海绵外垫通过双面胶贴在镜头组件边框上,保护膜直接贴附在镜头上。

图 5-9 某光电产品

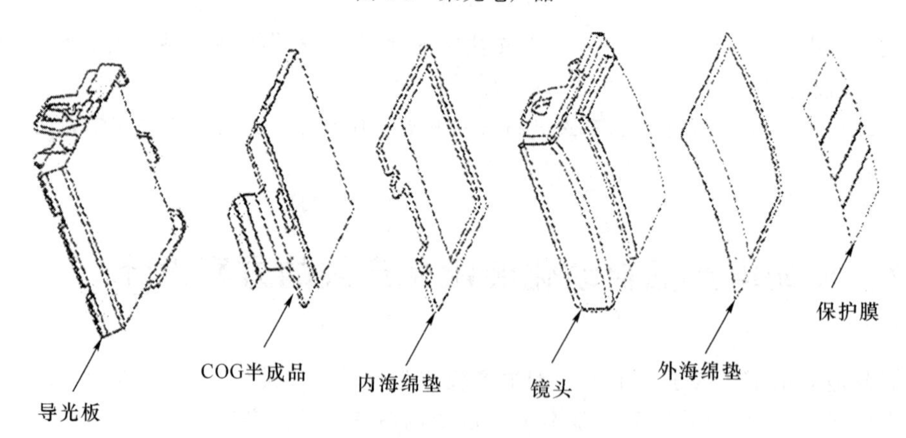

图 5-10 图 5-9 所示光电产品的零部件分解图

2. 手工装配工艺

该光电产品目前为人工在流水线(生产线)两侧进行装配。人工装配流程如图 5-11 所示,在每一个装配工位完成一个工艺规程,每个工艺规程有多个工艺动作,这些工艺规程及工人的工艺动作见"光电产品组装工艺详解",该详解中有工人装配和检验等动作的视频。

3. 客户对自动化装配要求

(1) 替代人工进行装配，整个生产线人工越少越好。

(2) 生产节拍为3秒/个，即每小时的产量不小于1 200个。

(3) 整体成本不能太高。

5.2.2 总体功能需求分析

根据机械动作的特点，将人工装配流程重新安排，变为适宜于机械化自动化装配的生产线。该生产线是一个机电一体化系统，既然是系统，就应当按系统分析的方法去进行分析。

1. 准备工作

(1) 认真、仔细地观察人工装配流程(观看现场实际操作与录像)

首先确定该装配流程中有几个"物质流"及其流向。然后确定每个流中有多少个工位，每个工位的工艺规程是什么，每个工艺规程有多少个工艺动作，每个工艺动作是如何实现的，怎么样上料(输入)，又怎么样下料(输出)，每个工艺动作有什么要求，工艺动作的幅度如何等。为后面动作分解做准备，为设计广义执行子系统做准备。

(2) 记录整个人工装配流程中生产一件产品的时间

记录产品在每个工位的生产时间，记录每个工艺动作的生产时间，为后面设计自动化装配生产线的速度和同时装配的个数作准备。

2. 对人工装配流程的分析与分解

(1) 对人工装配流程的分析

由图5-10和图5-11可知，人工装配流程中其关键的一步是"组装扣壳"；前一步是关键件的质量检查和准备工作；在这一步往后是产品质量的检查与产品的保护工作。一般的装配工艺顺序都是如此，记住这一思路(抓住关键环节向前后推)，以备今后应用。下面对图5-11作较详细分析。

① 镜头检：这是"质量管理"管理思想的体现。镜头无疑是该产品的关键件，在装配前对它再检验一次(该镜头在加工完肯定已检验过)对保证产品的质量是非常重要的，同时也避免浪费(若镜头质量不合格，则整个组装工作都是浪费)。

② 贴附海绵内垫：这是装配前的准备工作。准备工作越充分，则组装工作越顺利。这一步是应当把海绵内垫贴在镜头内凹面一侧边框上(见图5-10)，然后送到组装工位备用。其实准备工作不止这一项，还应当对被组装件COG(贴附在玻璃上的芯片)半成品和导光板进行处理(见图5-10，这在人工装配流程中图5-11没有写)。

对COG半成品的处理：将其两面的保护膜撕掉，然后送到

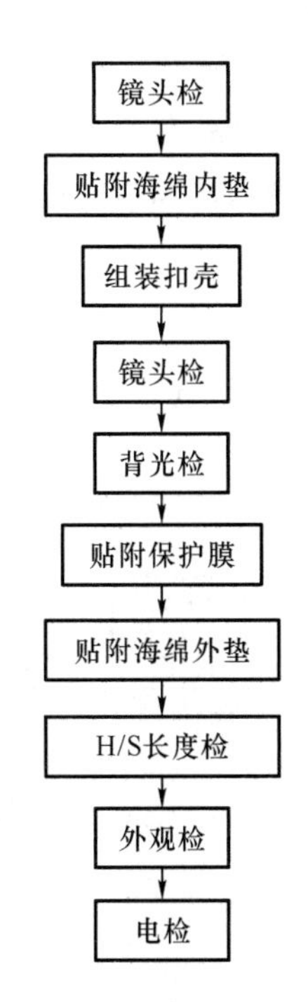

图5-11 人工装配流程

组装工位备用。

对导光板的处理:清洁一下,送到组装工位备用。

③ 组装扣壳:这是组装工作的关键一步,由图5-10可见,这一步是将镜头(已贴内海绵垫)、COG半成品(已撕掉两面的保护膜)和导光板(已清洁)压装在一起,再由预留的扣件将三者固定在一起。

④ 镜头检:这是产品组装完成后的正常检测,这一步主要是看镜头外观。

⑤ 背光检:这也是产品组装完成后的正常检测,这一步是检查镜头通光情况。

⑥ 贴附保护膜:这一步是将旧的保护膜撕掉贴上新的,对镜头起保护作用。

⑦ 贴附海绵外垫:将海绵外垫贴在镜头凸面边框上。

⑧ H/S长度检:用尺子量镜头尺寸。

⑨ 外观检:检查产品外观有无质量问题。

⑩ 电检:给产品通电,看显示屏的显示效果。

(2) 对人工装配流程动作的分解

由上面的分析可以将人工装配流程分解为如下的物(质)流和工位。

① 装配物流图:装配工作是将零件构成部件,又将部件总装成产品的过程。在这个过程中是个物流汇总的过程。本例中,是三个流(镜头、COG半成品和导光板)汇总成一个流(光电产品),如图5-12所示。

② 装配工位图:由图5-12可见,该人工装配流程有如下工位。

a. 镜头物流有两个工位:一个是镜头检测,另一个是贴附海绵内垫。

b. COG半成品一个工位:撕去两面的保护膜。

c. 导光板一个工位:清洁。

d. 产品有七个工位:组装扣壳、镜头检测、镜头背光检测、贴附外海绵垫、H/S长度检测、外观检测和通电检测。

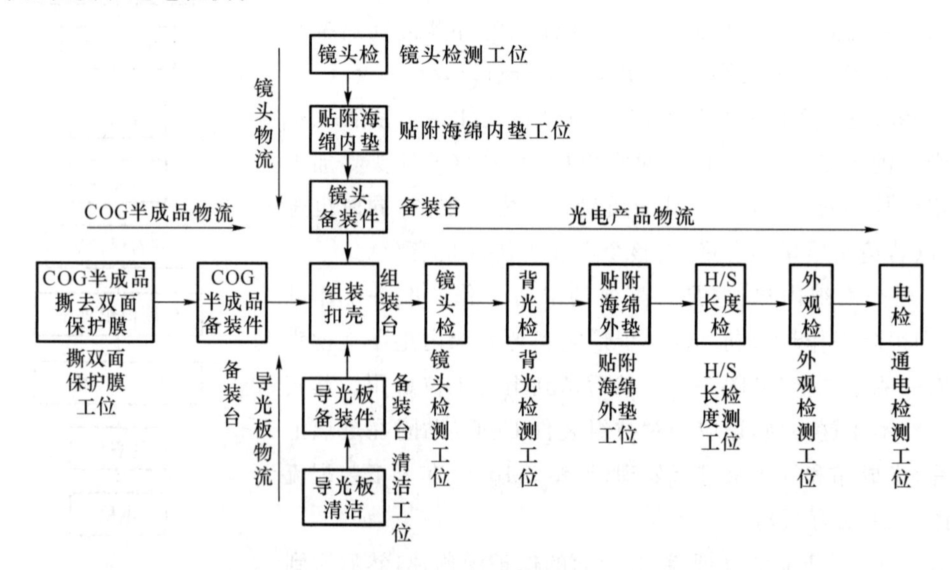

图5-12 人工装配流程的物流图与工位图

可见，图 5-12 描述了该光电产品组装的总体功能需求。

5.2.3　总体功能分解

这一步的目的是将图 5-12 所示人工装配流程转变为自动化的装配生产线；其中心工作是用机械的简单动作(移动和转动)代替人手的复杂动作。所以这项工作的关键是将图 5-12 所示各工位人的动作，分解为移动和转动，以便设计相应的机构去完成被分解的简单动作，最终将这些机构按组装工艺流程组合在一起，就构成了自动化装配生产线(即机电一体化系统的广义执行子系统)。顺便说一句，这里将动作分解为最简单的平动与转动，是为了机构简单，节省成本，若动作复杂就得设计成多自由度机器人，那样成本将大大提高。

1. 准备工作

(1) 工位调整

由图 5-10 可见，镜头的厚度较大，且凹面较深，贴海绵内垫时机械行程要长，不如将该海绵内垫贴在 COG 半成品的凸面来的方便；故将该工位由镜头物流移到 COG 半成品物流中。

其他工位不用调整。

(2) 工装设计

将人工装配变为自动装配，必须要有工装，它相当于人用手先拿住被装件，然后再去组装。根据装配件的大小和粗估的装配速度，现将工装设计为方形的托盘，托盘内被分割成5×6＝30 个小格子，每个小格子内放一个产品(或配件)，在小格子框上做一些卡扣之类的活动件，将产品(或配件)固定住，以便装配加工。托盘上下都可以加盖子(或说底板)，以便装配时承受压力。该工装的样子见图 5-13。(注意：镜头与 COG、导光板的工装不都是一样的)

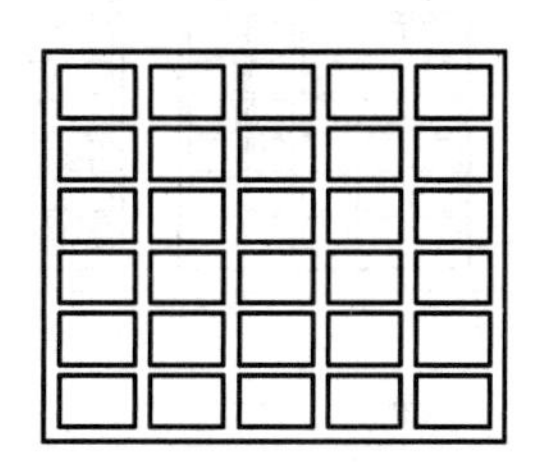

图 5-13　放置产品的工装

(3) 输送设计

自动生产线各工位之间必须有装配件的输送设备，否则就不能实现自动化。输送设备可以用连续输送设备(辊子、链板、皮带等运输机)，也可以用柔性输送设备(自动导引小车)，根据产品特点决定选用辊子运输机(见图 5-14)。

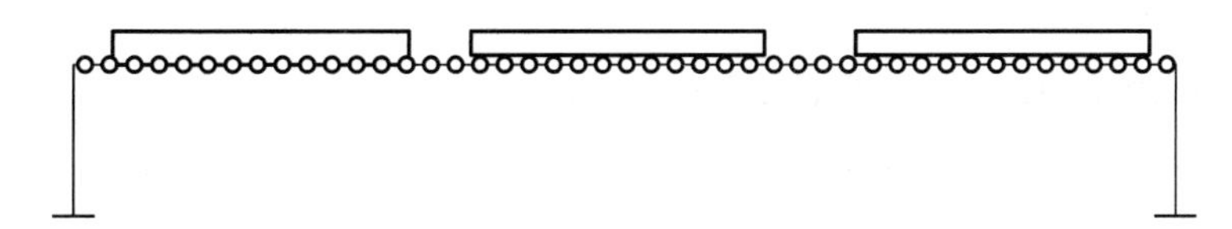

图 5-14　辊子运输机示意图

2. COG 半成品物流工位分解(见图 5-15)

ⓐ₁ COG 半成品自动送料：将装在工装里的 COG 半成品凸面(图 5-10 右侧面)朝上推入装配线，见图 5-15(a)。

ⓐ₂ 撕凸面保护膜：将图 5-10COG 半成品凸面(图右侧)的保护膜撕掉。

ⓐ₃ 贴内垫1:将内海棉垫贴在COG半成品凸面的边框上(贴一半)。

注意:在该工位旁要有内海绵垫的送料装置。

ⓐ₄ 贴内垫2:将内海棉垫贴在COG半成品的凸面边框上(贴另一半)。

ⓐ₅ 翻转:使COG半成品凹面(图5-10左侧面)朝上。

ⓐ 撕凹面保护膜:将COG半成品凹面的保护膜撕掉。

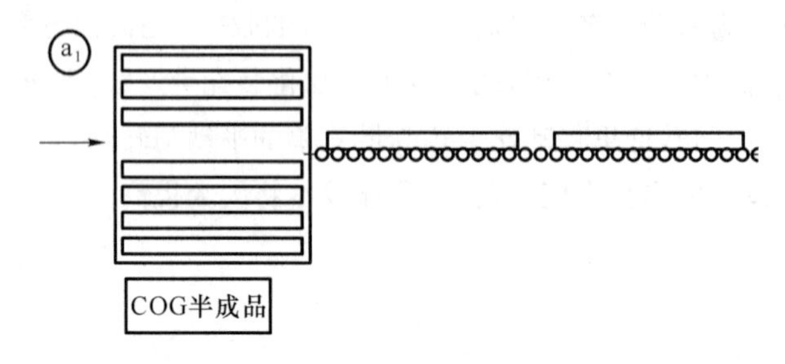

(a)COG半成品上料工位图

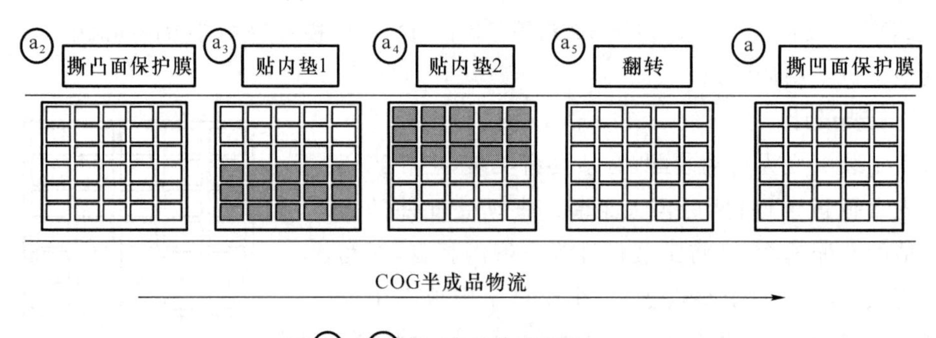

(b)ⓐ₂~ⓐCOG各工位示意图

图5-15 COG半成品物流及工位图

3. 镜头物流工位分解(见图5-16)

ⓑ₁ 镜头自动送料:将装在工装中的镜头凸面朝上(图5-10镜头)推入装配线。方法同图5-15(a)。

ⓑ₂ 镜头检:用摄像头照镜头凸面(即图5-10镜头的右侧面)看组装前有无质量问题。

ⓑ₃ 翻转、镜头检(凹面):先将上面的镜头翻转凹面朝上,然后用摄像头照镜头凹面,看组装前有无质量问题。

4. 组装扣壳物流工位分解(见图5-16)

ⓑ 放COG入镜头:先将上述镜头(检查无质量问题的)送到ⓑ工位,然后将两面都撕掉保护膜的COG半成品放入已在工位ⓑ的镜头中。注意,此时镜头与COG半成品都是凹面朝上。

ⓒ 扣导光板:先用自动送料机ⓒ₁将导光板送到待装台ⓒ₂上,然后再用机械手将它们取出放到镜头与COG半成品的上面,最后将三者紧扣在一起。

** 注意:ⓒ工位完成后,镜头凹面朝上。以下称上述组装品(镜头、海棉内垫、COG半成品和导光板已卡扣在一起)为“产品”。

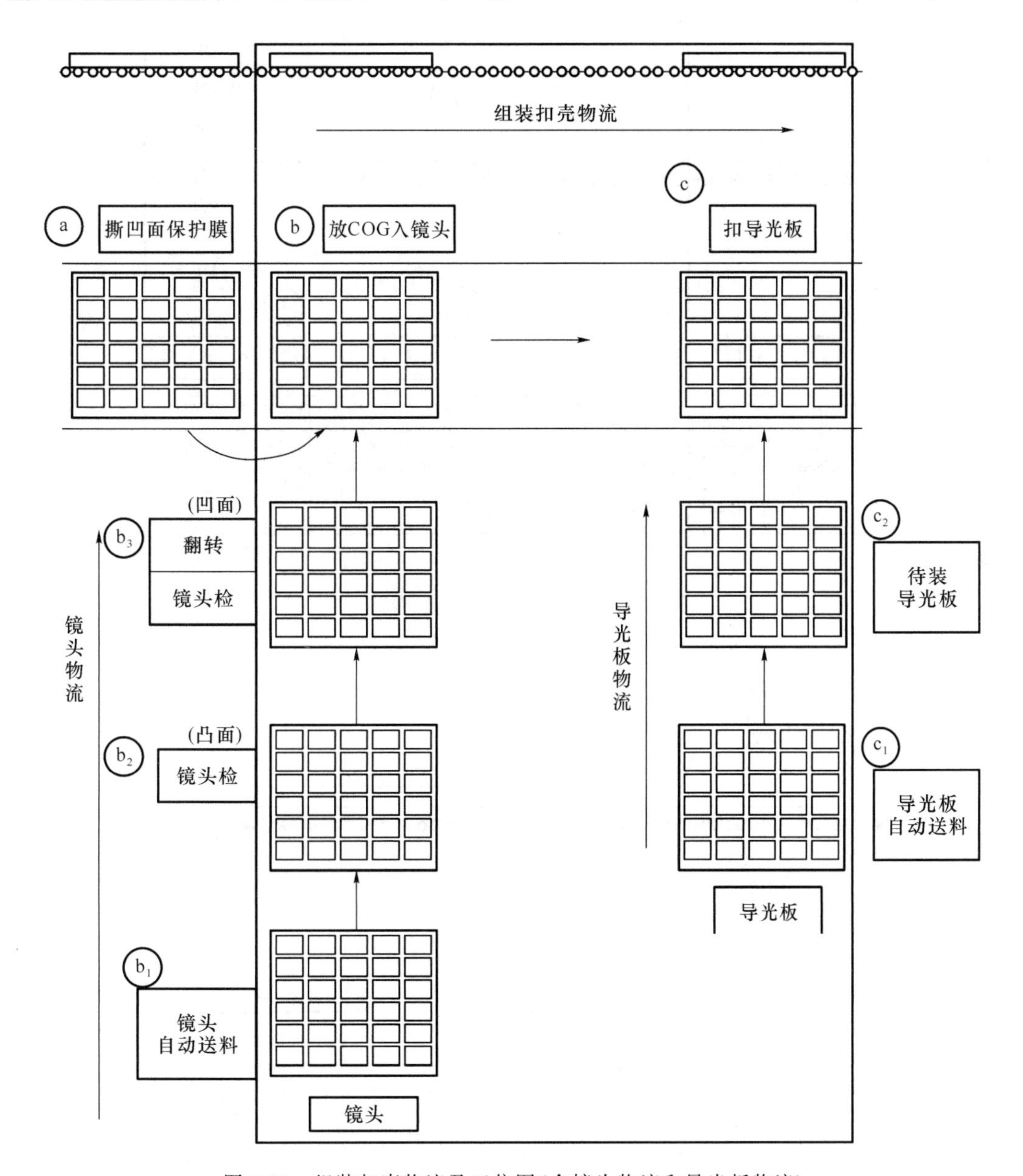

图 5-16　组装扣壳物流及工位图(含镜头物流和导光板物流)

5. 产品质量检验与保护物流工位分解(见图 5-17 至图-20)

ⓓ 镜头检(凹面):用摄像头照镜头凹面,看组装后,镜头有无质量问题,见图 5-17。

ⓔ 翻转:将产品翻转半周,凸面朝上。

ⓕ 镜头检、背光检(凸面):先看镜头凸面,组装后有无质量问题,然后在镜头下面(即凹面)用灯光照射,在上面看镜头透光情况(亮度与均匀度)。

ⓖ 撕旧保护膜:将镜头上的旧保护膜撕掉,因为装配过程中可能损坏或弄脏(见图 5-18)。

ⓗ 贴新保护膜:首先要解决新保护膜供料问题,然后再将新保护膜贴上。

ⓘ 贴外垫 1:首先解决海棉外垫供料问题,然后贴一半产品的海棉外垫(见图 5-19)。

ⓙ 贴外垫 2:贴另一半产品的海棉外垫。

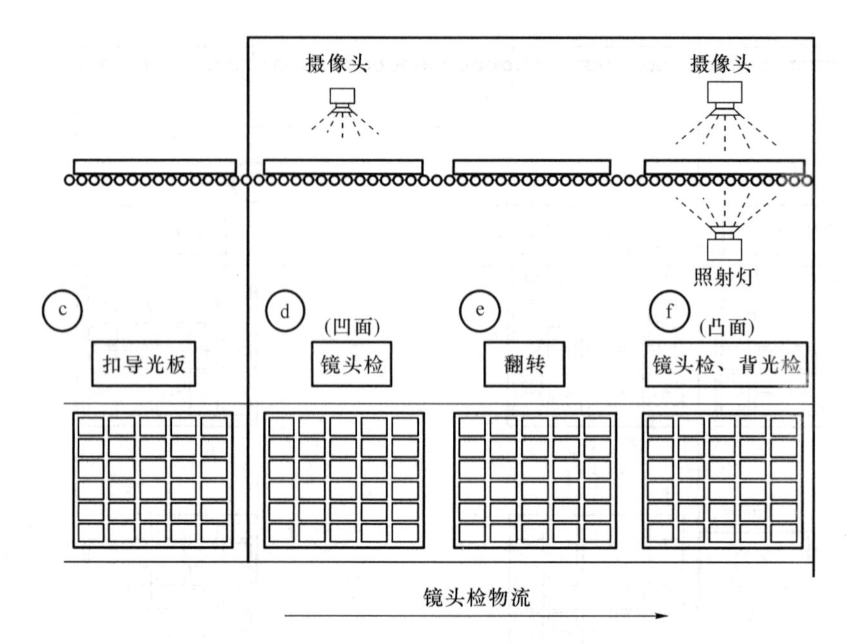

图 5-17 产品质量检验之镜头检物流及工位图

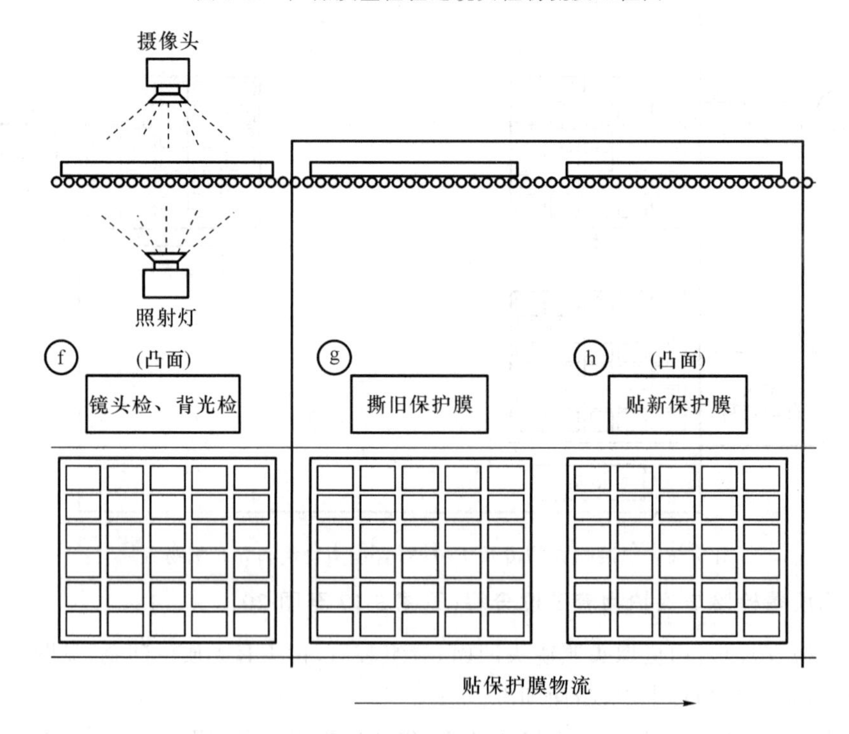

图 5-18 镜头保护之贴保护膜物流及工位图

ⓚH/S 长度检:检验产品长度(见图 5-20)。

ⓛ电检:给产品通电检验,看显示屏是否正常显示。

ⓜ 外观检:看产品外观是否有损坏,将不合格产品剔除。

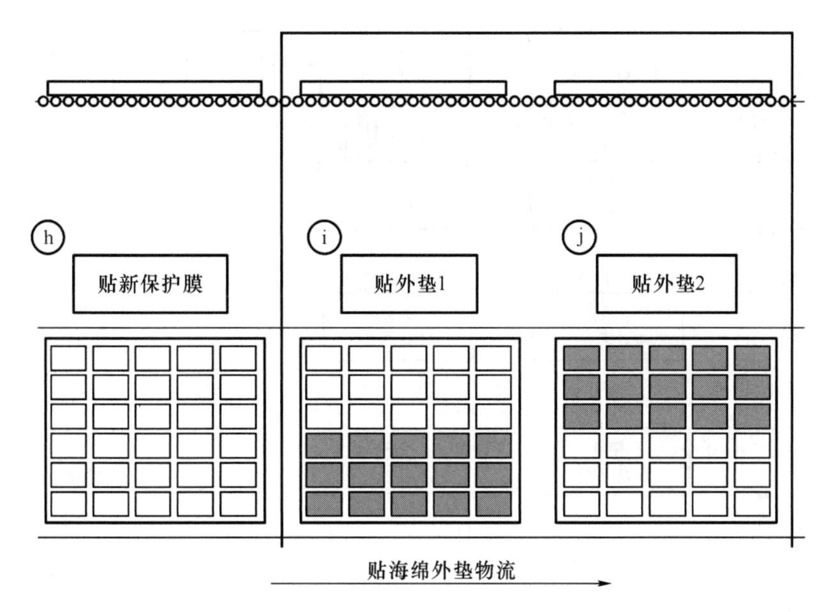

图 5-19　产品保护之贴海绵外垫物流及工位图

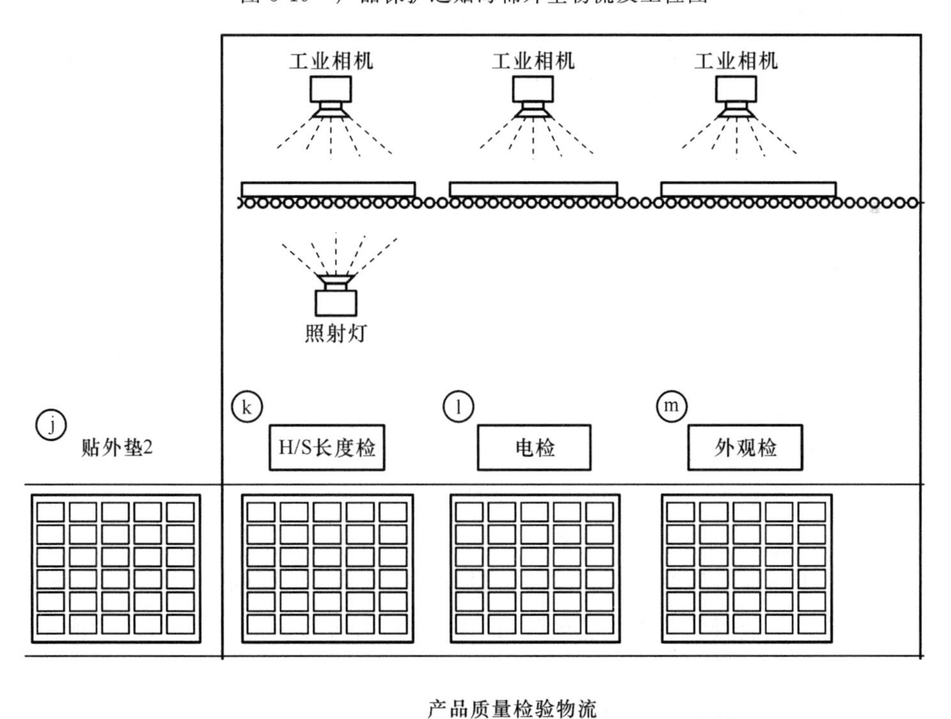

图 5-20　产品质量检验物流及工位图

5.2.4　光电产品自动化装配生产线初步方案

根据前面功能分解的结果，可以构成图 5-21 所示方案。当然，这个方案不是唯一的，你尽管发挥你的想象力和创造力去构思别的方案，经过比较取“最优”的。

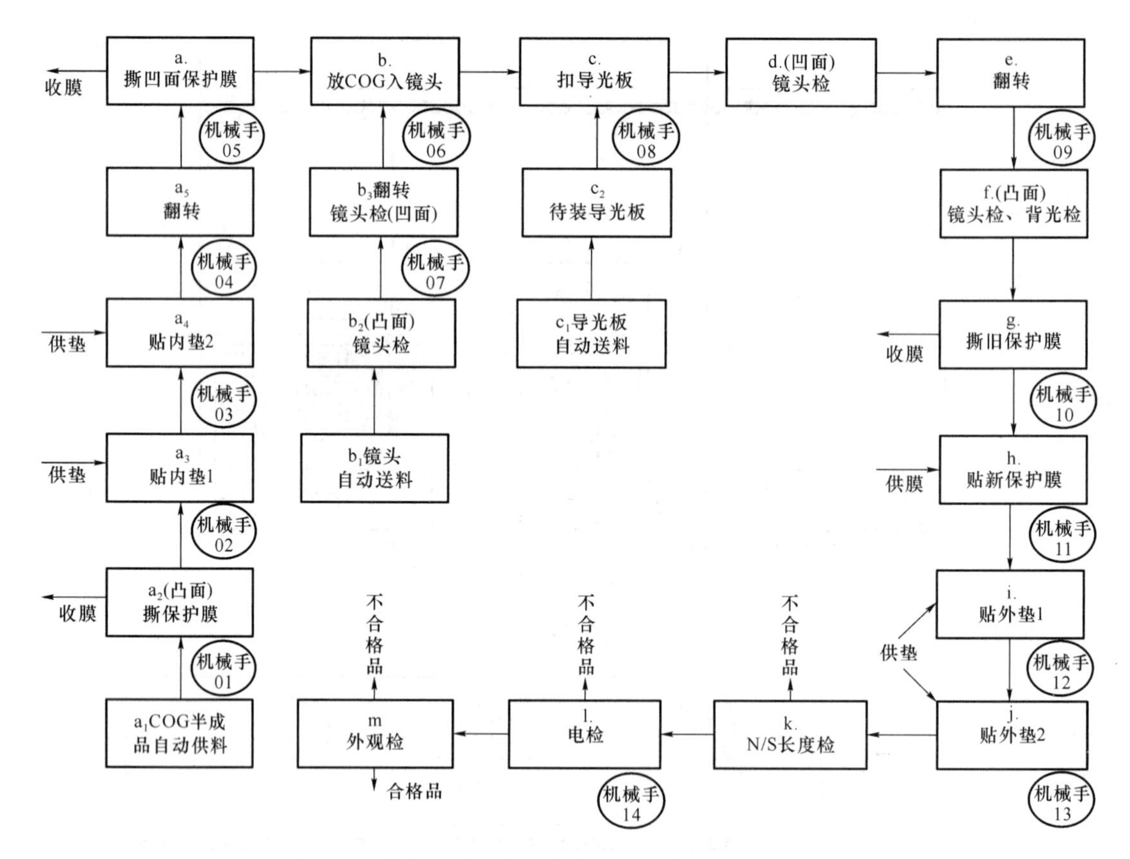

图 5-21 某光电产品自动化装配生产线初步方案示意图

对方案的几点说明：

(1) 图 5-21 只是某光电产品自动化装配生产线工艺流程的初步方案。当向用户提交这一方案时，还应当向用户做三点说明，即项目的成本、生产效率和交付时间。当然这三项的数据都是凭工作经验粗略估计的。

(2) 当上述初步方案被用户接受并签订合同以后，可以成立项目组转入正式设计阶段。此阶段项目负责人要按前面讲过的项目管理的内容做好项目的准备工作，以保证项目顺利进行。

(3) 正式设计阶段。首先根据装配需要设计每个工位(需要的工位)的自动化装置，然后将各工位的自动化装置按装配工艺流程(即图 5-21)组合在一起，则构成了某光电产品的自动化装配生产线。

(4) 每个工位的自动化装置，都是一个机电一体化产品。

这些产品都应当按 5.1 节的例所介绍的步骤去做。由于同学们刚入学，所掌握的知识还不够，所以具体设计就不多讲，这里只说一下各工位自动化装置原理设计的指导思想。

因为同学们太迷信公式和具体计算了，所以在这里还是要再强调一下原理设计(前面已说过几次了)。由 5.1 节的例子可知，原理设计是后面具体计算的基础；不知用什么原理，那么怎么知道用什么公式呢？下面想通过两个工位功能原理的设计，说明如何将仿生原理(模拟人的动作)与应用技术相结合。

① 撕膜工位

人工撕膜有两种动作方式：一种是一个手指沿膜表面向一个方向搓；另一种是用拇指和食指先揭开一个角，然后往斜上方一撕。

用机械模仿人的第一种方式有两种方法：第一种方法是用具有一定柔性且表面摩擦力较大的指状物体由COG半成品的一边移动到另一边；第二种方法是用一个轮轴可沿COG表面移动的滚动轮去除膜，轮子既滚动又移动将膜撕掉，然后将撕掉的膜用吸尘器吸去。

用机械模仿人的第二种方式可以采用一个圆柱形吸桶。在桶的圆柱面上沿螺旋线方向打很多排小针孔，螺旋线与桶的轴线夹1°～5°的角，桶内给予负压（即由一个气嘴往外吸气），当桶沿COG表面滚动时，则可将膜吸到圆桶表面上；当托盘内COG的膜都吸掉以后，COG移走（随自动线移动），再往桶里给予正压，将吸桶表面的膜吹掉。当然，要实现这一原理要增加许多附属装置。

到底用什么方案，则要根据撕膜速度和制造成本而定。

② 镜头检工位

人工检验的方法是，用眼睛去看镜头表面有无瑕疵。该动作的解是：人在头脑中先存了一个好镜头的模样，然后用眼睛检查任何一个镜头，看它们的表面与好镜头影像的区别，基本无区别的就是好的，区别明显的就是次品。这个区别就要定一个度（或说标准），比如，镜头中央区绝对不许有任何瑕疵，在边缘处，若有的话不许超过1%。

用机械代替人则可采用工业照相机去检查。用模式识别技术，先将好镜头的图像（变成数据）存在计算机中，然后用数码相机将每一个被检查的镜头的图像照下来，输到计算机中与所存的好镜头的数据进行比较。在进行数据处理时注意分区比较：当镜头中央区的数据，100%一致，而边缘处数据误差不超过1%时，则认为是合格品，若不符合上述条件的，则认为是次品。

举这两个例子的目的，并不在于设计出工位上的机构，而在于设计的依据与思路。从上面两个例子可见，设计的依据是人工作时动作的分解；设计的思路是用什么原理去实现，同一个动作可以有不同的实现原理（如撕膜工位）。不知是什么动作，何谈得上用什么原理！所以同学们一定要积累丰富的生活和生产知识（经验），这就是反复强调实践重要性的原因。

(5) 工位的原理方案定了以后，进入详细设计阶段。这时就要用到我们给同学们安排的理论课和技术课的内容。希望同学们学好这些课，以便去实现所设计的原理方案。在这个阶段，单机（各工位）的广义执行子系统和检测控制子系统都要同时设计好。

(6) 整个自动化装配生产线的自动控制问题。一般的自动化装配生产线都是通过计算机网（Internet或现场总线）实现自动化控制的（叫集散控制系统），在设计时要注意以下几个问题。

① 控制网内的各工位要有统一的时钟

因为自动化生产线上的每个工位都得按一定的节拍互相地配合工作，节拍乱了，则生产线上各工位的配合则不协调了。这个节拍就由时钟的脉冲数确定。

② 每个工位的机构的动作都有准确的时间

自动化装配生产线上每个工位的机构动作都是有准确时间的。因为被组装的工件在生产线上是按一定速度移动的，它移动到某个工位，则这个工位的机构就必须马上动作，否则就会出事故。因此，必须按网络时钟，计算出每个工位机构的启动时序，停止时序(即有了工作时长)；对应用(控制)程序，也要计算出它的执行时长(这在数据结构课中会讲)这样才能协调整个生产线的动作。在生产线中采用步进电动机作为驱动装置，也就是为了便于时序控制。

当然，自动化生产线的设计并非这么简单，在这里只是讲些思路，起一个引导的作用，希望同学们在今后的课程学习中，注意学习相关的内容，以便今后应用。

第 6 章　机械电子工程专业发展方向展望

本章对机械电子工程专业发展方向作一展望。拟分两部分来讲，第一部分是对机电一体化的发展趋势作一展望，第二部分是对我国机电一体化的发展规划作一介绍。

§6.1　机电一体化的发展趋势

2012 年德国发布了号称第四次工业革命的“工业 4.0”，2015 年中国发布了“中国制造 2025”，前几年英国提出了“再工业化”，美国也计划一场“工业复兴”，可以说近期全世界掀起了一股促进制造业发展的浪潮，瞄准的方向都是基于互联网的机械、电子、计算机与智能技术高度融合的智能机电一体化系统（产品）。根据上述各国发展规划的精神，机电一体化今后的发展方向为三个方面：一是设计理念的更新，二是机电一体化技术的发展，三是人材教育的改革。现分述如下。

6.1.1　设计理念的更新

智能制造技术的发展促进了产品个性化设计、系统生命周期管理和绿色制造等理念的实施与发展。现详述如下。

1. 需求驱动、个性化设计、用户参与、锐意创新是机电一体化技术和产品发展的趋势

为了人们的生活而生产是人类生存的永恒主题。随着社会的进步，科学技术发展了，物质越来越丰富了，现在已进入了人们个性化需求的时代。因此，大规模生产已过时，应用高科技设计制造智能产品正方兴未艾，且会一直延续下去，其特点表现在以下几方面。

（1）需求驱动

生产的产品有人要，才能体现产品的社会价值，也能促进社会的发展。若生产的产品无人要，企不是浪费？这对社会就毫无益而有害。因此，从人类社会发展的长远利益考虑，生产必须采取“需求驱动”的方式。只有生产出的产品既适用，又节能、环保、低耗，才能使人类社会永远持续发展。

（2）个性化设计、用户参与、锐意创新

要使产品做到适用、节能、环节、低耗，就必须遵照“个性化设计、用户参与、锐意创新”的理念去研发制造。

所谓个性化设计，就是针对用户个人的需求设计。将来生产的产品，几乎都是以单件为主。这是由于使用者的爱好、审美和用途的差异，同一个产品的功能、外形、尺寸、材料可能都不一样。比如汽车,有人喜欢自动挡,有人喜欢手动挡;有人喜欢音响,有人不喜欢音响;有人喜欢越野车,有人喜欢高级轿车;有人喜欢红色,有人喜欢黑色。在当前已达到的技术水平来看,完全可以做到个性化设计与个性化生产,以满足个人对产品的不同需要。

那么,怎么样做好个性化设计呢?很简单,那就是"用户参与,锐意创新"。用户参与就是让用户参与到产品的开发设计中来,与设计者一起去"创新"。本来产品策划与设计就是设计者与用户沟通的过程。产品设计基本就两类:第一类是对用户不满意的已有产品改进设计;第二类是目前还没有的产品,用户希望设计一个新的。对于第一类产品,表明用户基本上是满意的,只是有一些不满之处,这时设计者与用户经过深入的沟通,按用户的要求去改进即可。对于第二类产品,由于没有参照物,设计者与用户尽管去大胆创新。首先用户提出对产品的需求,然后设计者帮用户参谋,说明用户所需求的产品可以用哪些原理和技术去完成其功能,同时还可以向用户介绍一些高新技术,使用户所提出的产品更智能、更好用,通过双方反复沟通,产生头脑风暴和火花,最后必然会构思出一个用户满意的产品。现在电子商务如此之发达,这一点是完全能够做到的。

2. 完善并发展"系统生命周期管理"的理念

"产品生命周期"是产品研发、生产、运行、回收整个过程的一个过程模型。它由三维要素去描述。第一维是以时间顺序描述的"产品生命周期",即形成创意(产品策划)、制订草案(概念设计)、拟订解决方案(详细设计)、生产机器(样机试制)、确保运行(改进设计)。第二维是"所跨学科",包括机械、电子、测控、智能、计算机软硬件和服务。第三维是"产业价值链"。

在产品的生命周期中,人们有许多工作要做。这些工作可以分为两类:一类是跨学科的技术工作(如机械、电工电子、测控、智能、计算机等),另一类是管理工作(如开发设计与生产的组织管理、营销管理、运维管理等)。由于计算机技术的高速发展,无论在技术领域还是在管理领域,人们在20世纪五六十年代开始就着手编制了许多工具软件,辅助人们工作,如数学的Matlab,机械学科的CAD、CAE、CAM、CAPP,电工电子学科的EDA,仿真的Simulink,管理学科的ERP等。

为了适应产品多样化和开发周期缩短的需求,到1989年前后,人们开始研发"产品生命周期管理"(PLM)软件。该软件可以追踪产品生命周期的各个阶段,并通过建模的方式虚拟出产品的生命周期,这样就可以在模型制作的基础上,通过相应的模型设置来掌握真实产品生命周期的所有阶段。从而在该软件工具的支持下,运行整个开发过程,在早期对产品进行虚拟建模,并将开发任务的大部分进行仿真。该仿真从需求分析开始到产品体系结构中的系统结构,最后到规范、验证和实现模型。为了提高工作效率,该软件特别做了两项工作:其一是将常用的机械零件和自控系统做成模型存到数据库中,可随时调用,以减少构建系统(产品)的时间;其二是在程序中统一语义与数据结构,以方便整个软件在运行时数据共享和各阶段之间通信流畅。

随着产品个性化需求的高速增长和智能网络(有线、无线)技术水平的迅猛提高,在前几年又有人提出构建一个"系统生命周期管理"系统(SysLM)。其思路是:将产品生命周期软件(PLM)和跨学科的技术开发软件整合到一起,以便充分做到资源共享、缩短开发时间。具体设想如下。

(1) SysLM软件总体上分上、下两层:上层是系统生命周期管理(SysLM),由PLM改编;下层是自动化系统(Doors,SysML Editoron,Modelica and CAD,CAD,CAM 等系统集成)。上层包括:需求结构(由用户需求分析确定)、性能结构、行为结构、系统结构、BOM(模型化的机械零件和自动控制模块)等软件模块。下层包括:需求结构(需求管理工具),系统/功能结构(系统要求、系统工程行为、系统结构),开发结构(上述自动化系统软件)等软件模块。

(2) SysLM 软件要解决的核心问题是建立顺畅的通信机制(包括:每层内各个模块之间的通信和上、下层之间的通信)和数据共享。最好的方法是整个系统内统一数据结构和语义;暂时做不到时,可以由 XML 语言做好接口。

(3) SysLM 软件的运行流程是上、下层循环迭式。其具体步骤如下:

① 应用上层软件,从使用的角度,依据需求结构、性能结构、行为结构和系统结构在 BOM 中选取合适的机械零件和自动控制模块构成一个用户要求的虚拟的机电一体化系统(产品),在本层内进行初步的分析评价以后给出一个用数据描述的系统(产品)的初步草案(相当于初步进行产品策划与概念设计)。

② 将上述草案的数据导入下层软件中,再从自然科学的角度重新审视并修改该草案,然后对整个系统(产品)用自动化系统中的软件进行校核、检验(相当于详细设计)。

③ 将②中的结果(数据)再导入上层,重复上层的工作流程,进行方案的系统结构修改,修改满意了再将结果(数据)导入下层。

④ 重复上述迭代工作直到获得一个优化的最终方案。

⑤ 将上述最终方案交付生产,建造一个真实的物理系统(产品),同时还要进行实际的调试和检验(相当于样机试制)。

(4) 对 SysLM 软件的功能还有三个设想:

① SysLM 不仅包括设计、制造和检验,还包括原材料采购和出厂后的运行维护〔即 SysLM 中还安装了故障检测模块,运维人员可以随时通过该模块了解系统(产品)的运行状况,适时维护;或由售后人员通过计算机网远程维护〕。

② SysLM 在进行系统架构设计时应为产品生命周期的不同阶段提供量身定制的工具,这些工具应按照项目(产品)参与者(机电设计师、控制程序设计师、可视化程序设计师、维护技师)的任务和工作方式去编制。

③ SysLM 是开放式的,在系统生命周期内所有参加工作的人员都共用该软件(数据是共享的),并且允许参与者把自己做好的构件或插件存在系统内,以供共享,免得别人做重复工作,浪费资源。

3. 切实贯彻绿色制造的理念

“绿色制造”理念是针对环保和低耗问题对制造业提出的要求。

绿色制造是产业可持续发展的前提,也是人类长期生存的保证。随着工业的发展,环境越来越差,资源越来越少,为了未来子孙的生存,从现在起必须加强环境保护,必须节约资源。具体到机电行业,我们在搞产品开发时,就应当考虑产品在制造和使用过程中的环境保护与低耗问题,这也是提出“系统生命周期管理”的初衷。绿色制造的具体要求是:

(1) 注意研发绿色产品。产品要做到轻量化(省材)、低耗(节能、节水等)、易回收利用(不污染)。

(2) 注意人力资源共享。在项目开发时充分利用社会资源,请各方(国内外)专业人士参加研发工作,做到省时省力。

(3) 注意知识资源共享。在软件工具中要建立开放式数据库,将每个人的创新设计都存到数据库中,使每个人的劳动成果都能复用,节省人力资源。

(4) 注意材料资源共享。要推行产业链的循环生产方式,注意我们为产品所选的材料的上下家的应用。

(5) 注意环境保护。在研发产品时,注意所选材料无害化,使用的能源低碳化,产品的废物资源化。能做到余热回收、水循环利用、重金属污染减量、脱硝、脱硫、除尘。

(6) 产品生产时使用绿色生产工艺。如清洁高效的铸造、锻压、焊接、切削、表面热处理等加工工艺。

6.1.2 机电一体化技术的发展

今后,机电一体化技术发展的趋势是"信息物理融合系统"(或称"智能技术系统")。"信息物理融合系统"的含义是:由具备物理输入输出且可互相作用的元件组成的网络。它不同于未联网的独立设备,也不同于没有物理输入输出的单纯网络。

根据"系统生命周期管理"的理念和"信息物理融合系统"的技术要求,机电一体化今后发展的方向如下。

1. 创建跨学科的物理与信息系统融合的工程系统

由于机电一体化系统涉及机械、电工电子、检测控制、智能和计算机软硬件诸多学科和领域,在开发机电一体化系统(产品)时,应当把它看作是一个工程系统,按系统工程的思想将各学科统领在一起;按系统分析的方法,从体系结构上将其分解为跨学科的子系统或模块;从生命周期的角度将其视为一个多学科融合的系统流程;通过对系统的动态分析与优化,确保产品在其生命周期内实现高品质、高可靠性、高性价比,并在预定时间内达到用户和利益相关者要求的目标。在这里应当强调的是,今后开发任何机电一体化系统(产品),都应当应用上述以开发阶段特定的数字系统模型为基础建立的贯穿于产品整个生命过程的跨学科的系统工程方法。

2. 智能化设备的普遍应用

目前,许多工作希望机电一体化系统(尤其是机器人)具有判断推理、逻辑思维、自主决策的能力,在客观上对智能化的机电一体化产品(系统)提出了强烈的需求;而嵌入式微处理器性能的极速提高(运算速度快、性能稳、功能全、体积小、价格低),智能科学技术和控制技术(专家系统、模糊逻辑、神经网络、遗传算法及其混合技术)的日臻成熟,传感器系统的集成化和智能化,为机电一体化系统的智能化提供了强有力的技术支持,因此,机电一体化系统智能化趋势会越来越急迫。在21世纪具有像人的四肢,灵巧的双手,敏感的视觉、听觉、触觉的机器人必将被研制出来。智能化设备将到处可见。

3. 大力促进软件的开发与应用

由于智能机电产品的种类会越来越多,数量会越来越大,智能水平会越来越高,所以,软件在产品开发过程中的应用和在产品中的应用会越来越多,主要有两个方面。

(1) 抓紧开发工具软件

前面所说SysLM软件目前还没有完整的应用系统,还停留在各子系统整合的阶段,急需有人在各子系统整合的基础上编制一套好用的系统软件，以利于机电一体化系统（产品）的开发设计和系统生命周期管理。

（2）快速提高智能产品中软件的水平

当前，信息技术和软件已成为工业中最重要的增长动力，拥有强大的工业软件是取得竞争主动权的重要因素。在机电行业更是如此，因为其产品的增值点就在于智能化，而智能化的支撑就是产品的应用软件。只有高水平的软件才能真正实现智能化，所以，过去只针对微处理器编写的驱动程序和针对检测控制子系统编写的数据处理和控制程序已远远不能适应智能产品的需要；现在需要的是使产品具有判断推理、逻辑思维和自主决策功能的软件和能对产品进行远程监测和远程维护的软件。

今后软件在机电一体化产品中所占比重会越来越大，以至于机电一体化系统的结构模型将由广义执行子系统、检测控制子系统和智能决策子系统（机械、电子和计算机）三个子系统组成，而且计算机软硬件所占比重会大大超过机械与电子所占的比重。

4. 计算机网络普遍应用

网络需求体现在三个方面。

（1）集散控制系统

将许多机电一体化设备用计算机网（现场总线、局域网或 Internet）联系起来，实现全系统的联控，协同工作。

（2）计算机集成设计、制造、管理系统

将企业内的机电一体化系统通过 Internet 或 Intranet 与企业的 SysLM 系统互联，实施管理、设计、生产的全面智能化与自动化。

（3）遥测、遥控、遥操作

将企业内的机电一体化系统接入 Internet 中，实现远程管理（遥控、遥测、远程故障诊断、维护、远程软件设置等）。

对上述需求，目前的网络通信技术和组网技术（有线、无线、广域网、局域网）都发展到可以实现的地步，所以计算机网络会普遍应用。

5. 产品完全模块化

模块化设计在机电产品设计中早已逐步推广，如组合机床、通信设备、仪器、仪表、计算机算、电路板的单元化等。模块化设计，很容易利用已有典型单元构成客户急需的个性化产品；同时，在制造过程中也便于组装；在使用过程中便于维修（一般换块电路板，或换一个机械部件）；在修改设计时便于改型重组与功能扩展。由于有那么多好处，所以在 SysLM 系统中完全采用模块化设计。

要想使模块化设计全面推开，必须做两方面的工作。

（1）制定标准

首先制定国内标准，然后制定国际标准，使模块系列化、标准化，大家按标准设计与制造，则可迅速推广。

（2）要研制开发出各类不同模块（或单元）之间的接口

如机械接口、电气接口、动力接口和环境接口等，以适应互联互通。

由于模块化设计与生产，对国家、企业、社会都有好处，相信不久的将来使用 SysLM 系统,产品会完全模块化。

6. 产品完全数字化

在SysLM系统中,产品的整个生命周期都是先虚拟后实体,所以产品必须全部数字化,而且要把数字化的产品存储在数据库中。这些数据不仅设计时要用,在生产制造(包括采购原材料和标准件)、运行维护、销售、回收各个阶段都要用。

7. 更人格化

人格化是从两个方面考虑的:一个方面是人性化;另一个方面是拟人化。

(1) 人性化

随着机电一体化产品智能化程度的提高,它的安全、可靠性就越来越重要。比如,日本最新研发的机械人,能识别人的表情,而且根据表情说话。但它毕竟是机器人,是由专家系统控制的(或其他系统控制),没有人为自主控制能力,也不能随机应变,所以要防止它判断错误而伤人,要特别注意它的人性化,在控制程序中要赋予它智能、情感和人性。

(2) 拟人化

研究机器人的目的,就是想让机器代替人的工作。最初的机器人比较笨重,主要是代替人去从事烦琐的重复工作、劳动强度大的工作、环境恶劣下的工作、速度快的工作和危险的工作。现在已进入替人解闷的时代,因此今后的机器人,不但要有动作,还要有知觉、有感情。这就需要很好地研究仿生学;在仿生学的指导下,完成拟人机器人的设计。

机电一体化产品的人格化是人类的理想,该方向也很有前途,也是一种趋势,会有许多有志者投入其中。

8. 微型产品将成为一个重要方向

由于生物医学和军事上的需要,20世纪末,出现了微机电系统(MEMS),其几何尺寸一般不超过1 cm^3,且正向微米、纳米级方向发展。MEMS高度融合了微机械技术,微电子技术和软件技术;由于高度集成化和特殊的用途,它一出现,就有异军突起之势,一跃而成为新的尖端分支而备受关注。

由于MEMS的体积太小,要想很好地满足人们的需要,还需在材料、机构设计、摩擦特性、加工方法、测试与定位以及驱动方式等方面进行深入的研究,解决其中的难题。

目前,重点发展的MEMS有:专用集成微型仪器、微型惯性仪表、微型机器人和纳米卫星等。

基于MEMS体积微小、重量轻、耗能少、能进入一般机械无法进入的空间,并易于进行精细操作,故在生物医学、航空航天、信息技术、国防军事、防危救灾、工农业等各个领域都有广泛的应用前景,相信近期会有很多有兴趣者投入到这个分支来。

9. 自带能源是永恒的主题

机电一体化产品自身带有能源,无须外部供应,这是人们梦寐以求的事情。

由于机电一体化产品应用领域广、类型多、体积大小不一,且大多数都在运动,自带能源很早就是人们渴望的事情。因为自带能源以后,产品能在任何地方使用而不受能源供给的影响。因此,研究机电一体化产品自身能携带的能源,既急需,又前景广阔。

10. 设计制造更趋向多样化

由于机电一体化系统应用领域广,涉及的知识面宽,产品类型多,在它的发展进程中,已不再沿袭传统的设计制造，呈现出多样化的趋势，具体表现在以下几个方面。

(1) 方案构思多样化

在概念设计阶段，不再按传统的思想去做，而是广开思路。比如，在设计广义执行子系统时，尽量将驱动装置与执行机构做到一起，或直接连接省去传动机构；比如，采用多机驱动(以前尽量避免)将一个复杂运动的机构，分解为几个简单运动机构的组合；比如，压电式加速度传感器不再外接电源，就利用其运动产生的电荷等。

(2) 选材多样化

机电一体化产品已不再完全选择金属材料：有的用塑料，有的用半导体材料(如MEMS)，有的用纳米材料。

(3) 制造技术多样化

机电一体化产品的加工也不完全按传统的机械加工、组装的方法，而是因材料而异。比如，半导体材料用光刻法，复杂零件采用计算机打印成形法算。

(4) 动力多样化

既有传统的电动机、液压和气动，又有电磁铁、弹簧、压电驱动元件、记忆合金和微马达(有静电、超声、电磁、谐振和生物五种)。后三类都是微动装置。研究新型的动力源，是永恒的课题。

机电一体化有广阔的发展前景，同学们将大有作为，展开理想的翅膀，在机电一体化广阔的领域里翱翔吧！

6.1.3 人材教育的改革

要做好任何事情，人才都是第一位的，对于高新技术的机电一体化系统的发展更是如此。所以在“工业4.0”和“中国制造2025”中都专门阐述了人才培养问题。

1. 人材现状

(1) 缺乏系统工程的理念

今后用SysLM系统软件去进行机电产品(系统)的研发设计，必须把产品看作一个工程系统，用系统分析的方法去建立系统(产品)的体系结构，以便提纲挈领把机械、电子、测控、智能和计算机软硬件各学科的知识融合萃取，进行综合分析与决策。但现在大多数机电工程师还缺乏系统工程的概念。

造成这一现象的原因是大学的教学问题。第一，是因为在学校教给学生的知识的顺序〔先基础后专业(工程系统)〕与工作以后解决工程问题应用知识的顺序〔先系统后分支(基础知识)〕正好相反；第二，是因为专业课的内容不注意系统工程的概念与系统分析的方法，工程实践又少(可以说在校期间学生学的知识是只见树木不见森林)，所以必然缺乏系统工程的理念。

(2) 缺乏跨学科综合型人才

机电一体化系统所涉及的学科太宽了，有机械、电工电子、检测控制、智能和计算机软硬件，能全面掌握这些知识的人太少了。原因有二：其一是大学里专业分得太细，每个专业都学不全上述所有内容；其二是已参加工作的毕业生总是守住专业不放，不去从事与所学专业无关的工作。所以跨学科人才奇缺。

2. 需要什么样的人才

(1) 需要素质高、修养好、事业心强、全心全意投入机电一体化事业的人。

(2) 需要理解大局、能领导和负责一个复杂的机电一体化系统研发的人才。

3. 关于人材培养的建议

(1) 对现有工程技术人员进行在岗培训(做与所学专业不同专业的工作)或进行继续教育(即我国与德国现在采用的不脱产的工程硕士的教育方法)。

(2) 修改机械电子工程专业的教学体系,更新教学内容。具体建议按本导论所建立的课程体系和所选的核心内容去组织教学。尤其是计算机类课程的设置能按本导论提出的建议设为五门课。并在四年的教学活动中,能以一个实际的机电一体化系统(产品,如机器人)去统领所有课程和所有实践环节的教学活动〔即每门课和所有的实践环节都要讲清楚,所讲的知识在机电一体化系统中有什么用(用在何处),使学生从入学开始就有工程系统的概念和系统(全局)融合的思想〕。

本导论所建立的课程体系和各门课所选的核心内容是依据以下指导思想。

① 给学生建立一个机械电子工程专业的知识体系,使教学内容杂而不乱。

② 以实际工程项目(如机器人)为导引进行教学,教给学生系统工程的思想和系统分析的方法。

③ 加深每个学科的基本理论(同时增加工程数学门类),减少解题方法介绍(重点讲用计算机解题的方法,其他方法简单介绍或学生自学,腾出时间加深理论内容),突出定性分析问题的能力。专业课内容应着重介绍典型机电一体化系统的体系结构和进行产品策划和概念设计(构思方案)的经验,不再讲每个部件怎么设计(这些内容应当在各门专业技术基础课中解决)。

④ 给实践教学建立一个体系,以实际工程项目(如机器人)为导引尽量将课程实验、实习、课程设计和毕业设计统合到机电一体化系统中,以加深学生对实际工程系统的认识,并掌握应用机电一体化技术的能力。

上述思路基本符合 SysLM 的思想。对产品研发设计主要体现在构思创新上,因为,SysLM BOX 库中已存储了许多典型的机械零件(也包括驱动单元)和自动控制模块,只要有巧妙的构思,就能有满意的产品,有了产品就可以利用 SysLM 中的自动化系统里的软件去进行各种技术分析与计算;然后经过几次迭代就可以完成设计了。在这个过程中,已没有什么人工处理的问题,只要是基本原理清楚,能正确地定性分析问题,定量计算已不是问题了;过去在教学中花大量时间教给学生的计算方法现在已不重要了(由计算机代替了),重要的是基本原理要学深学透,真正会用。

§6.2 我国近期机电一体化方面的重点工作

由于社会生产和生活的需要,机电一体化技术得到了迅猛发展,各个领域的机电一体化产品层出不穷,已到了登月、潜海无所不能的地步,只经过短短的几十年,就取得了如此骄人的成就。我们国家对机电一体化技术非常重视,每次制订国家科学发展规划都把它放在重要位置。我国2015年发布的“中国制造2025”发展纲要，指明了我国近期制造业发展方向。其中很重要的部分是有关机电一体化的问题，因为提升制造业水平的核心技术是物理信息融合系统，是机电一体化系统的智能水平、数字化水平和网络通信能力。

下面对“中国制造2025”发展纲要做一重点介绍，其中与机电一体化关系密切的内容将作比较详细的介绍。

1. 战略目标

立足国情，立足现实，力争通过“三步走”实现制造强国的战略目标。

(1) 第一步，力争用十年时间，迈入制造强国行列。

到2020年，基本实现工业化，制造业大国地位进一步巩固，制造业信息化水平大幅提升。掌握一批重点领域关键核心技术，产品质量有较大提高。制造业数字化、网络化、智能化取得明显进展。

到2025年，制造业整体素质大幅提升，创新能力显著增强，全员劳动生产率明显提高，两化(工业化、信息化)融合迈上新台阶。形成一批具有较强国际竞争力的跨国公司和产业集群，在全球产业分工和价值链中的地位明显提升。

(2) 第二步，到2035年，我国制造业整体达到世界制造强国阵营中等水平；优势行业形成全球创新引领能力，全面实现工业化。

(3) 第三步，新中国成立一百年时，制造大国地位更加巩固，综合实力进入世界制造强国前列。制造业主要领域具有创新引领能力和明显竞争优势，建成全球领先的技术体系和产业体系。(考核指标：五个，即规模以上制造业每亿元主营业务收入有效发明专利数；制造业质量竞争力指数；宽带普及率；数字化研发工具普及率；关键工序数控化率)

2. 战略任务和重点

(1) 提高国家制造业创新能力

完善以企业为主体、市场为导向、政产学研用相结合的制造业创新体系。围绕产业链部署创新链，围绕创新链配置资源链，加强关键核心技术攻关，加速科技成果产业化，提高关键环节和重点领域的创新能力。

加强关键核心技术研发。发挥行业骨干企业的主导作用和高等院校、科研院所的基础作用，建立一批产业创新联盟，开展政产学研用协同创新，攻克一批对产业竞争力整体提升具有全局性影响、带动性强的关键共性技术，加快成果转化。

提高创新设计能力。在传统制造业、战略性新兴产业、现代服务业等重点领域开展创新设计示范，全面推广应用以绿色、智能、协同为特征的先进设计技术。加强设计领域共性关键技术研发，攻克信息化设计、过程集成设计、复杂过程和系统设计等共性技术，开发一批具有自主知识产权的关键设计工具软件，建设完善创新设计生态系统。建设若干具有世界影响力的创新设计集群，培育一批专业化、开放型的工业设计企业。

推进科技成果产业化，完善科技成果转化协同推进机制，引导政产学研用按照市场规律和创新规律加强合作，鼓励企业和社会资本建立一批从事技术集成、熟化和工程化的中试基地。

完善国家制造业创新体系。加强顶层设计，加快建立以创新中心为核心载体、以公共服务平台和工程数据中心为重要支撑的制造业创新网络，建立市场化的创新方向选择机制和鼓励创新的风险分担、利益共享机制。充分利用现有科技资源,围绕制造业重大共性需求,采取政府与社会合作、政产学研用产业创新战略联盟等新机制新模式,形成一批制造业创新中心〔工业技术研究基地(到2020年,重点形成15家左右制造业创新中心,力争到2025年形成40家左右制造业创新中心)〕,开展关键共性重大技术研究和产业化应用示范。建设重点领域制造业工程数据中心,为企业提供创新知识和工程数据的开放共享服务。

(2) 推进信息化与工业化深度融合

加快推动新一代信息技术与制造技术融合发展,把智能制造作为两化深度融合的主攻方向;着力发展智能装备和智能产品,推进生产过程智能化,培育新型生产方式,全面提升企业研发、生产、管理和服务的智能化水平。

研究制定智能制造发展战略。编制智能制造发展规划,明确发展目标、重点任务和重大布局。加快制定智能制造技术标准,建立完善智能制造和两化融合管理标准体系。强化应用牵引,建立智能制造产业联盟,协同推动智能装备和产品研发、系统集成创新与产业化。促进工业互联网、云计算、大数据在企业研发设计、生产制造、经营管理、销售服务等全流程和全产业链的综合集成应用。加强智能制造工业控制系统网络安全保障能力建设,健全综合保障体系。

加快发展智能制造装备和产品。组织研发具有深度感知、智慧决策、自动执行功能的高档数控机床、工业机器人、增材制造装备等智能制造装备以及智能化生产线,突破新型传感器、智能测量仪表、工业控制系统、伺服电机及驱动器和减速器等智能核心装置,推进工程化和产业化。加快机械、航空、船舶、汽车、轻工、纺织、食品、电子等行业生产设备的智能化改造,提高精准制造、敏捷制造能力。统筹布局和推动智能交通工具、智能工程机械、服务机器人、智能家电、智能照明电路、可穿戴设备等产品研发和产业化。

推进制造过程智能化。在重点领域试点建设智能工厂/数字化车间,加快人机智能交互、工业机器人、智能物流管理、增材制造等技术和装备在生产过程中的应用,促进制造工艺的仿真优化、数字化控制、状态信息实时监测和自适应控制。加快产品全生命周期管理、客户关系管理、供应链管理系统的推广应用,促进集团管控、设计与制造、产供销一体、业务和财务衔接等关键环节集成,实现智能管控。加快民用爆炸物品、危险化学品、食品、印染、稀土、农药等重点行业智能检测监管体系建设,提高智能化水平。

深化互联网在制造领域的应用。制订互联网与制造业融合发展的路线图,明确发展方向、目标和路径。发展基于互联网的个性化定制、众包设计、云制造等新型制造模式,推动形成基于消费需求动态感知的研发、制造和产业组织方式。建立优势互补、合作共赢的开放型产业生态体系。加快开展物联网技术研发和应用示范,培育智能监测、远程诊断管理、全产业链追溯等工业互联网新应用。实施工业云及工业大数据创新应用试点,建设一批高质量的工业云服务和工业大数据平台,推动软件与服务、设计与制造资源、关键技术与标准的开放共享。

加强互联网基础设施建设。加强工业互联网基础设施建设规划与布局,建设低时延、高可靠、广覆盖的工业互联网。加快制造业集聚区光纤网、移动通信网和无线局域网的部署和建设,实现信息网络宽带升级,提高企业宽带接入能力。针对信息物理系统网络研发及应用需求,组织开发智能控制系统、工业应用软件、故障诊断软件和相关工具、传感和通信系统协议,实现人、设备与产品的实时联通、精确识别、有效交互与智能控制。

• **设立“智能制造工程”专项，促进该项工作的进展**

紧密围绕重点制造领域关键环节，开展新一代信息技术与制造装备融合的集成创新和工程应用。支持政产学研用联合攻关，开发智能产品和自主可控的智能装置并实现产业化。依托优势企业，紧扣关键工序智能化、关键岗位机器人替代、生产过程智能优化控制、供应链优化，建设重点领域智能工厂/数字化车间。在基础条件好、需求迫切的重点地区、行业和企业中，分类实施流程制造、离散制造、智能装备和产品、新业态新模式、智能化管理、智能化服务等试点示范及应用推广。建立智能制造标准体系和信息安全保障系统，搭建智能制造网络系统平台。

到2020年，制造业重点领域智能化水平显著提升，试点示范项目运营成本降低30%，产品生产周期缩短30%，不良品率降低30%。到2025年，制造业重点领域全面实现智能化，试点示范项目运营成本降低50%，产品生产周期缩短50%，不良品率降低50%。

(3) 强化工业基础能力

统筹推进核心基础零部件(元器件)、先进基础工艺、关键基础材料和产业技术基础(以下统称“四基”)的发展。制订工业强基实施方案，明确重点方向、主要目标和实施路径。制订工业“四基”发展指导目录，发布工业强基发展报告，组织实施工业强基工程。强化基础领域标准、计量体系建设，加快实施对标达标，提升基础产品的质量、可靠性和寿命。

加强“四基”创新能力建设。强化前瞻性基础研究，着力解决影响核心基础零部件(元器件)产品性能和稳定性的关键共性技术。建立基础工艺创新体系，利用现有资源建立关键共性基础工艺研究机构，开展先进成型、加工等关键制造工艺联合攻关；支持企业开展工艺创新，培养工艺专业人才。加大基础专用材料研发力度，提高专用材料自给保障能力和制备技术水平。建立国家工业基础数据库，加强企业试验检测数据和计量数据的采集、管理、应用和积累。加大对“四基”领域技术研发的支持力度，引导产业投资基金和创业投资基金投向“四基”领域重点项目。

推动整机企业和“四基”企业协同发展。注重需求侧激励，产用结合，协同攻关。依托国家科技计划(专项、基金等)和相关工程等，在数控机床、轨道交通装备、航空航天、发电设备等重点领域，引导整机企业和“四基”企业、高校、科研院所产需对接，建立产业联盟，形成协同创新、产用结合、以市场促基础产业发展的新模式，提升重大装备自主可控水平。

• **设立“强基工程”专项促进该项工作的进展**

开展示范应用，建立奖励和风险补偿机制，支持核心基础零部件(元器件)、先进基础工艺、关键基础材料的首批次或跨领域应用。组织重点突破，针对重大工程和重点装备的关键技术和产品急需，支持优势企业开展政产学研用联合攻关，突破关键基础材料、核心基础零部件的工程化、产业化瓶颈。强化平台支撑，布局和组建一批“四基”研究中心，创建一批公共服务平台，完善重点产业技术基础体系。

到2020年，40%的核心基础零部件、关键基础材料实现自主保障，受制于人的局面逐步缓解，航天装备、通信装备、发电与输变电设备、工程机械、轨道交通装备、家用电器等产业急需的核心基础零部件(元器件)和关键基础材料的先进制造工艺得到推广应用。到2025年，70%的核心基础零部件、关键基础材料实现自主保障，80种标志性先进工艺得到推广应用，部分达到国际领先水平，建成较为完善的产业技术基础服务体系，逐步形成整机牵引和基础支撑协调互动的产业创新发展格局。

(4) 加强质量品牌建设

推广先进质量管理技术和方法。建设重点产品标准符合性认定平台,推动重点产品技术、安全标准全面达到国际先进水平。开展质量标杆和领先企业示范活动,普及卓越绩效、六西格玛、精益生产、质量诊断、质量持续改进等先进生产管理模式和方法。支持企业提高质量在线监测、在线控制和产品全生命周期质量追溯能力。组织开展重点行业工艺优化行动,提升关键工艺过程控制水平。开展质量管理小组、现场改进等群众性质量管理活动示范推广。加强中小企业质量管理,开展质量安全培训、诊断和辅导活动。

加强提升产品质量。实施工业产品质量提升行动计划,针对汽车、高档数控机床、轨道交通装备、大型成套技术装备、工程机械、特种设备、关键原材料、基础零部件、电子元器件等重点行业,组织攻克一批长期困扰产品质量提升的关键共性质量技术,加强可靠性设计、试验与验证技术开发应用,推广采用先进成型和加工方法,在线检测装置、智能化生产和物流系统及检测设备等,使重点实物产品的性能稳定性、质量可靠性、环境适应性、使用寿命等指标达到国际同类产品先进水平。

完善质量监管体系。健全产品质量标准体系、政策规划体系和质量管理法律法规。

夯实质量发展基础。制定和实施与国际先进水平接轨的制造业质量、安全、卫生、环保及节能标准。加强计量科技基础及前沿技术研究,建立一批制造业发展急需的高准确度、高稳定性计量基标准,提升与制造业相关的国家量传溯源能力。加强国家产业计量测试中心建设,构建国家计量科技创新体系。完善检验检测技术保障体系,建设一批高水平的工业产品质量控制和技术评价实验室、产品质量监督检验中心,鼓励建立专业检测技术联盟。完善认证认可管理模式,提高强制性产品认证的有效性,推动自愿性产品认证健康发展,提升管理体系认证水平,稳步推进国际互认。

推进制造业品牌建设。引导企业制订品牌管理体系,围绕研发创新、生产制造、质量管理和营销服务全过程,提升内在素质,夯实品牌发展基础。

(5) 全面推行绿色制造

加快制造业绿色改造升级。全面推进钢铁、有色、化工、建材、轻工、印染等传统制造业绿色改造,大力研发推广余热余压回收、水循环利用、重金属污染减量化、有毒有害原料替代、废渣资源化、脱硫脱硝除尘等绿色工艺技术装备,加快应用清洁高效铸造、锻压、焊接、表面处理、切削等加工工艺,实现绿色生产。加强绿色产品研发应用,推广轻量化、低功耗、易回收等技术工艺,持续提升电机、锅炉、内燃机及电器等终端用能产品能效水平,加快淘汰落后机电产品和技术。积极引领新兴产业高起点绿色发展,大幅降低电子信息产品生产、使用能耗及限用物质含量,建设绿色数据中心和绿色基站,大力促进新材料、新能源、高端装备、生物产业绿色低碳发展。

推进资源高效循环利用。支持企业强化技术创新和管理,增强绿色精益制造能力,大幅降低能耗、物耗和水耗水平。全面推行循环生产方式,促进企业、园区、行业间链接共生、原料互供、资源共享。推进资源再生利用产业规范化、规模化发展,强化技术装备支撑,提高大宗工业固体废弃物、废旧金属、废弃电器电子产品等综合利用水平。大力发展再制造产业,实施高端再制造、智能再制造、在役再制造,推进产品认定,促进再制造产业持续健康发展。

积极构建绿色制造体系。支持企业开发绿色产品,推行生态设计,显著提升产品节能环保低碳水平,引导绿色生产和绿色消费。建设绿色工厂,实现厂房集约化、原料无害化、生产洁净化、废物资源化、能源低碳化。发展绿色园区，推进工业园区产业耦合，实现近零排放。打造绿色供应链，加快建立以资源节约、环境友好为导向的采购、生产、营销、回收及物流体系，落实生产者责任延伸制度。壮大绿色企业，支持企业实施绿色战略、绿色标准、绿色管理和绿色生产。强化绿色监管，健全节能环保法规、标准体系，加强节能环保监察，推行企业社会责任报告制度，开展绿色评价。

- **设立“绿色制造工程”专项，促进该项工作进展**

组织实施传统制造业能效提升、清洁生产、节水治污、循环利用等专项技术改造。开展重大节能环保、资源综合利用、再制造、低碳技术产业化示范。实施重点区域、流域、行业清洁生产水平提升计划，扎实推进大气、水、土壤污染源头防治专项。制定绿色产品、绿色工厂、绿色园区、绿色企业标准体系，开展绿色评价。

到2020年，建成千家绿色示范工厂和百家绿色示范园区，部分重化工行业能源资源消耗出现拐点，重点行业主要污染物排放强度下降20%。到2025年，制造业绿色发展和主要产品单耗达到世界先进水平，绿色制造体系基本建立。

(6) 大力推动重点领域突破发展

① 新一代信息技术产业

集成电路及专用装备。着力提升集成电路设计水平，不断丰富知识产权(IP)核和设计工具，突破关系国家信息与网络安全及电子整机产业发展的核心通用芯片，提升国产芯片的应用适配能力。掌握高密度封装及三维(3D)微组装技术，提升封装产业和测试的自主发展能力。形成关键制造装备供货能力。

信息通信设备。掌握新型计算、高速互联、先进存储、体系化安全保障等核心技术，全面突破第五代移动通信(5G)技术、核心路由交换技术、超高速大容量智能光传输技术、“未来网络”核心技术和体系架构，积极推动量子计算、神经网络等发展。研发高端服务器、大容量存储、新型路由交换、新型智能终端、新一代基站、网络安全等设备，推动核心信息通信设备体系化发展与规模化应用。

操作系统及工业软件。开发安全领域操作系统等工业基础软件。突破智能设计与仿真及其工具、制造物联与服务、工业大数据处理等高端工业软件核心技术，开发自主可控的高端工业平台软件和重点领域应用软件，建立完善工业软件集成标准与安全测评体系。推进自主工业软件体系发展和产业化应用。

② 高档数控机床和机器人

高档数控机床。开发一批精密、高速、高效、柔性数控机床与基础制造装备及集成制造系统加快高档数控机床、增材制造等前沿技术和装备的研发，以提升可靠性、精度保持性为重点，开发高档数控系统、伺服电机、轴承、光栅等主要功能部件及关键应用软件，加快实现产业化，加强用户工艺验证能力建设。

机器人。围绕汽车、机械、电子、危险品制造、国防军工、化工、轻工等工业机器人、特种机器人，以及医疗健康、家庭服务、教育娱乐等服务机器人应用需求，积极研发新产品，促进机器人标准化、模块化发展，扩大市场应用。突破机器人本体、减速器、伺服电机、控制器、传感器与驱动器等关键零部件及系统集成设计制造等技术瓶颈。

③ 航空航天装备

航空装备。加快大型飞机研制，适时启动宽体客机研制，鼓励国际合作研制重型直升机;推进干支线飞机、直升机、无人机和通用飞机产业化。突破高推重比、先进涡桨(轴)发动机及大涵道比涡扇发动机技术,建立发动机自主发展工业体系。开发先进机载设备及系统,形成自主完整的航空产业链。

航天装备。发展新一代运载火箭、重型运载器,提升进入空间能力。加快推进国家民用空间基础设施建设,发展新型卫星等空间平台与有效载荷、空天地宽带互联网系统,形成长期持续稳定的卫星遥感、通信、导航等空间信息服务能力。推动载人航天、月球探测工程,适度发展深空探测。推进航天技术转化与空间技术应用。

④ 海洋工程装备及高技术船舶

大力发展深海探测、资源开发利用、海上作业保障装备及其关键系统和专用设备。推动深海空间站、大型浮式结构物的开发和工程化。形成海洋工程装备综合试验、检测与鉴定能力,提高海洋开发利用水平。突破豪华邮轮设计建造技术,全面提升液化天然气船等高技术船舶国际竞争力,掌握重点配套设备集成化、智能化、模块化设计制造核心技术。

⑤ 先进轨道交通装备

加快新材料、新技术和新工艺的应用,重点突破体系化安全保障、节能环保、数字化智能化网络化技术,研制先进可靠适用的产品和轻量化、模块化、谱系化产品。研发新一代绿色智能、高速重载轨道交通装备系统,围绕系统全生命周期,向用户提供整体解决方案,建立世界领先的现代轨道交通产业体系。

⑥ 节能与新能源汽车

继续支持电动汽车、燃料电池汽车发展,掌握汽车低碳化、信息化、智能化核心技术,提升动力电池、驱动电机、高效内燃机、先进变速器、轻量化材料、智能控制等核心技术的工程化和产业化能力,形成从关键零部件到整车的完整工业体系和创新体系,推动自主品牌节能与新能源汽车同国际先进水平接轨。

⑦ 电力装备

推动大型高效超净排放煤电机组产业化和示范应用,进一步提高超大容量水电机组、核电机组、重型燃气轮机制造水平。推进新能源和可再生能源装备、先进储能装置、智能电网用输变电及用户端设备发展。突破大功率电力电子器件、高温超导材料等关键元器件和材料的制造及应用技术,形成产业化能力。

⑧ 农机装备

重点发展粮、棉、油、糖等大宗粮食和战略性经济作物育、耕、种、管、收、运、贮等主要生产过程使用的先进农机装备,加快发展大型拖拉机及其复式作业机具、大型高效联合收割机等高端农业装备及关键核心零部件,提高农机装备信息收集、智能决策和精准作业能力,推进形成面向农业生产的信息化整体解决方案。

⑨ 新材料

以特种金属功能材料、高性能结构材料、功能性高分子材料、特种无机非金属材料和先进复合材料为发展重点,加快研发先进熔炼、凝固成型、气相沉积、型材加工、高效合成等新材料制备关键技术和装备,加强基础研究和体系建设,突破产业化制备瓶颈。积极发展军民共用特种新材料,加快技术双向转移转化,促进新材料产业军民融合发展。高度关注颠覆性新材料对传统材料的影响,做好超导材料、纳米材料、石墨烯、生物基材料等战略前沿材料提前布局和研制。加快基础材料升级换代。

⑩ 生物医药及高性能医疗器械

发展针对重大疾病的化学药、中药、生物技术药物新产品，重点包括新机制和新靶点化学药、抗体药物、抗体偶联药物、全新结构蛋白及多肽药物、新型疫苗、临床优势突出的创新中药及个性化治疗药物。提高医疗器械的创新能力和产业化水平，重点发展影像设备、医用机器人等高性能诊疗设备，全降解血管支架等高值医用耗材，可穿戴、远程诊疗等移动医疗产品。实现生物3D打印、诱导多能干细胞等新技术的突破和应用。

• **设立“高端装备创新工程”专项，促进该项工作进展**

组织实施大型飞机、航空发动机及燃气轮机、民用航天、智能绿色列车、节能与新能源汽车、海洋工程装备及高技术船舶、智能电网成套装备、高档数控机床、核电装备、高端诊疗设备等一批创新和产业化专项、重大工程。开发一批标志性、带动性强的重点产品和重大装备，提升自主设计水平和系统集成能力，突破共性关键技术与工程化、产业化瓶颈，组织开展应用试点和示范，提高创新发展能力和国际竞争力，抢占竞争制高点。

到2020年，上述领域实现自主研制及应用。到2025年，自主知识产权高端装备市场占有率大幅提升，核心技术对外依存度明显下降，基础配套能力显著增强，重要领域装备达到国际领先水平。

(7) 深入推进制造业结构调整

持续推进企业技术改造，全面提升设计、制造、工艺、管理水平。

稳步化解产能过剩矛盾。

促进大中小企业发展，引导大企业与中小企业通过专业分工、服务外包、订单生产等多种方式，建立协同创新、合作共赢的协作关系。推动建立一批高水平的中小企业集群。

优化制造业发展布局。落实国家区域发展总体战略和主体功能区规划，综合考虑资源能源、环境容量、市场空间等因素，制定和实施重点行业布局规划，调整优化重大生产力布局。建设一批特色和优势突出、产业链协同高效、核心竞争力强、公共服务体系健全的新型工业化示范基地。

(8) 积极发展服务型制造和生产性服务业

推动发展服务型制造。引导和支持制造业企业延伸服务链条，从主要提供产品制造向提供产品和服务转变。鼓励制造业企业增加服务环节投入，发展个性化定制服务、全生命周期管理、网络精准营销和在线支持服务等。支持有条件的企业由提供设备向提供系统集成总承包服务转变，由提供产品向提供整体解决方案转变。

加快生产性服务业发展。大力发展面向制造业的信息技术服务，提高重点行业信息应用系统的方案设计、开发、综合集成能力。鼓励互联网等企业发展移动电子商务、在线定制、线上到线下等创新模式，积极发展对产品、市场的动态监控和预测预警等业务，实现与制造业企业的无缝对接，创新业务协作流程和价值创造模式。加快发展研发设计、技术转移、创业孵化、知识产权、科技咨询等科技服务业，发展壮大第三方物流、节能环保、检验检测认证、电子商务、服务外包、融资租赁、人力资源服务、售后服务、品牌建设等生产性服务业，提高对制造业转型升级的支撑能力。

(9) 提高制造业国际化发展水平

提高利用外资与国际合作水平。进一步放开一般制造业，优化开放结构，提高开放水平。引导外资投向新一代信息技术、高端装备、新材料、生物医药等高端制造领域，鼓励境外企业和科研机构在我国设立全球研发机构。

提升跨国经营能力和国际竞争力。支持发展一批跨国公司,通过全球资源利用、业务流程再造、产业链整合、资本市场运作等方式,加快提升核心竞争力。支持企业在境外开展并购和股权投资、创业投资,建立研发中心、实验基地和全球营销及服务体系;依托互联网开展网络协同设计、精准营销、增值服务创新、媒体品牌推广等,建立全球产业链体系,提高国际化经营能力和服务水平。鼓励优势企业加快发展国际总承包、总集成。

深化产业国际合作,加快企业走出去。加强顶层设计,制定制造业走出去发展总体战略,建立完善统筹协调机制。积极参与和推动国际产业合作,贯彻落实丝绸之路经济带和21世纪海上丝绸之路等重大战略部署,加快推进与周边国家互联互通基础设施建设,深化产业合作。发挥沿边开放优势,在有条件的国家和地区建设一批境外制造业合作园区。坚持政府推动、企业主导,创新商业模式,鼓励高端装备、先进技术、优势产能向境外转移。加强政策引导,推动产业合作由加工制造环节为主向合作研发、联合设计、市场营销、品牌培育等高端环节延伸,提高国际合作水平。创新加工贸易模式,延长加工贸易国内增值链条,推动加工贸易转型升级。

3. 战略支撑与保障

(1) 深化体制机制改革

完善政产学研用协同创新机制,改革技术创新管理体制机制和项目经费分配、成果评价和转化机制,促进科技成果资本化、产业化,激发制造业创新活力。深化国有企业改革,完善公司治理结构,有序发展混合所有制经济,进一步破除各种形式的行业垄断,取消对非公有制经济的不合理限制。

(2) 营造公平竞争市场环境

实施科学规范的行业准入制度,制定和完善制造业节能节地节水、环保、技术、安全等准入标准,加强对国家强制性标准实施的监督检查。加快发展技术市场,健全知识产权创造、运用、管理、保护机制。推进制造业企业信用体系建设,建设中国制造信用数据库,建立健全企业信用动态评价、守信激励和失信惩戒机制。

(3) 完善金融扶持政策

支持重点领域大型制造业企业集团开展产融结合试点,通过融资租赁方式促进制造业转型升级。在风险可控和商业可持续的前提下,通过内保外贷、外汇及人民币贷款、债权融资、股权融资等方式,加大对制造业企业在境外开展资源勘探开发、设立研发中心和高技术企业以及收购兼并等的支持力度。

(4) 加大财税政策支持力度

充分利用现有渠道,加强财政资金对制造业的支持,重点投向智能制造、"四基"发展、高端装备等制造业转型升级的关键领域,为制造业发展创造良好政策环境。

深化科技计划(专项、基金等)管理改革,支持制造业重点领域科技研发和示范应用,促进制造业技术创新、转型升级和结构布局调整。落实和完善使用首台(套)重大技术装备等鼓励政策,健全研制、使用单位在产品创新、增值服务和示范应用等环节的激励约束机制,实施有利于制造业转型升级的税收政策,推进增值税改革,完善企业研发费用计核方法,切实减轻制造业企业税收负担。

(5) 健全多层次人才培养体系

加强制造业人才发展统筹规划和分类指导,组织实施制造业人才培养计划,加大专业技术人才、经营管理人才和技能人才的培养力度,完善从研发、转化、生产到管理的人才培养体系。以提高现代经营管理水平和企业竞争力为核心，实施企业经营管理人才素质提升工程和国家中小企业银河培训工程，培养造就一批优秀企业家和高水平经营管理人才。以高层次、急需紧缺专业技术人才和创新型人才为重点，实施专业技术人才知识更新工程和先进制造卓越工程师培养计划，在高等学校建设一批工程创新训练中心，打造高素质专业技术人才队伍。强化职业教育和技能培训，引导一批普通本科高等学校向应用技术类高等学校转型，建立一批实训基地，开展现代学徒制试点示范，形成一支门类齐全、技艺精湛的技术技能人才队伍，鼓励企业与学校合作，培养制造业急需的科研人员、技术技能人才与复合型人才，深化相关领域工程博士、硕士专业学位研究生招生和培养模式改革，积极推进产学研结合。加强产业人才需求预测，完善各类人才信息库，构建产业人才水平评价制度和信息发布平台，建立人才激励机制，加大对优秀人才的表彰和奖励力度。建立完善制造业人才服务机构，健全人才流动和使用的体制机制。采取多种形式选拔各类优秀人才重点是专业技术人才到国外学习培训，探索建立国际培训基地。加大制造业引智力度，引进领军人才和紧缺人才。

(6) 完善中小微企业政策

落实和完善支持小微企业发展的财税优惠政策，优化中小企业发展专项资金使用重点和方式。发挥财政资金杠杆撬动作用，吸引社会资本，加快设立国家中小企业发展基金。鼓励大学、科研院所、工程中心等对中小企业开放共享各种实(试)验设施。加强中小微企业综合服务体系建设，完善中小微企业公共服务平台网络，建立信息互联互通机制，为中小微企业提供创业、创新、融资、咨询、培训、人才等专业化服务。

(7) 进一步扩大制造业对外开放

支持制造业企业通过委托开发、专利授权、众包众创等方式引进先进技术和高端人才，推动利用外资由重点引进技术、资金、设备向合资合作开发、对外并购及引进领军人才转变。加强对外投资立法，强化制造业企业走出去法律保障，规范企业境外经营行为，维护企业合法权益。探索利用产业基金、国有资本收益等渠道支持高铁、电力装备、汽车、工程施工等装备和优势产能走出去，实施海外投资并购。加快制造业走出去支撑服务机构建设和水平提升，建立制造业对外投资公共服务平台和出口产品技术性贸易服务平台，完善应对贸易摩擦和境外投资重大事项预警协调机制。

(8) 健全组织实施机制

成立国家制造强国建设领导小组，由国务院领导同志担任组长，成员由国务院相关部门和单位负责同志担任。领导小组主要职责是:统筹协调制造强国建设全局性工作，审议重大规划、重大政策、重大工程专项、重大问题和重要工作安排，加强战略谋划，指导部门、地方开展工作。领导小组办公室设在工业和信息化部，承担领导小组日常工作。设立制造强国建设战略咨询委员会，研究制造业发展的前瞻性、战略性重大问题，对制造业重大决策提供咨询评估。支持包括社会智库、企业智库在内的多层次、多领域、多形态的中国特色新型智库建设，为制造强国建设提供强大智力支持。建立“中国制造 2025”任务落实情况督促检查和第三方评价机制，完善统计监测、绩效评估、动态调整和监督考核机制。建立“中国制造 2025”中期评估机制，适时对目标任务进行必要调整。

由“中国制造 2025”可以看出，国家在大力支持、促进机电一体化的发展，同学们一定要抓住机遇，找准方向，为我国的制造业振兴大干一场。

第7章　关于如何学习的几点思考

前6章向同学们比较详细、系统地介绍了机械电子工程专业的培养目标、课程设置和专业发展趋势；同时也介绍了作为一位机电工程师所应具有的能力和知识体系，希望上述介绍对同学们了解、认识机械电子工程专业有所裨益。

同学们步入大学以后，除了紧张的课程学习之外，还有许多社团活动和文体活动等着同学们去参加，兴奋之余，这些丰富多彩、眼花缭乱的活动常使同学们不知所措。那么进入大学以后，到底应当怎么办？可能就是萦绕在同学们头脑中的新问题。下面就大学里学生如何学习，如何培养和锻炼自己谈几点看法。

§7.1　在大学里学什么

大学阶段是人生最美好的时期，踌躇满志，英姿勃发，憧憬着自己所要成就的事业，志在必得。这一时期，同学们的世界观逐渐形成。知识的积累不仅为将来奋斗、发展打下良好基础，也为成就事业铺平了道路，可以说是人生的关键阶段。那么到大学以后究竟应当学什么呢？回答很简单，首先学做人，其次学本领，二者缺一不可。

“学做人”主要是指遵纪守法有道德。这看似老生常谈，却是亘古不变的真理，这是古今中外历史的结论。所以在教学计划中，特别安排“职业道德与法律法规”课，强调这一点。

“学本领”主要是指培养“工作能力”。要成就一番事业，首先要具有生存能力，不管做什么工作，首先要让自己生存下来；接着就要看你是否具有待人处事的能力（沟通、协调、团队精神），学习的能力（尤其是自学能力），理论与技术水平和解决实际工程技术问题的能力。

若一个人有德无才，对社会无益；而一个人有才无德，则会危害社会，这个道理大家都懂，因为历史和现实都证明了这一点。所以各单位选聘人才都要求德才兼备。同学们一定要做一个德才兼备的人。

§7.2　在大学里怎么学

“怎么学”是指在大学里怎么样才能把自己培养成德才兼备的人。下面按德与才分别叙述。

7.2.1　如何逐步地提高自己的道德修养

道德品质是社会熏陶和自我修身的结果，它是每个民族文化与文明的高度体现。中华民族的基本道德与高尚情操是炎黄子孙世世代代言传身教的结果。自古以来，我们每个家族和家庭都有祖训与家风，我们生下来就在父母的熏陶与教诲中将家风传承下来，这就是我们每个人道德品质的基础。俗话说三岁看小，七岁看老就是这个道理。后来上学，从小学至中学，最后到大学，每个学校都有自己的校园文化，新生入学后，就是在老师和老同学的言传身教下融入这个群体，而染上这个学校的作风。一种优秀的校园文化和一种良好的校风会造就出无数的精英。当然，除了客观条件之外，最重要的还是自身修养，同一个学校会培养出截然不同的人来就是证明。曾子曰："吾日三省吾身"，就是教诲人们要严格要求自己，修身养性，成为一个道德高尚的人。

一个学校的校园文化体现在校容、校纪、校风的各个方面，也蕴含在教学、科研、社团、文化等各类活动中，同学们一定要积极参加各种活动（日常教学、学术报告与讲座、科技创新活动、社团活动、文体活动等），从中汲取营养，不断地培养、锻炼、提升自己。当然要量力而行，摆好各种活动的位置，分清主次，有选择地参加。不仅集中精力学好每一门课，而且还要积极参加各种社会活动和文体活动，将自己融入校园文化之中，对培养你的沟通能力、交往能力、组织能力、表达能力、团队精神都是非常有益的。祝愿同学们经过大学生活的洗礼，成为一个诚信、正直、坦诚、公正、公平和平等、信任与友善、永远充满信心、勇于承担个人责任、会利用法律手段保护公众健康、安全和促进社会进步的高级人才。

7.2.2　如何逐步地提高自己解决实际工程问题的能力

对实际工程系统的分析设计的能力主要体现在概念设计与详细设计阶段。而概念设计的难点是将总体功能分解为功能模块和方案比较；详细设计阶段的难点在于如何建立物理、数学模型和求解计算。下面总结一下如何利用前面讲过的知识去解决实际工程问题。

1. 解决工程系统问题的思路

图7-1是依据第3章图3-1（机电一体化系统创新设计思路图）简化出来的解决工程系统问题的思路图。

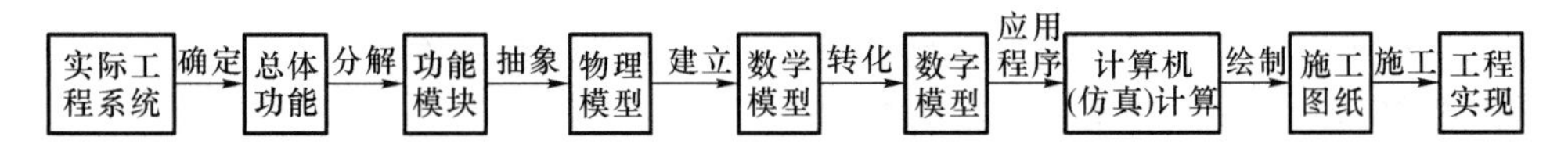

图7-1　解决工程系统问题的思路图

下面对该图说明如下。

（1）步骤说明

先由实际工程系统"确定"总体功能，将总体功能"分解"为功能模块，将功能模块"抽象"为物理模型，据物理模型"建立"数学模型，将数学模型"转化"为数字模型，然后利用计算机"应用程序"对数字模型进行计算，输出计算结果，"绘制"出施工图纸，最后根据施工图纸具体"施工"，做出工程系统，达到工程实现。

（2）对每一步的说明

①"确定"总体功能：这是理论与实际相结合的工作。只用理论做定性分析，根据实际

情况去确定总体功能,实际经验很重要。

② "分解"功能模块:这是设计中的一项重点工作。主要是在系统分析的理论指导下进行,将实际工程系统抽象为"工程系统",确定"工作对象"与"物质流"。由"物质流"确定工艺流程,也就是确定对"工作对象"施加的各种"动作";根据"动作"需要确定"执行者"和"能量流";再根据每个"执行者"之间的"动作"逻辑关系,确定"操控者"和"信息流";最后,由"执行者"和"操控者"就可确定功能模块了。也就是说,有多少个"执行者"至少有多少个"执行模块";有多少个"操控者"至少有多少个"操控模块";这是因为,为方便制作很可能再将功能模块分解为功能单元。(这在第2章、第3章已讲过,请复习一下)

③ "抽象"物理模型:将功能模块抽象为物理模型是设计中的一项关键工作,也是难点。因为这项工作既要求工程师有深厚、扎实的理论基础(这些理论在物理、工程力学、机械设计、电工电路、检测控制等课程模块都已讲过),又要求他们有丰富的实践经验(这是同学们最缺少的,应当由专业课和设计实践课教授,更应当在毕业后的工作中积累);同学们要牢记这一点,在今后的学习中一定要时刻注意解决理论联系实际的问题,对已有的机电一体化系统(产品),都要问一个"它的物理模型是什么"! 积累多了,对你今后的设计将获益匪浅。

下面还要说一下,为什么说这一步是关键,这是因为物理模型与实际问题的相近程度将决定最后定量计算的准确性。比如,我们在分析计算机械零件的工作能力时,工程力学中所给模型基本上都是线性模型,其应用条件是:材料是线弹性的,变形是非常微小的(我们几乎感觉不到)。如果工作条件或材料机械性能不符合上述条件,则线弹性模型是不对的。不管你计算时小数点后取多少位,都无济于事,其结果会与实际相差甚远。故"抽象"物理模型这一步最关键。

④ 建立数学模型:由物理模型建立的数学模型一般是方程式(代数方程、数理方程),有时也可能是函数。在由物理模型去建立数学模型时,都是利用物理原理定律完成的,所以在物理、工程力学、电工、电路、测控等理论课中都特别强调了它们的"基本原理",希望同学们在学习上述课程时,一定要把所讲原理理解透,它到底揭露了什么自然规律,所给模型的使用条件是什么,以便能正确地建立数学模型。

⑤ "转化"数字模型:用计算机去计算上述数学模型必须先做两项工作。第一项是将上述模型(微分方程、数理方程)离散化,即用"计算数学"中讲的差分方程或用"有限元法"就可完成;第二项是将实际问题数字化,即用"数据结构"所讲的方法将实际问题的几何尺寸、物理参数(密度、弹性模量、电阻、电容、电感等)、输入量等都用合适的数据类型表示出来,以便给应用程序输入数据进行计算。

⑥ "应用程序"计算:这一步是应用计算机"应用程序"对上述离散化的数字模型进行计算。"计算数学"的算法基本都在Matlab程序中;有限元的算法都在Ansys程序中。若没有现成的程序可用,则需利用"数据结构与程序设计方法"所讲的程序设计方法自己去编写"应用程序"。

⑦ "绘制"施工图纸:设计方案通过了理论计算(即通过了工作能力校核)即可画出施工图纸,在这一步之前所有的图都是草图,到这一步则要求按"工程图学与CAD""工程材料""机械制造基础""互换性与技术测量"等课程所讲的内容和"国标""规范""机械设计手册""电工手册""电子元器件手册"等文件的规定将草图"绘制"成施工图(包括机械的总装图、部件图和零件图,液压、气压、电路等的安装图)。

⑧ “施工”:这一步对机电一体化系统来说就是制造。在将图纸交车间之前,先要根据“机械制造基础”讲的知识,据零件图编制《加工工艺规程》文件,据总装图编制《装配工艺规程》文件,然后将图纸和上述文件交给机加车间进行加工;零件经检验(这是“互换性与技术测量”的内容)合格后,交总装车间总装,整机调试合格后备用(机械、液压、气压部分完成了)。与此同时,电装车间也正按电路施工图在焊装(“电装实习”内容)强、弱电的供电与控制电路,经检验合格后调试,调试成功与机械部分联调,联调成功出厂销售。

2. 由解决工程系统问题的思路引出的对如何学习的几点看法

通过上面的总结对于如何学习,如何培养自己的能力,引出如下几点看法:

(1) 机电一体化系统分析与设计只不过是培养学生具有解决实际问题能力的载体

任何工程问题(甚至包括社会问题)都是工程系统,任何专业都是为解决本专业的工程系统问题而设置的。在大学四年的教学活动中,正是通过这类专业工程系统教给你掌握了这一类系统的系统分析方法。

因此,不管你学什么专业,只要你把这个专业系统作为学习系统分析原理的载体,对系统分析原理学深吃透,那么今后无论遇到什么专业的问题,都可以举一反三,用所学的系统分析原理去分析、解决另一类系统的实际问题。

学生入学以后,学的不是自己想学的专业,而毕业以后又往往专业不对口,所以常会有情绪,影响学习和工作。这种情绪可以理解,但完全是没有必要的。因为能考上理想专业和找到专业对口工作的毕竟是少数,只要自己有自学能力,又有学过的理论基础,学会解决其他专业系统的问题是很容易的。因此,不管学什么专业都要认真学,勤思考,真正悟出通过这个载体(专业系统)揭示出来的解决工程问题的一般规律,掌握你将来解决任何问题的钥匙。

(2) 如何去协调工程系统设计的综合性与课程设置的分散性的关系

由上面的总结我们可以看到,设计一个工程系统是在综合应用与该系统有关的许多学科的知识;而课程设置却是从数学开始,按不同学科由基础到专业,一门一门地开课,到最后专业课才详细地、系统地介绍系统设计问题;课程设置的顺序恰与系统设计的顺序相反,所以学生在选修教学计划所列课程时,往往不知道哪一门课在专业中起什么作用,从而不知道选哪门课好;往往有用的课没选,而用途不大的好得学分的就选了,造成到后面专业要用时,才发现选错了课,为时已晚。

本书所介绍的知识体系和课程体系,就是按系统分析的顺序介绍的,它说明了本专业所需知识之间的纵向关系,其目的之一就是让同学们知道,每门课在解决系统问题时的地位和作用。同学们在选课时,一定要随时翻阅本书,千万别把重要的课落选。本门课实际上是对工程系统的综合性与课程设置的分散性起一个协调作用。

(3) 解决工程问题所需要的四类知识

下面我们来说明一下本专业所需知识之间的横向关系。由课程设置图(图 4-1)可见,要解决一个工程系统的问题,需要四类基本知识,即基本理论、基本技术、基本技能和工程知识。

① 基本理论:主要指学生应当掌握或了解的与本专业相关的基本理论。包括数、理、化等学科揭示自然规律的原理以及由这些原理引申出来的在相关工程中应用的定理。比如,在物理中揭示了力作用原理、能量守恒定律、功能转换原理、胡克定律等,那么在工程力学中

(理论力学和弹性力学)则针对不同的力学模型由原理引申出许多定理和定律(请回头去复习工程力学模块的内容),以解决实际问题。其他学科也如此,请你们自己去总结。

学好这些基本理论非常重要,因为它们是将实际工程问题抽象成物理模型的依据,在第4章的课程介绍中,对每个学科的基本原理都特别列出介绍,希望同学们能牢记它们。

但是在学习的时候,不要死记硬背,也不要分别按课程背,而是以物理学的原理为基础,看看后期课是怎么样用到不同的物理模型中的;将前后的课程进行分析比较,抓住各定理、定律的实质以后,你就会发现基本原理并不多,而大多数是针对不同物理模型的变种,这样你就少背许多东西。

② 基本技术:主要指学生应当掌握或了解的与本专业相关的基本技术。技术主要用在施工或制造的过程中;比如,机械制造技术用于机械零件加工和机器的总装;而电工电子技术用于将元器件组合成电路或控制板。

有些课程主要是讲技术的,如“工程材料”“机械制造基础”“互换性与技术测量”“模拟电子技术”“数字电子技术”和“计算机技术”。不是说这些课没有理论(在其本专业都有深奥的理论),而是对机械电子工程专业来说,学生只掌握其应用技术即可。因此,同学们在学习时,一定要知道什么类型的课,要掌握的重点内容是什么?比如,对非计算机类专业的学生来说,所有的计算机类课都是教你“计算机有什么用途”和“怎么用”;而不去讲计算机的构成原理和软件工程的内容。在第4章的课程介绍中,都指出了这一点,希望能引起同学们的注意。

如果参加工作以后,需要知道所学技术的原理,你可找有关专业的书籍或资料自学。

③ 基本技能:主要指学生应当掌握的在实现本专业的实际工程中所应用的专业技能。这些只有通过亲自实践才能掌握,因此除了在每门课的介绍中指出需掌握的技能以外,单独设立的一系列的实践课,目的就是让同学们通过各类实践活动切实掌握有关技能,以便工作时能马上动手做事。

过去发现有些同学不太重视实践课,尤其是到工厂去实习,走马观花,没有达到实习的目的,希望同学们能重视每一门实践课,抓紧一切时间锻炼自己的技能,以备不时之需。现在招聘都要求有两年实践经验的大学毕业生,可见实践技能的重要。

④ 工程知识:主要指学生应当掌握或了解的与本专业相关的国家标准、工程规范、技术手册、定形图等。这些技术文件,有些内容是根据理论制订的,但绝大多数是宝贵的实践经验的总结(可能有的还找不到理论根据)。然而这却是工程师必须照办的,同学们毕业以后不能马上胜任工作,不懂工程知识恐怕是主要原因。因此,在各类课中要注意学习和掌握这些内容。

当然对于每一门课来说,这四类基本知识可能都有,希望同学们在学习每一门课时,自己去分析每部分内容的教学目的,以便真正掌握所教的内容。

(4) 物理模型的多样性与数学模型的归一性

为了说明这个问题先举一个例子。

① 例如,在物理中:

均速直线运动,路程与时间的关系是:$S=v\cdot t$,其中,S 是路程,v 是速度,t 是时间。v 是常数,S 与 t 成线性关系。

胡克定律,弹簧恢复力与其伸长量的关系是:$F=k\cdot x$,其中,F 是恢复力,k 是弹簧刚度，x 是伸长量。k 是常数，F 与 x 呈线性关系。

欧姆定律：导体两端电压与电流的关系是：$V=R\cdot I$，其中，V 是电压，R 是电阻，I 是电流。R 是常数，V 与 I 呈线性关系。

在静止的纯净水中，压强与水深的关系是：$P=\rho\cdot h$，其中，P 是压强，ρ 是密度，h 是水深。ρ 是常数，P 与 h 呈线性关系。

……这样的物理规律还很多，如果把上面的四个公式抽象为一个数学公式那就是

$$y=ax$$

它是 x、y 直角坐标系中斜率为 a 的一条直线。这就是上面四个“物理定律”的“数学模型”。

② 由上面的分析，可以引出如下两点结论：

第一，不管什么自然现象(或社会现象)，也不管什么学科的变化规律，只要它们所抽象的“模型”的规律为线性的，它们都可以建立“唯一的一个”线性的数字模型 $y=ax$。这就是所说的“物理模型的多样性与数学模型的归一性”。这样分析问题有一个好处，不必再记那么多的公式，只要记住什么自然规律是线性变化的即可，在应用时，只要将数学模型中的 x、a 和 y 给予不同的物理含义，即可得到不同的物理定律表达式。这样就可以把我们的注意力转移到物理模型和物理规律的理解上，而不必再背那么多公式。

此外，由“物理模型的多样性与数学模型的归一性”还可以深刻体会到以专业系统为载体去教会学生掌握分析各类系统的能力的可贵之处。

第二，对“物理模型”和“规律”如何理解？由上面四个物理定律可以看出，它们只描述四个“理想”的“物理模型”的规律：第一个定律描述的是速度绝对均匀的模型，任何时刻，其值都是同一个常数 v(理想化)；第二个定律描述的是弹簧刚度永不变的模型，只有弹簧的材料处于线弹性变形阶段，k 才可能是一个常数(理想化)；第三个定律描述的是电阻不随通电时间长短而变化(即不受发热影响)的模型，每个时刻电阻都是常数 R；第四个定律描述的是水的密度绝对均匀，不随深度变化的模型，密度永为常数 ρ。

(5) 要正确选择物理模型

由上面的分析，大家应该明白，在描述自然规律的时候，为什么必须先抽象一些典型的“物理模型”？这是因为在“理想”的条件下，由该“物理模型”所建立的“数学模型”才简单，只要它能抓住自然规律的本质，基本上反映了自然变化规律即可。如果上面的四个定律中的常数都随时间变化，则数学方程将变为 $y=a(t)x$ 的形式，即非线性方程。对非线性方程只有先求出 $a(t)$的变化规律(曲线)才能求出 y 与 x 的关系曲线，这与线性模型是完全不同的。如果将非线性问题选择为线性模型去分析计算，肯定是不对的。非线性模型在数学计算上虽然很复杂，但现在已有计算机帮助计算，已不成问题了。

在第 4 章的介绍中，特别强调“物理模型”就是基于上述原因。同学们在应用公式时，一定要注意，它是针对什么“物理模型”，描述的是什么自然规律，千万不要乱套公式而出错。如果实际问题与模型的条件相差较大，则由该模型所描述的规律，不能用于所分析的问题。

3. 如何学习基础理论，悟出它的本质

学生在上学的时候一般都是老师讲什么，学生记什么；书上说什么，学生背什么。结果学理工的学生满脑子都是公式，很少将不同学科，不同课程，加以分析与比较，去“悟”出其中的门道。

学理工的学生，主要应学会做两件事，其一是会应用自然规律去解决实际问题，它表现在会应用科学原理对实际问题进行定性分析，找出解决问题的思路(或说方案)；其二是能按照上述思路进行定量计算给出结果，二者缺一不可。

要做好第一件事，就必须对揭示自然规律的原理，定律有深刻的理解与认识，概念非常清楚，知道它应当用在什么条件下。要做好第二件事则需要会用数学，明白你用的是什么数学，应该怎么用；数学的解答揭示了什么现象，表达了什么规律，其结果给出了什么结论。怎么做第一件事前面已反复讲过了这里不再重复，下面集中讲如何做好第二件事。

要做好第二件事就必须先弄清楚在解工程问题时，都用了什么数学；或说在由物理模型建立数学模型时都用了什么数学，所用的数学之间有什么关系？只要把这个问题搞清楚，把要用的数学学好，用好，问题不就解决了吗？

要找出由各类物理模型去建立数学模型时都用了什么数学，就必须将所建立的数学模型加以分析和比较，然后抽象为一般的数学表达式〔就像前面举的例题(四个物理定律)一样〕，这样就清楚了要用什么数学；或者反过来说，就知道了一个数学模型它描述了多少个自然现象的规律。这个过程就是“悟”，悟出数学与自然规律间的关系，悟出数学之间的关系。

为了介绍怎么做，下面再举一个例子。

比如，为了简化计算，设计钢桥时，可以将其简化为桁架这一力学模型，以杆件内力为未知数，利用节点静力平衡方程式逐点建立平衡方程，则可以得到以杆件内力为未知数的一个联立的线性代数方程组；这就是说桁架的“数学模型”是“线性代数方程组”。

再比如，有一个直流电路网络，在求解它时，可以以线路内电流为未知数，利用柯希霍第一定律，逐个节点建立方程式，则可以得到以线路电流为未知数的一个联立的线性代数方程组；这就是说直流电路网络的“数学模型”也是“线性代数方程组”。

现在将思路放开一点，城市的自来水管路网、燃气管路网，与电路网不是也有相似之处吗？柯希霍夫第一定律说，流入节点的电流之和等于流出节点的电流之和；即电流的流量在节点处应当连续。那么水管网路与燃气管网路也应当如此，即流入一个节点(即不同管路汇集点)的流量等于流出该节点的流量，这就是流体的连续性方程。若以流体(水或气)的管流量为未知数，利用流体连续性方程逐点建立方程式，则可以得到一个以管路流量为未知数的联立的线性代数方程组。这就是说，水管网路，气管网路的“数学模型”也是“线性代数方程组”。这种类型的问题还很多，就不再举例子。

上面举了两类例子，一类是数学模型为线性函数(即直线)，另一类是线性代数方程组。将来你还会遇到，有一类问题的数学模型是常系数线性微分方程(一阶或二阶)，有一类问题的数学模型是拉普拉斯方程或波动方程，在今后的学习中，自己要悟出它们的规律。

当你知道了不同学科的物理模型的数学模型归一性以后，有以下好处：

其一，你会发现数学模型一样的物理现象之间是可以互相模拟的。这是相似理论的基础，也是相似实验的依据。在今后的学习和工作中你可能会遇到，要注意应用。(由于篇幅原因不再多举实例，也不对相似理论作说明)

其二，在对数学模型求解时，不同学科有不同的解法，而且很方便独到，你可以将好的解法用于数学模型相同的不同学科之中，便于计算。

其三，同一数学模型的不同物理模型，它们的其他类型的数学模型基本也都一样。如网络结构形式的物理模型，其数学模型都是线性代数方程组；在用计算机程序进行解算时要输入各类参数，这就要用数据结构的知识，学到时你会发现，它们的数据结构模型都是带有加权的有向图(这是数学图论的知识)，当你学会一种物理模型的输入结构以后，可以用到其他相似的物理系统中。

由于同学们刚入学，掌握的知识还不够多，不能举很多实例，在此主要想告诉同学们，要明白师傅领进门修行在个人的道理，在今后的学习中，对学过的各门课程一定要主动地、不断地加以分析、综合与比较，经过反复思索，发现它们的共同之处，既可以少记许多公式，又利于不同学科之向的借鉴与融合，对于你创新思维，必有好处。尤其是机械电子工程专业，需要的知识面太广了，有机械、电子、控制和计算机等学科，又涉及固体、液体、气体等物质，你不仅学习机械、电子与控制，还要学习通信计算机等专业的内容；因此，用上述介绍的方法去学习，从数学模型的角度把不同学科的内容综合在一起分析比较，绝对有利于学习。

4. 知识与能力

这个问题似乎很简单，知识越多，能力越强。然而，还需明确以下两点：即如何积累知识；又如何将知识转化为能力。

(1) 如何积累知识

既要注意从书本中获取知识，又要注意从实践中获取知识。书本知识除了从课本中获取之外，更要广泛涉猎科学杂志、科技资料和网络中的东西，这样可以使你了解新的科学领域和新的科学技术。同时还要广泛涉猎人文知识，比如了解一些绘画、书法、文艺、体育以及社会生活各方面的知识，这样既可以增强你的交往能力、生活能力，也可以为你今后的创新设计打下良好的基础。

实践知识除了通过实践课获得之外，更要注意参观(参观科技或人文展览会，参观企业、工厂和农村)与访问(访问专家、学者、技术员、工人和农民)。参观时，不但要看，而且要记，记住各种产品的生产工艺过程，记住生产时都用了什么技术。访问时，不但要听，也要记，记住被访问者的实践经验。

上述两项活动(读书与实践)都是你积累知识的过程，将这些知识储存起来，就是你创新设计的源泉。

(2) 如何将知识转化为能力

有知识不会用等于没有能力。比如，计算机的数据库存的知识很多，但是若没有应用程序调用，再多的知识也是没有用的。

那么，怎么样培养能力呢？那就是“编制应用程序”。这当然是一个比喻，意思就是要经常针对各类实际问题想一想解决的思路，相当于概念设计，不必计算。问题想多了，思路广了，自然用的知识多了，你的能力也就增强了。比如，参加科技创新活动和社团活动都是很好的途径。

总之，每个人的基础不同，思维方法不同，只要根据自己的实际情况，勤于思考，善于总结，总能找到适合自己的学习方法。

附录　关于实践课安排的建议

1. 实践课目前存在的问题

尽管教育部对实践课很重视，但目前仍存在以下问题。

（1）时间问题

① 实践课的总学时少。实践课包括：各专业的实验、实习、课程设计、毕业设计等。学校规定，每个学生到毕业时至少要修满 190 学分，而分配给实践课的总学分才 43 学分，约占总学分的 23%，实践课应占总学分 1/3 才比较合适，因为学生是学工科的。

② 课程实验学时少。为了保证实习、课程设计、毕业设计的学时，课程实验的学时少了又少，以至于一门课开三、四个实验（每个实验两个学时）应付了事。

（2）场地问题

① 实验室面积小。由于扩招，本科生、研究生都在抢占实验室，办公用房又在不断扩大，学校的建设又跟不上，所以显得实验室的面积不够学生用。

② 实习场地难找。现在的企业都自主经营，怕学生实习影响生产，一般都不愿意接收学生实习，有的企业即便是接收了，也不愿意让学生动手，严重影响了实习质量。

（3）经费问题

教育部下拨经费本来就不多，拨给实验消耗材料的钱就更少，尤其是电子类的实验，耗材较贵，所以不敢让学生放手去做，往往用已做好的实验箱，学生换几个元器件就算完事，或者干脆在计算机上做模拟实验，这哪能成呢？实验箱是黑匣子，模拟实验是玩数学，学生不亲自动手去做，能收到培养动手能力的效果吗？

（4）指导教师问题

体制有些问题，不应当设实验员，在实验室里除了教师就应当是管理员。实验都应当由讲课教师亲自去指导，一方面可以与课堂上所讲的内容很好地衔接、配合，另一方面也可以了解学生是否都学会了，概念是否都清楚了。教辅人员受到不公正对待，积极性不高，且自身水平不高，往往影响实验课的质量。

（5）虚拟化实验问题

由于时间、场地、经费等问题不能解决，现在有许多实验都采用计算机模拟实验来代替，这是不对的。不管什么实验都是培养学生的分析问题能力和动手能力，而虚拟实验是在理想模型、理想参数下做的，与实际东西相差甚远，怎么能代替实际的实验呢？要想提高学生的能力，就必须放开手让学生自己动手去实践。

(6) 关于毕业设计问题

① 有些教师带毕业设计不认真。其表现是，有的教师带的题目深度不够，达不到对学生进行专业设计综合训练的目的；有的教师对学生平时的检查指导不够，以致最后的毕业设计水平不高。

② 有些学生做毕业设计不认真。其表现是，大部分时间用于求职，没有时间好好地做设计，结果是软件多、硬件少、理论多、实际少，还有许多内容是网上下载的。

2. 对教学安排的建议

鉴于目前实践课存在的问题和本专业正在进行"卓越工程师规划"试点的情况，对本专业的教学安排提出如下建议。

(1) 以工程项目(以机器人设计制造为主)为导引，安排全部教学活动

本门课已比较详细地介绍了机电一体化系统的基本概念及其设计思路；对机械电子工程专业的知识体系和课程体系也作了系统的介绍；可以说，学生应当对机电一体化系统已有了基本的认识，所以在本门课讲完以后，可以给学生布置作业。每个人选一个机电一体化系统的中、小项目(书后附的机器人项目或学生自己感兴趣的项目)，要求在三年内(一年级下学期初至四年级上学期末)完成。当作业布置下去以后，在这三年内，要求学生带着完成项目这一任务去学习，要求教师围绕着完成这些(包括所有学生的)项目的内容去教课。这样，以工程项目为导引，将各门课的知识，与机电一体化系统的设计与制造紧密联系起来，理论联系实际地进行教学活动。例如，在讲每一门课时，都可以将设计制造机器人或其他机电一体化系统中的相关内容作为例题或习题，让学生去分析解决。

当然，这样做会大大加重教师的负担。教师除了熟悉自己讲的课程之外，还要将给学生留的那些项目进行分析与分解，确定将哪些项目中的哪些内容分配到哪门课去讲，去作为例题或习题。同时，学生学习也要有主动性，要动脑筋思考怎么样去完成留给自己的项目；平时听课要十分注意与项目相关的知识，有时还要主动去争取老师的指导，查资料，再与老师或同学讨论与项目相关的问题。可以实行导师制；课堂教学也可以采用讨论式，对项目中的共性问题可以拿出来，大家一起讨论，以求得将原理、概念性的问题理解深透。对于个别的疑难问题，可以与导师一起共同想办法解决，就像现在科技创新小组一样。

(2) 实践课程的安排

实践类课程基本上都围绕着项目去进行，要有导师具体指导，该导师就是毕业设计的指导教师，具体安排可做如下考虑。

① 课程实验：主要按课程需要安排，能结合项目的尽量结合。比如，电路实验可以结合测控系统的典型电路。

② 实习：各类实习仍然都按原计划安排。全工实习中可以增加"数控机床的认识实习"。即对各类不同的数控机床的系统构成、特点分别加以介绍，使学生对"单机自动化"的设备(系统)有比较明确的认识，工艺实习中可以增加"自动生产线的认识实习"，使学生对"系统自动化"的机电一体化系统有比较明确的认识。专业实习一定要去看一个机电一体化

产品的整个生产过程(包括广义执行子系统和检测控制子系统的全部设计、制造、组装、调试和最后联调)。电装实习的装焊对象可以选一个单片机开发板或嵌入式(ARM)开发板,为后续课(单片机或嵌入式的课,检测、控制课等)的应用做准备。

③ 课程设计:所有的课程设计都以学生自己的项目为内容。比如,项目为“清障机器人”,则可以“清障”为核心做各种课程设计。例如,“机械原理课程设计”可以“清障机构“(包括清障机构的方案选择,运动和动力分析,画出草图及运动图等)为主要设计对象;“机械设计课程设计”可以上面原理课设计好的“清障机构“为对象,对其中的各个零件进行工作能力校核,并选择电动机或其他驱动装置。“机制工艺课程设计”(应当安排在“机械设计课程设计”之后)可选上面机械设计课设计好的“清障机构”中的零件做对象进行“工艺规程”设计,并给出全部工艺文件,同时要求同学们自己找时间到实验室的数控机床上亲自加工出一个零件(包括加工程序编写)。“测控电路课程设计”学生可以选自己项目中的一两个单元电路做设计对象,设计并焊装完,调好备用。“测控系统课程设计”以“清障工作”的各个“执行机构”为控制对象去设计测控系统(可能不止一个),并选元器件焊装完、初调好备用(在系统中,应当将“电装实习”做的开发板、“测控电路课程设计”做的单元电路都用上)。

④ 毕业设计:最好在四年级第一学期就开始做。将前面各课程设计做的东西全部集中起来,再按设计方案(这时对原设计的初始方案可以进行一些修改)将广义执行子系统和检测控制子系统都组装好(除了学生自己做的东西以外,其他的可用现成组件或插件),然后将二者都组装在一起联调。

项目做完以后,按毕业设计的要求写一份“毕业设计”,该“毕业设计”应当按本书图3-1〔机电一体化系统(产品)创新设计的思路图〕给出的过程去写,而且重点是:“概念设计”与“详细设计”的步骤。这样也解决了四年级后半年没有时间做毕业设计的问题。

3. 以项目为导引进行教学的几点好处

① 结合项目进行教学对教师来说,使所讲述的理论更有针对性。对学生来说,所学的内容更有实用性;且由于项目的统领,使学生将每门课所学的内容综合在一起更具有系统性,同时也培养了学生解决工程问题的能力。

② 由项目导引实践环节,将所有实践环节能结合项目的尽量结合,前面做的东西后面用,既可以节省经费和时间,又可以充分利用实验室(实验室开放),还可以做一个完整的毕业设计。

③ 培养了师资。上述安排相当于每个教师都在带领着学生搞项目,且不断更新,这样搞多了,老师的经验也丰富了,提高了教师自身的设计能力,再教工科学生设计就如虎添翼。因为真正的设计能力也是许多教师所缺少的。

4. 实践项目目录

为了更好地实现上面的安排,现选了一些过去创新实验、机器人大赛等活动做过的一些项目,列在后面备选。当然,更希望同学们自己做自己感兴趣的项目,只要是机电一体化产品(系统)即可。

附录表1　实践项目目录表

序号	项目名称	客户需求	指导教师
1	仿人步行机器人的设计与开发1	做一个双足步行机器人，能沿直线行走，最慢5秒钟走一步	
2	仿人步行机器人的设计与开发2	做一个双足步行机器人，能沿规划好的曲线行走，最慢10秒钟走一步	
3	自动跳舞双足机器人的设计与开发	做一个双足机器人，能在原地跳舞，最慢10秒钟一个动作	
4	自动寻迹机器人的设计与开发	做一个轮式行走机器人，可按规划好的任何轨迹自动行走，速度0.5 m/s。(可用红外、可见光或超声波控制方向)	
5	避障机器人的设计与开发	做一个轮式行走机器人，在行走过程中，可以自动避开前面的障碍物，速度0.5 m/s(传感器自己选)	
6	清障机器人的设计与开发	做一个轮式行走机器人，在自动行走的过程中，可边走边清除前面的路障。行走速度1 m/s，清障方式要求用机械手	
7	自动爬楼梯机器人的设计与开发	做一个自动轮式行走机器人，该机器人的轮子 由可变机构制成。平地行走时，轮子收缩变成一个小圆柱，当爬楼梯时，轮子机构展开适于爬台阶	
8	自动引线地老鼠的设计与开发	电缆线管道由带圆孔的长方形水泥块铺设而成，圆孔直径100 mm；铺设时不同水泥块之间的孔径相对位置可能有5～10 mm的误差，做一个地老鼠，带着一条钢丝由管道一端爬到另一端	
9	天然气地下管线自动探伤地老鼠的设计与开发	城市地下天然气管道，应当进行年检。管道直径300 mm，设计开发一个地老鼠，能携带超声探伤传感器对管道进行检测	
10	有隔离柱的玻璃幕墙清洁机器人的设计与开发	20 cm 10 cm 水泥柱 有的楼宇为了遮光，在玻璃幕墙的窗棱处加了水泥(或其他材料)板或柱，柱的截面尺寸如左图所示，设计开发一个清洁机器人	
11	迷宫机器人设计与开发	有任意一个迷宫，设计开发一个机器人自己从入口进，从出口出；行进中自动寻路	
12	自动寻食机械鱼的设计与开发	水面漂浮着鱼食，无固定位置，设计开发一个机械鱼，自动地在水里游，去寻找鱼食	
13	自动潜浮机械鱼的设计与开发	设计开发一个机械鱼，能自己游动，并能浮到水面或潜入水底	
14	自动爬墙机械壁虎的设计与开发	根据壁虎脚掌外翻和内收机理，选合适的黏性材料，设计、研发一个机械壁虎在垂直墙面上爬行	

续 表

序号	项目名称	客户需求	指导教师
15	四旋翼小飞机的设计与研发	做一四旋翼小飞机,能按规划路线自动飞行	
16	敲鼓机器人的设计与研发	设计开发一种能敲鼓的机器人。该机器人能完整地演奏一曲	
17	拉小提琴机器人的设计与研发	设计开发一种能演奏小提琴的机器人。该机器人能完整地演奏一曲	
18	投球机械人的设计与开发	有5个高1 m,内径15 cm的圆筒,放在一条直线上,两桶间隔1 m,做一个机器人,机器人小车斗内放直径10 cm的小球10个,要求机器人在3分钟内在每一个桶内至少自动地放一个球	
19	投篮机器人的设计与开发	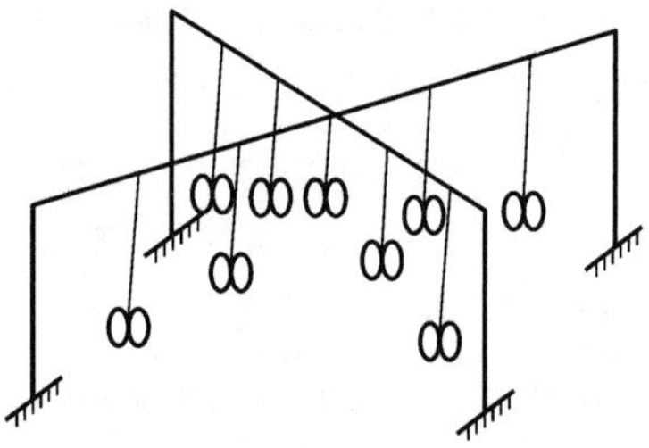 有9个篮筐吊在铁架上,如左图所示,篮筐有三个进球篮圈,它们的圆圈的平面都与地面垂直,呈三角形,设计开发一个投篮机器人,在三分钟内,将球投入九个篮内。机器人自带20个球	
20	搭桥机器人的设计与开发	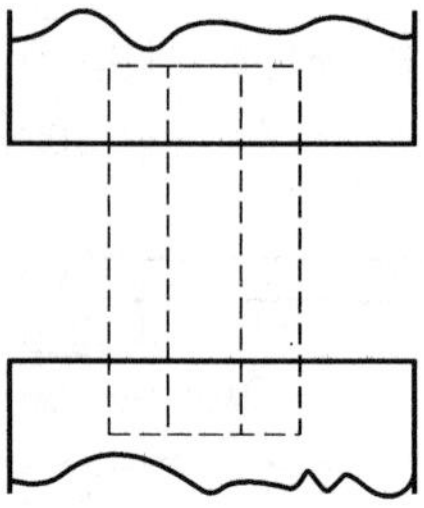 左图示一桥的两个桥台,设计开发一个自动机器人,把桥旁的梁(木板)拿起放到两个桥台上,如虚线所示位置	
21	上台阶过桥送物机器人的设计与开发	看上图,梁放到桥台上以后,梁将高出桥台面,设计一个自动机器人拿上物品,走过桥面送到对岸去,注意梁比桥台高一个台阶	
22	取物机器人设计开发	有一个饭碗,里面放有一个馒头,碗被放在1米高的台面上,设计一个自动机器人,走到台面前,将馒头取出	
23	抬物机器人设计与开发	这个题目由两个人做。一个人做一台自动行走机器人,另一个人做一个手动遥控机器人。这两个机器人用一条扁担抬一个物品,一起按规定路线前行,不许将扁担掉下来	
24	装配机器人设计与开发	这个题目由两个人做,设计一条自动化装配生产线,将两块板用两个螺栓,组装到一起	

参考文献

[1] 钱锐.机电一体化技术(上、下)[M].北京:高等教育出版社,2005.

[2] (美)Devdas Shetty,Richard A Kolk.机电一体化系统设计[M].张树生,等,译.北京:机械工业出版社,2006.

[3] 李瑞琴.机电一体化系统创新设计[M].北京:科学出版社,2005.

[4] 朱喜林,张代治.机电一体化设计基础[M].北京:科学出版社,2005.

[5] 邹慧君.机械系统设计原理[M].北京:科学出版社,2004.

[6] 张策.机械原理与机械设计(上、下册)[M].北京:机械工业出版社,2011.

[7] 孙桓,傅则绍.机械原理[M].北京:高等教育出版社,1990.

[8] 李槃.电子精密机械制造工艺学[M].北京:北京邮电学院出版社,1990.

[9] 李景湧.有限元法[M].北京:北京邮电大学出版社,1999.

[10] 王龙甫.弹性理论[M].北京:科学出版社,1984.

[11] (美)铁摩辛柯 S,盖尔 J.材料力学[M].北京:科学出版社,1978.

[12] 邱秉权.分析力学[M].北京:中国铁道出版社,1998.

[13] 哈尔滨工业大学理论力学教研室.理论力学(上,下册)[M].北京:高等教育出版社,1983.

[14] 许福玲,陈尧明.液压与气压传动[M].北京:机械工业出版社,2007.

[15] 李岚,梅丽凤,等.电力拖动与控制[M].北京:机械工业出版社,2012.

[16] 何光忠,李伟.计算机控制系统[M].北京:清华大学出版社,1998.

[17] 刘豹,唐万生.现代控制论[M].北京:机械工业出版社,2011.

[18] 杨叔子,杨克冲,等.机械工程控制基础[M].武汉:华中理工大学出版社,1996.

[19] 管致中,夏恭恪.信号与线性系统(上、下册)[M].北京:高等教育出版社.1989.

[20] (美)坦尼伯姆 A S.计算机网络[M].曾华燊,等,译.成都:成都科学技术大学出版社,1999.

[21] 毛京丽,常永宁,张丽,等.数据通信原理[M].北京:北京邮电大学出版社,2002.

[22] 肖丁,关建林,周春燕,等.软件工程模型与方法[M].北京:北京邮电大学出版社,2011.

[23] 谭浩强.C程序设计[M].北京:清华大学出版社,1995.

[24] 谢楚屏,陈慧南.数据结构[M].北京:人民邮电出版社.1995.

[25] 阎石.数字电子技术[M].北京:高等教育出版社,2000.

[26] 童诗白,华成英.模拟电子技术[M].北京:高等教育出版社,2004.

[27] 崔晓燕.电路分析基础[M].北京:科学出版社,2006.

[28] 李瀚荪. 电路分析基础(上、中、下)[M]. 北京:高等教育出版社,1983.
[29] 齐欢,王小平. 系统建模与仿真[M]. 北京:清华大学出版社,2004.
[30] 张三慧. 工科大学物理(4册)[M]. 北京:北京科学技术出版社,1987.
[31] 胡运权. 运筹学教程[M]. 北京:清华大学出版社,2003.
[32] 王遇科. 离散数学[M]. 北京:北京理工大学出版社,1998.
[33] 南京大学数学系计算数学专业. 线性代数[M]. 北京:科学出版社,1978.
[34] 复旦大学. 概率论(4册)[M]. 北京:人民教育出版社,1979.
[35] (苏)斯米尔诺夫 B N. 高等数学教程第三卷. 第二分册[M]. 叶彦谦,译. 北京:人民教育出版社,1958.
[36] 李庆扬,王能超,易大义. 数值分析[M]. 武汉:华中理工大学出版社,1986.
[37] 王暄银,陶国良,陈鹰. 机电一体化的创新及发展方向[N]. 浙江大学学报,2000,6(6).
[38] 国务院中国制造 2020. [EB/OL]. (2015-05-19)[2017-8-1]. http://finance. people. com. cn/n/2015/0519/c1004-27024042. html.
[39] 乌尔里希·森德勒. 工业 4.0[M]. 邓敏,李现民,译. 北京:机械工业出版社,2015.